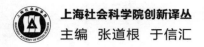

上海社会科学院创新译丛

主编 张道根 于信汇

Paul F. Steinberg

Who Rules the Earth
How Social Rules Shape Our Planet and Our Lives

谁统治地球

社会规则如何形塑我们的星球和生活

[美] 保罗·F. 斯坦伯格 著

彭 峰 等译 董 能 校

上海社会科学院出版社

SHANGHAI ACADEMY OF SOCIAL SCIENCES PRESS

丛书编委会

本丛书的出版得到
上海社会科学院创新工程办公室的大力支持

给我的儿子
本杰明·斯坦伯格
他占据着我的心

目　录

第三部分 转变

第四部分 杠杆

致　谢

翻开此页，我将作为作者，而你则为读者，但我怀疑任何打开本书这样的书名的人，对于理解和表达这里的观点并不陌生，无论是采用书面的还是其他形式。所以让我以商人的口吻和想法向他人吐露的话，我想说写作是一次特殊的（或者是极其丰富的）体验。它是一项非常孤独的任务，要求作者花费很长时间从社交中抽离，静静地在记事本上涂写，一次又一次地贴上便条，以及在深夜有节奏地轻轻敲击键盘。与此同时，写作也是最活跃的社交活动，因为所有作家都取材于或受益于对古今无数人见解的思考。这本书确实如此，在许多帮助过我的人当中，有一些值得特别提及。

我的研究助理劳丽·伊根、诺厄·普罗塞尔、阿塔克·阿肖坎以及托马斯·卡蕾，他们不厌其烦地处理我提出的问题，不管有多困难多晦涩难懂。无论是追踪全球水资源短缺的最新数据，还是找出印加皇帝的头饰是用哪种鸟类羽毛做装饰的，他们的幽默感和杰出的研究能力对于此项工作来说都是不可或缺的。我在加利福尼亚大学伯克利分校环境科学、政策和管理系休假期间开始编写本书。凯特·奥尼尔和南希·佩鲁索是亲切的东道主，是他们欢迎我加入他们的知识圈。对于路易斯·福特曼,我要感谢他帮助我浏览了大量关于财产权的文献。

鉴于本书所涉及的历史深度和地理广度,我经常发现有必要接触不同领域的专家,请他们帮助查找历史资料、解读数据,或者只是确保我所获得故事的准确性。在这方面特别慷慨的是埃文·林奎斯特、帕特里克·安杰尔、马尔科姆·刘易斯、大卫·戈特弗里德、米凯·意大利诺、大卫·福格尔、罗纳德·米切尔、理查德·梅林格、克里斯汀·多宾、保罗·杜克、萨拉·罗威、克劳迪娅·奥拉扎巴尔、杰弗里·塞勒斯和马修·里昂。约瑟夫·奈、乔治·拉考夫分享了关于如何撰写一本书的宝贵意见,那就是在研究中得到证实,并且使更广泛的读者也能读到。也感谢那些花时间阅读并评论早期草稿的人,其中包括詹姆斯·梅多克罗夫特、肯·康卡、乔治·索莫吉、保罗·斯塔姆勒、尤金·巴达赫、罗伯特·阿舍尔、卡罗尔·威廉姆斯、萨姆·阿伦森、芭芭拉·斯坦伯格、弗兰克·露西、凯瑟琳·霍奇斯特勒、哈维拉·巴兰迪亚伦和利亚·福克斯。牛津大学出版社的大卫·麦克布赖德在我的整个写作过程中达到了批评和支持的完美平衡。本书的视觉内容多亏了图书馆管理员、摄影师、档案管理者以及学者们的努力,其中包括纳斯利·乔克里、西德尼·古瑟雷克斯、玛格丽特·泰勒、米里亚姆·加戈、埃里克·纳尔逊、埃文·约翰逊、菲尔·桑德林、西蒙埃利奥特、米歇尔·莱沃斯和尼科洛·托加尼尼。

《谁统治地球》一书伴随着一项名为"社会规则项目"的多媒体教育和宣传工作,该项工作可在网址 www.rulechangers.org 上查阅。这是克莱蒙特大学和加州艺术学院 100 多名学生的工作成果。阿德里安娜·卢斯(Adrienne Luce)和史蒂夫·普林斯(Steve

Prince)整合了能够让这些学生出类拔萃的资源,并在此过程中成为亲密的同事和朋友。另外,还要感谢那些学生动画师、视频游戏设计师、网站开发人员、环境分析师以及其他参与者:正是由于你们,我们所设想的那些制度的概念才可以用视觉上引人注目的方式表现出来;是你们的才华和奉献精神,将这一想法变为现实。

　　最后以及最重要的是,我的妻子詹妮弗和儿子本杰明,你们是我永恒的支持和灵感来源。本,当我开始这个项目时,你刚六岁;然而当我完成这个项目时,你已经十二岁了。这本书是献给你的。

第一部分
寻找解决方案

1

仅仅回收是不够的

面对有关环境的一连串令人震惊的消息——气温上升、供水下降、人口增长和物种灭绝、石油泄漏和癌症集群等,人们越来越想知道可以做些什么来应对这些问题。忧心忡忡的父母们会在深夜浏览网站,为他们的孩子寻找更安全的产品。在全球各地的大学校园中出现了数以百计的环境研究项目,学生们挤满了演讲厅。我们的杂货店过道和杂志摊上填满了广告,预示着可持续性只是即将到来的又一次消费。

今天的环境思维的主要潮流强调了我们可以作为个体做出小的改变,并且我们的这些改变会累积成一些重要的东西。阿勒格尼学院(Allegheny college)的政治科学家迈克尔曼尼克斯(Michael Maniates)指出,应对这些问题,责任往往"落在个人身上,通常是作为消费者单独行动"[1]。然而,推动绿色消费主义和个人生活方式改变的解决方案使我们许多人感到不可思议,因为这与气候变化、城市空气污染和热带森林消失等巨大问题不成比例。据我们了解,冰川融化和海平面上升都是源于气候变暖,因此我们被建议骑自行车去上班。科学家们告诉我们,世界上每五种哺乳动物中就有一种正受到灭绝威胁，我们通过改变咖啡品牌来应对。人们对于真正的解决方案不在他们的掌握之中而感到绝望，这有什么好奇怪呢？

你可能会怀疑，解决这些庞大的问题将要求更多的东西——但它是什么呢？事实证明，答案可以在过去四分之一世纪、由数千名社会科学家发表的大量书籍和研究文章中找到。但他们的发现在很大程度上仍然隐藏在公众视野之外。本书试图从研究中提炼出见解，并与最需要它们的人分享研究结果：那些明智的读者关注环境并渴望了解除了将瓶子扔进回收桶，他们还能做什么——一个行动将会产生一种奇怪的、矛盾的感觉，你知道正在做正确的事情，但又不知它是否真的能有所作用。那么，我们还可以做些什么来将世界推向更具可持续性的道路呢？答案可以在加拿大小镇哈德森的一个乡村医生的故事中找到，她决定是时候做一些非凡的事情了：她改变了规则。

一个新的风景

琼·欧文（June Irwin）医生正照看她的一位病人，此时几英里开外，选票正在被计算。这是 1991 年 5 月 6 日，魁北克哈德森镇议会正在考虑一项旨在禁止所有在家乡和公共场所非必需的农药使用的建议。这一举措是前所未有的，地方官员受到了欧文博士对这一议题潜在的儿童危险性研究的影响。"如果在将来，科学表明我们错了，"一位市议员宣称，"那么由于我们的行动而引发的一切，只不过就像多了些蒲公英一样。但是，如果事实上我们是对的，我们将能拯救多少人？"[2] 最终，议会投票赞成禁令——这个决定的后果远远大于当地官员可能想象到的。[3]

哈德森是一个风景如画的社区,大约有五千名居民,它沿着渥太华河延伸到蒙特利尔西部三十五英里处。1985 年,欧文博士开始在镇议会会议上定期出席,她恳求当选官员停止在农庄和花园喷洒杀虫剂。琼·欧文脸上那带着微笑的红唇,与她 70 多岁的年龄相映衬,显得与众不同。大多数时候,我们可以发现她在农场照顾一群羊,戴着她标志性的太阳帽,穿着长裙子——这比一位忙着私人实践的皮肤科医生更能让人想起《圣经》里牧羊人的形象。整个 20 世纪 80 年代,欧文博士越来越担忧,因为她的病人抱怨着他们的疾病,从皮疹到免疫系统疾病等。她怀疑罪魁祸首可能是像 2,4 - D 这样的化学物质,这些化合物在家庭花园和公园中常用于控制杂草。她开始调查,要求病人提供组织样本来检测农药残留。结果显示,农药存在于哈德森健康公民的血液、头发、精液和母乳中。

欧文博士的研究发现与美国疾病控制中心进行的大规模"身体负担"研究中收集的数据一致,这些数据显示我们的身体含有农药和其他工业毒素的复杂酿造物。我们每天接触数千种人造化学品,其中很少有经过严格的健康测试。然而,医学研究人员认为,许多农药会影响大脑、肝脏和其他器官。儿童最容易受到这些有害影响,因为他们生长的身体依赖内部化学诱因来促进神经系统的正常发育和其他重要功能。[4]

当她查阅医学期刊时,很快得出结论,仅仅是为了保持草坪的美丽外观,常常让孩子接触毒物是疯狂的。镇议会成员耐心地听取了她有关农药和健康的长篇论述,并将她关于当地身体负担的数据与医学期刊的最新发现进行了比较。她为当地《哈德森公报》

撰写了一系列文章，以努力凝聚社区。她的"唯一女性"战斗已经进行了四年，其努力几乎没有显示出影响。但这一切都在 1989 年 11 月发生了变化，当时曾经参与听取欧文医生的听证的市议会成员之一——当地一位名叫迈克尔埃利奥特（Michael Elliot）的木匠当选市长。在他当选六个月后，埃利奥特市长推动了第 270 号法规的批准，禁止在安静的小镇哈德森的居民家中和公共场所使用所有不必要的农药。

接下来发生的事情将改变北美地区的景观，不仅是物理上的也是政治上的。

它开始于农药公司的积极响应，他们迅速采取行动平息哈德森的小举动。在 1993 年秋季，这座城市的枫树和白杨树在整个秋季闪闪发光，"ChemLawn"和"SprayTech"公司，代表着加拿大上亿美元的草坪护理行业，向魁北克高等法院起诉了哈德森镇，称该镇没有合法权利管制杀虫剂。他们担心，如果地方社区可以自行制定比加拿大省份更严格的环境规则，事情将会很快失去控制。在更深层次意义上，文化准则处于危险之中。杀虫剂行业一直秉持这种观念，即一个合适的家庭草坪应由统一的无杂草的绿地组成，而且无论如何——这都要求使用毒物除草。如果风景如画的哈德森可以在没有杀虫剂的情况下做到这一点，那这将挑战高尔夫球场的美学观念，这种风格从第二次世界大战以来就为该行业带来了丰厚的利润。

"从来没有人认为我们能赢得这场比赛。"纪录片制片人保罗·图基（Paul Tukey）向城市职员解释道，他在他的电影《化学反应》中讲述了这个故事。在法庭上，一名"ChemLawn"公司的代表出示了一瓶他打算在法官面前喝下的农药，以表明其信心。在

"ChemLawn"公司的这个人有机会喝下毒药之前,法官要求他将农药从法庭上移走,然后裁定哈德森小镇具有规制杀虫剂使用方面的权限。

法院案件产生的宣传引起了其他社区的关注。"如果他们能做到这一点,为什么我们不能?""公民支持取代杀虫剂"的创始人梅里尔·哈蒙德(Merryl Hammond)问道。这项运动不久就传遍了魁北克,其成为下一个禁止使用非必需杀虫剂的城镇(经常出现例外,就像哈德森一样,针对农业和高尔夫球场)。现在,作为防守方的杀虫剂产业,向加拿大最高法院提起了诉讼。这次他们没有试图在法庭上喝农药,但重复了地方政府无权决定是否在其社区喷洒化学物质的观点。2001 年 6 月 28 日,加拿大最高法院法官在一座宽阔的绿色草坪所环绕的简朴的灰色法院大楼中,穿着传统的红色和白色礼服,以 9 - 0 的投票支持了哈德森镇。这一裁决使全国各地的改革家们兴奋不已。2009 年,安大略省通过了比魁北克省更严格的规定。"当谈到我们的家园、游乐场、学校校园等",安大略省州长道尔顿·麦克金蒂(Dalton McGinty)解释道:"我们认为我们对最年轻的一代承担了特殊的分担责任。"在实施安大略省的新规定一年后,该省水道中常见农药的浓度下降了一半。[5] 到 2010 年,全加拿大四分之三的公民受到基于哈德森模式的某种形式的保护性立法的保护。[6]

与此同时的美国

在美国,这个故事展现得非常不同。受到加拿大事件这前所未有转变的震惊,农药行业迅速行动,以维护其在边界以南的利益。"激进分子把我们赶到了那里，"游说组织"为了一个良好环境的负责任的产业"（Responsible Industry for a Sound Environment，RISE）的主席艾伦·詹姆斯（Allen James）声称，"我们显然已经在加拿大的战斗中很大程度上失败了……我们不能允许这种情况发生在美国"[7]。1991年6月，美国最高法院确认当地社区有权执行比联邦州更严的农药法规。然而，各州保留了阻止地方当局的权力。抓住这个机会，在美国和加拿大最高法院作出决定的一个月后，RISE加入了180个行业组织的联盟，这些组织的结构类似农药游说者的名义，包括全国农业化学协会和美国商会。正如他们称自己为"合理农药政策联盟"，他们从一个州首府走向另一个州，迫使立法者通过新的国家优先购买规则，防止市县和州试图管制农药。

　　我第一次遇到哈德森的故事，以及得知优先购买规则在美国的传播，是在国际研究协会的年度大会上。大会每年都有数以千计的社会科学家，他们往来于不同的城市，分享早期的研究成果，并提交给专业期刊，进行同行评议。我同意担任评议者的角色，为研究生和教授组成的论文草稿提供反馈。其中之一是锡拉丘兹大学的莎拉·普拉勒（Sarah Pralle），她正在调查加拿大和美国之间惊人的结果分歧。当我在从洛杉矶出发的航班上读到她的论文时，我对普拉勒对美国的观察感到震惊，"杀虫剂行业比反杀虫剂的激进分子组织得好得多。"这击中了要害，因为，碰巧我是那些积极分子中的一员。在1992年初，当州议会游说活动如火如荼时，我是旧金山的杀虫剂行动国际网络办事处的一名年轻研究员。在某一天中，来自杀虫剂改革社区的数十条新闻、宣传材料和研究报告出现在我的桌子上；我不记得有任何关于防止当地社区管制农药的游说活动。美国环保组织根本就没有意识到。

对于杀虫剂行业而言,隐形游说策略具有一种魅力。1992 年,当佐治亚州、堪萨斯州、肯塔基州、密苏里州、新墨西哥州、田纳西州、弗吉尼亚州、俄克拉荷马州和佛罗里达州的州立法机构通过了优先购买法时,他们取得了第一个成功。第二年,阿拉巴马州、阿肯色州、新罕布什尔州、北达科他州、蒙大纳州、内布拉斯加州、得克萨斯州、伊利诺伊州和威斯康星州加入了这些州。马萨诸塞州、爱荷华州、密歇根州和爱达荷州是下一步的趋势,很快将会有许多其他州加入进来(图 1.1)。[8] 今天,除少数几个美国州外,所有州都制定了优先购买规则。加拿大的儿童在大部分无农药的公园和家园中玩耍,但美国的孩子却在每年要洒上 1.27 亿磅农药的草坪上打滚。[9] 该战略非常成功,后来被烟草业复制,为了防止市政府禁止在公共场所吸烟,他们在一些州进行游说以取得优先规则。

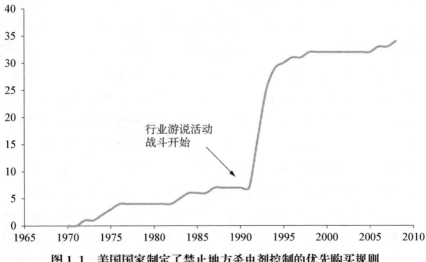

图 1.1　美国国家制定了禁止地方杀虫剂控制的优先购买规则

信息来源见注释 8。

更改规则

在美国和加拿大，杀虫剂改革的命运为任何想要认真推动可持续能力的人带来了更大的教训。虽然处于这个问题的相反立场，但琼·欧文和杀虫剂行业领导者都意识到一些非常深刻的东西：实现持久的变化需要修改社会所依赖的规则。对于欧文博士和她的对手们来说，相关规则是城市的地方规章以及更高层级的规则，这取决于地方、大区和国家政府层面如何分享权力。但社会规则并不限于政府的法律和政策。在某些情况下，它们通过私人契约实现编码，就像商业机构每个月的第一天指示它的"草坪关照"服务去喷洒杂草一样。公司依赖大量的书面协议来运行他们的日常运作，而这些规则直接影响着地球。以沃尔玛为例，2006年，为了应对海洋保全专家的压力，这家企业巨头制定了一项新规定，规定其鱼产品必须来自可持续收成的来源。这条规则很快在全球经济中有了响应，沿着买家、分销商和批发商的链条，它最终改变了捕捞船队在白令海峡公海的捕捞作业实践。在其他案例中，这些规则采取广泛存在的社会规范的形式，例如高尔夫球场美学，导致房屋的所有者进行除草，并获得邻居的点头赞同。无论他们采用国家法规还是最精细的技术设计标准，社会规范，就像成千上万的无形的线索一样，在我们日常生活的过程中牵扯我们，塑造我们的决策，并确定我们彼此之间的关系以及如何分享这个星球。

虽然他们的名字很多，但社会科学家称呼这些规则为"制度"，即使得协调的社会活动成为可能的机器。[10]道格拉斯·诺斯（Douglass North）因其关于社会规则的工作而获得诺贝尔经济学奖,表明资本主义的历史扩张,从其小规模个人交易所的卑微起源到当今复杂的全球市场,是由于从货物保险到银行业务等各种规则的过度扩张而成为可能的。社会规则使社会发挥作用。它们也是我们最顽固的功能失调的根源,它使我们轻松地走上了理性社会不会选择遵循的道路。在这本书中,我会讨论这些规则将会发挥的重要作用,而最终决定我们能否通过深思熟虑的环境管理,协调对繁荣的追求。借鉴最新的社会科学研究的见解,我的目标是解释社会规则,以及为什么他们涉及你的个人福祉和未来一代。通过探索环境危机的持久基础,我希望为您提供更深入、更令人满意的解释,以便将社会推向更可持续的道路。为了实现这一目标,我们将进行一系列的旅行,从熟悉的沙滩漫步到 3 000 英里的长途冒险,我们跟随一种濒临灭绝的鸟类每年的迁徙路径,从秘鲁热带雨林到西弗吉尼亚山脉。顺着这条路,我们将看到社区、企业和国家如何重塑他们生活的规则,以实现清洁的空气和水、充满活力的城市空间和健康食物等看似简单却难以捉摸的目标。

解开疑惑

要改变规则,我们必须首先意识到它们。然而,社会规则经常逃离于我们的注意力之外,这是有原因的——它们应该这样做!当规则经常被遵守(如果它们有效就必须这样),我们将它们内化为习惯、路线和标准操作程序。我们认为这是理所当然的事情。[11](当然,我有权利在不害怕监禁的情况下说出自己的想法,显然你的邻居未经允许是不能摘苹果的,自然女性被允许上大学)社会规则未被注意,因为与通常的环境科学议题不同,你不能将规则放在孩子的手中进行检查,将它指给一群游猎的游客,或者将在试管中进行混合。我们生活的规则对于我们来说是无形的,最强大的卫星和显微镜都没有用。然而,一旦我们知道要寻找什么,我们就能批判性地研究塑造我们地球和生活的强大社会结构。

从这个角度出发,我们可以理解其他难题:如果太阳能比化石燃料损耗的社会成本更低,为什么太阳能昂贵而油价便宜? 现行规定并不要求石油行业支付其产品的环境成本,而是将这些成本以全球变暖的形式转嫁给其他成本。为什么在美国的旧房子里存在毒性铅的危险量,而不是在欧洲? 一个世纪前,美国官员选择忽视国际联盟禁止从室内涂料中取得铅的决议。为什么哥斯达黎加在保护森林方面做得非常出色,而其他热带雨林国家每年集体丧失 2 200 万英亩的森林栖息地?[12] 哥斯达黎加人制定了创新的规则,付钱给农民,让他们在他们的产业上保留林木。

这一观点之所以如此强大,是因为规则在普通公民范围内的改变是良好的。我不会向你承诺改变是很容易的。但是,当人们像哈德森公民一样加入时,显著的变化是可能的——往往比应付具有挑战性的大学课程所需的个人时间和精力更少。坦率地说,我们不能等待。本书源于我们今天面临的环境问题,从减少的水供应到消失的珊瑚礁,从肮脏的城市到有毒垃圾堆,这些环境问题如此之严重,推动它们的社会进程如此强大,以至于我们需要强烈的思考——刻不容缓。我们需要解决方案的力量和范围与我们面前的问题的严重性和步调相匹配。我们需要新的规则。骑自行车上班很棒;游说一个城市条例放入更多的自行车道甚至更好。建设"绿色"校园建筑是值得称赞的。为校园建设创造新标准或促进整个建筑行业的变革(第 3 章中讨论的壮举),是转型的。在家中装置太阳能电池板是积极的一步；在政府立法中规定可再生能源的要求是彻底的冲刺。

政治之窗

政治学家习惯于思考推动社会的大动力——革命的起源、新思想如何传播、什么决定谁参与政治（谁不参与），以及引发大规模社会变革的其他因素。作为这一领域的积极研究者，我花了二十年的时间试图回答一个问题：需要采取什么措施来实现社会变革以保护环境？

当我的同事进行如保全生物学这样的学科研究时，他们很可能会在可爱的户外环境中找到水样、跟踪灰熊，或者观察投票者的行为，为自然界的工作打开一扇窗户。我更有可能会被发现在一个发展中国家的某个具有影响力的决策者的房间中，锡屋顶上响起热带倾盆大雨的声音，而我竭力想找出一段外语对话的细微差别，等待我的采访主题开启那个黄金时刻，揭示世界上这个地区社会变化如何运作的惊人之处。1997年12月，在玻利维亚的圣克鲁斯德拉谢拉市（Santa Cruz de la Sierra，Bolivia）的一次特殊时刻，我采访了弗朗西斯科·肯普夫（Francisco Kempff），他是一位森林官员，他是南美洲最重要的自然保护主义者之一——诺埃尔·肯普夫·梅尔卡多（Noel Kempff Mercado）的儿子。老肯普夫在20世纪50年代和60年代推动建立了国家公园，在那个时代，很少有北美人或欧洲人曾听说过热带雨林，而玻利维亚仍处于独裁统治之下。可悲的是，1986年弗朗西斯科（Francisco）的父亲在一个偏僻的丛林中被暗杀，当时他的研究团队偶然发现了巴西毒品走私者使用的登陆地点。虽然我渴望了解他父亲早期的改革努力，这些从未被详细研究过，但我认为，出于尊重的原因，除非他提出这个问题，否则我不会问弗朗西斯科关于他父亲的生活。采访持续了一个小时左右，当我们结束时，在我向其家人致谢时简要地提到了他父亲的名字。"有一件奇特的事，"他说，"爸爸保存了他一生中发送或收到的每封信的复印件。却从来没有人要求看它们。"

在我在玻利维亚逗留的六个月的时间里，我只剩下三天时间，我整理了我的日程表，去参观了肯普夫家的房子，他的母亲和女仆带来了盒子，里面装满了黄色的信件、文件夹和笔记本，诺埃尔·肯普夫描述了他在管理玻利维亚森林方面改变规则的努力。结果是壮观的。我们对独裁统治下的规则制定工作知之甚少，正式记录稀少，研究人员往往被拒绝接触决策者。通过家庭档案挖掘，我发现了诺埃尔肯普夫和他的兄弟罗兰多（Rolando）在 70 年代初期的信件，不知何故，他设法获得了农业部的一个职位，并建议他制定策略，说服将军们为鸟类保护创造保护区。许多年后，当诺埃尔·肯普夫去世的消息传开，玻利维亚人走上街头要求正义，并指责政府串通毒品交易，类似的规则制定的精明之举也被剥夺了。抓住这一机会，当地积极分子说服了圣克鲁斯德拉谢拉市政府为今天的诺埃尔·肯普夫国家公园提供资金——这是一个自然种类丰富的区域，它提供了地球上超过 5% 的鸟类种类的栖息地。

我的研究让我有机会了解社会变革如何在全球不同的政治环境中发挥作用，我将分享这些调查结果，并将在后面的章节中进行介绍。但这项研究的本质——以及为什么每年都会有成千上万的政治科学家和其他研究机构聚集在会议大厅，像鲑鱼回流——是一种我们中没人能足够聪明、凭自己就能找出答案的认识。幸运的是,从经济学、社会学、人类学、公共政策和法律等领域的角度来看,许多其他研究人员一直在问我关于社会变化和可持续性的相同问题。全球有数百名研究人员在全球范围内向社区学习,这些社区已经制定了规则使其在很长时间范围内可持续管理森林、水资源和渔业。[13]其他研究人员漫步于政府大厅,探索它将带来怎样的公共政策变革,以及为什么有些国家是领导者,还有一些国家是类似于气候变化和物种保护等问题的落后者。[14]经济学家已经阐述了财产权的规则如何决定污染程度以及是否保护农业表土。[15]还有一些人探讨公民运动蓬勃发展的条件以及他们是否对政府政策产生影响。[16]

这类工作要求人们投身于随机应变的技巧。梅琳达·赫罗尔德-孟席斯(Melinda Herrold-Menzies),在她关于西伯利亚自然保护政策的工作中,回忆了俄罗斯传统如何要求反复地和采访对象一轮又一轮地喝酒——在失去意识前获得有价值的研究洞察力的本领。[17]罗尼·加西亚-约翰逊(Ronie Garcia-Johnson),"出口环保主义"的作者,展示了跨国公司实际上提高了墨西哥的环境标准,这颠覆了传统的观点,她曾经告诉我,她曾经在墨西哥城的早晨的地铁上班时,在衣服里塞了一个枕头,假装怀孕,不让男性激烈质问者阻挡她去采访的路。我自己的研究让我驾驶着卡车在午夜的北加利福尼亚有风的山路上,与哥斯达黎加的官僚机构讨价还价以访问罕见的档案材料,以及不顾脸面地穿过联合国大会的楼道、冲向一架电梯,以便和一位特别博学的外交官同乘。

这项研究的结果导向了相同的总体结论:向可持续性转变需要改变我们生活的规则。不幸的是,除了研究专家和我们的学生之外,这些研究结果还没有被广泛分享。我们这些在环境社会科学领域工作的人根本没有像自然科学领域的同行一样做好工作，将我们的发现传达给领域以外的读者——从科学杂志的神秘语言和高深莫测的方程中挖掘出洞见，并以聪明的读者能够欣赏的方式分享它们。虽然非洲大草原和亚马孙热带雨林在我们的电视屏幕上色彩斑斓，但决定这些辉煌是否能存活到下一个世纪的社会力量仍然是看不见的。

为了解决这个问题，我与六所大学的 100 多名学生合作开展了一项名为"社会规则"的教育项目。在 www. rulechangers. org，您可以找到免费的多媒体资料，包括短片动画、教育视频游戏和 Facebook 小组链接，以探索本书提出的主题。社会规则项目的目标是促进公众对可持续性制度层面的理解和行动。作为这一努力的一部分，本书是为不同读者群而编写的，这些读者包括学生，科学家、家长、企业家、社区领袖、环境专业人士以及各行各业的其他人——他们希望超越涵盖最新的生态灾难，并仔细研究我们制定的规则如何塑造我们所采取的路线。

配对研究和行动

几年前，我和哈维穆德学院的一位同事讨论了这本书的概念，当时她尖锐地问我："你写的是什么样的书——是关于研究还是行动主义？"我的回答从过去到现在，一直都是"是的"。我的同事的问题反映了整个学术界的集体焦虑。许多学者恐惧他们的研究，如果与改变世界的努力密切相关，他们的研究声誉将会受到损害。这可能会让很多读者感到奇怪，但这是大学教授熟悉的紧张局势。我承认研究和行动之间的区别对我来说从来没有太多意义。20 世纪 80 年代,当我在加利福尼亚大学圣巴巴拉分校攻读生物学专业时,我和其他学生一起加入了一个名为科学家和负责任技术工程师的团队。我的时间被分为研究自然世界的优雅思想,以及在公开论坛上就如核武器扩散和海上石油钻探等问题上发表演说。在自然科学和威胁破坏自然的政治之间游移,我开始明白,严格的研究可以成为对付制定得很糟糕的公共政策的有力武器。

一些著名的研究人员反对反激进主义的趋势。特别是在自然科学领域,科学家们将知识和公共宣传相结合是一项杰出的工作。它不亚于野生动物生物学家雷切尔·卡森(Rachel Carson),她是《寂静的春天》的作者,帮助开启了现代环境运动。它还包括卡尔·萨根(Carl Sagan),他不仅是物理学和天文学方面的一代明星观察家,而且还公开反对核武器的环境后果。[18]这些知识巨人和其他像他们一样的人——如生态学家诺曼·迈尔斯(Norman Myers)(关于灭绝),大气科学家斯蒂芬·施耐德(Stephen Schneider)(气候变化),动物学家西奥·科尔本(Theo Colburn)(内分泌干扰物)和物理学家约翰·霍尔德伦(John Holdren)(替代能源)——从未满足于留在他们的办公室和实验室。

不幸的是,这些直言不讳的人物并非主流。他们的活动与大多数大学院系的指导专业实践的期望不一致。特别是在社会科学领域,人们普遍对被贴上"规范性"标签的研究感到不安,这意味着它不仅描述了世界是怎样的,而且也描述了它应该如何发展。依我看来,"规范性"的词语和它的红字内涵留下了一个草率的概念区别。大多数科学研究的表面之下都存在着规范性的问题。在研究人员发现流感病毒是如何感染人类细胞的最冷静的努力背后,我们找到了人类健康确实应该受到保护的规范立场。大学里教工程学，是因为它们有一种基本的规范性信念，即我们不应该生活在设计不良的大坝下游。

　　我认为更有用的区别在于研究人员是否被投入到某项事业中（从关心世界和关注事物的角度来看），还是与某个特定的组织或意识形态议程相关联，以致这个人放弃了开放式询问的实践。试金石是是否研究者不仅容忍，而且积极地征求替代观点，并且对于与预期不符的调查结果仍然持开放态度。对社会事业的承诺以及对公共宣传的相关努力不构成对智力完整性的威胁。研究濒临灭绝的树种的命运的植物学家可能受到对其生存的深切关注的激励，并不妨碍他们就其未来前景得出客观结论。然而，放弃批判性质询的权利是完全不同的。一位研究人员为保守派智库工作，无论证据如何，都没有自由去争取更严格的环境监管。一位知名左派杂志的记者无法撰写一系列关于市场在减轻贫困方面的作用的报道。学者作为公众辩论参与者的最大资产不仅仅是专业知识，还包括调查自由。通过在研究和行动世界之间树立障碍来浪费这种自由，令我强烈地觉得会产生反作用，并且坦率地说，对于公开的民主对话事业是不利的。

　　在本书中，我尝试将激进主义者的紧迫感与学者的专业怀疑论结合起来，希望为读者提供一些既相关又可靠的东西。我相信人们渴望这种综合。在我的职业生涯中，我有幸知道的社会领袖——商人、非营利管理者、社区活动家、政策制定者和慈善家——渴望获得新知识以表达他们的努力。他们只是需要将其翻译成一种合理的形式赋予意义。对于学生们来说，很多人享受他们的课程规划的智力之旅，但想知道这如何起作用？学生要求他们所受的教育与行动世界相关，这真的是错误的吗？同样，偏好行动的人有权利知道他们的信息来自哪里；为此，在本书中我会提供笔记，读者可以在正文中找到有关要点的参考和扩展。

在阅读以下章节之后，我希望你不仅会以全新的视角看待这个世界，而且，也不再可能以旧有的方式来审视它。通过探索环境危机的更深层次的基础，基于规则的视角，标志着我们与流行的媒体中提供的解决方案的彻底背离。但之后，你总是知道，这比驾驶混合动力车、携带可重复使用的咖啡杯、怀着最大的希望意味着更多东西。那么让我们从对于政治科学家来说相当于考古挖掘的事物开始，揭示社会规则如何影响我们的日常生活——并且在这个过程中帮助我们回答谁统治地球的问题？

2

附加条件

　　想象一下，你正在悠闲地散步在最爱的海滩上。当波浪的平静声音和宽阔的地平线使你的头脑变得清晰，并增强了你的感官感知时，你开始注意到你周围的事物。一群漂浮在风中的鸟。光线穿过散落的云层。因为太硬而不能徒手打破的石头，在一段奇异的过程中被时间和洋流转变成无数砂砾，在你的脚下嘎吱作响。

　　这些以及自然界的其他方面都吸引着我们的注意力，激发着自然科学家去发现它们的秘密。但这里还有一些其他的事实是我们的未经培训过的眼睛所看不到的，它们还没有进入由科学家、记者和其他编年史家提供的丰富多彩的纪录片中。这些就是模拟这种物理现实的社会规则。有时这些规则被表现为法律的形式。在另一些情况下，它们表现为建筑规范或产品设计标准。投票规则、财产权和宪法保障是我们最强大的社会规则之一，其中也包括不成文的但被广泛认可的、指导我们行动的正确与错误的规则。在本章中我们的任务就是让这些社会规则更加可见——帮助您"看到"塑造日常活动、理解某些政治根源的规则，并且领会这些规则为何影响着我们星球的未来。首先，让我们回到沙滩上漫步，看看我们在贝壳和石头中发现了什么政治和权力痕迹。

看不见的世界

首先考虑海滩上缺少的东西。为什么没有围栏？为什么我们可以在这个沙滩上漫步？如果我们的社会规则规定冲浪和沙子可供最高出价者使用，或属于第一个立界标者以表明所有权，那么我们也没有比不请自来地跳进邻居的游泳池享有更多的在海洋中游泳的权利。实际上，根据各地规定，公众进入海岸线的情况在各国是明显不同的。在苏格兰，2003 年的《土地改革法案》确保所有希望享受海滩的人都可以享受它们。[1] 您可以在东海岸的藤斯穆尔沙滩观看海豹，或去远在北方的克拉什内西湾，畅通无阻。相反，在爱尔兰，进入海岸线是一件奢侈的事情。公共通道纯粹由拥有毗邻岸边财产权的人自由裁量。由于这条规则，爱尔兰的孩子、观鸟者、慢跑者和其他信徒们都被禁止去了解大部分海岸线，以及什么是雷切尔卡森（Rachel Carson）所说的"那个伟大的生命之母——海洋"。[2]

在美国，我们在海滩上度过一天的权利是由我们所信奉的被称为公共信托理论的一项古老法律原则所保障的。最早由罗马皇帝查士丁尼（Justinian）阐述，后来见诸西班牙、英国和美国的殖民地法律中，公共信托理论认为，任何适合乘船旅行的水道及其下的土地都不能私人拥有，而是由政府托管供公众使用。[3] 这一规则在美国法律体系中由 1892 年著名的最高法院判决得以确立。该判决是有关伊利诺伊州颁布的一项令人瞠目结舌的决议，立法者投票决定将密歇根湖出售给一家私人公司。立法机构将该州的大部分湖泊授予伊利诺伊州中央铁路公司,包括独家进入芝加哥港的一大片土地——总面积超过 1 000 英亩。幸运的是,美国最高法院裁定伊利诺伊州违反公共信托原则。法院的判决援引了新泽西州最高法院法官安德鲁·柯克帕特里克(Andrew Kirkpatrick)的论述,他在 1821 年提出,允许私人一方对国家水域进行排他性控制,将"剥夺所有公民的共同权利。这将是一种不可能长期被自由的人民所承担的冤屈"。[4]在柯克帕特里克写下这段话后的一个半世纪,沿海通道被纳入 1972 年美国海岸地区管理法案,这是一项具有里程碑意义的法律,全面地对贯穿全国的海岸进行保护和规划。[5]

　　如果公众进入海滩的故事和一般的社会规则,都只是公平的规则之一,那么我们就没有理由对这些规则的出处感兴趣。但是,这个故事提出了一个更重要的观点。事实是,我们今天认为理所当然的许多简单的快乐,比如在沙滩上散步,可能仅仅是因为其他人在我们之前审视了事物的现有秩序,发现了它,并且改变了规则。看到一个蹒跚学步的小孩向岸边摇晃着一桶沙,这似乎远离了政治冲突和喧嚣。然而,这种无辜的场景可能就是政治参与。"海岸带管理法"并不是作为社会与经济增长的副作用相抵触的必然结果。这是从俄勒冈州到新泽西州的公共抗议活动的产物,公民对海岸带地区的迅速发展和公众通道的减少表示担忧。[6]围栏被推平,城市土地使用规划被修改,通道被打开,所有人都可以使用海滩(有一些值得注意的阻挡物,今天仍然是继续进行公众宣传的重点)。[7]

　　公众进入美国海滩也需要推翻从前一个时代遗留下来的规则,这些规则是故意设计的,以防止人们离开。最为人所知的是,最近 20 世纪 60 年代,数以百计的州和地方法令规定,非洲裔美国人和其他有色人种在海滩上度过一天是非法的。在民权时代,组织者们用"闯入"这样的技术来挑战旧的规则,比如从佛罗里达州的圣奥古斯丁到密西西比州的比洛克西海滩(图 2.1)。他们经常遇到敌对和野蛮暴力。1960 年 8 月 28 日在芝加哥发生的闯入事件中,沿着几百年前卖给一家铁路公司的几乎同一段海岸线,抗议者们遭到了 1 000 名扔石头的种族隔离主义分子的袭击。在南部各州,几名闯入积极分子被谋杀。这些年轻的美国人的巨大牺牲最终成功地改变了规则,并使自己在沙滩上度过了一天,人人都有权享受这一天。[8]

图 2.1　1964 年,佛罗里达州圣奥古斯丁一个隔离海滩的"闯入"行动,抗议者遭到袭击(Russell Yoder/UPI)

紧密相连

随着继续对海岸线政策进行挖掘，我们很快发现，关于公共通道的规则只是一个开始。海洋的化学成分本身就受到社会规则的影响——特别是一项国际条约，该条约禁止油轮在海上故意倾倒多余的石油，这是因为，到二十世纪七十年代，每年都会有100万吨石油被倾倒进海里。[9]当你深吸一口海风时，充满你肺部的空气的物理质量非常依赖于社会规则，特别是自20世纪70年代以来大大降低了污染水平的清洁空气法案。[10]（这些涂着指甲油的读者们可能会很高兴地知道，由于这些规则，现在它含有较少的产生烟雾的化学物质）鱼类和其他海洋生物的丰富性和多样性受到政府政策和渔民之间私人协议的影响。在缅因州，龙虾捕捞社区设计了自己的可持续收获协议，由当地的巡逻队执行以确保规则被遵守。[11]相反，在纽芬兰沿岸，关于近海捕捞实践的无效规则导致了加拿大著名的北方鳕鱼渔业在20世纪90年代初全面崩溃。[12]

即使是温暖你脸庞的阳光也受到社会规则的影响，这看起来似乎不合情理。由于大气中存在人为化学物质，稀释了地球保护的臭氧层，因此到达您的皮肤的紫外线辐射水平比过去更加危险。但由于蒙特利尔议定书的一套成功淘汰使用这些物质的国际规则，它现在比过去更安全（并且随着时间的推移将会更安全）。[13]您携带的防晒霜只能在商店货架上购买，因为生产该产品的公司可以通过在法庭上强制执行的专利规则来保护其发明。作为消费者，反过来说，由国家监管机构颁布规则的一项功能就是为您确保产品瓶子上提供所标示的防护等级。(正如我写的,美国食品和药物管理局正在发布一个期待已久的有关防晒霜瓶规章修订的公众咨询意见)

当你走过一个"不要乱扔垃圾"的标志时,你会注意到远处有一艘大型货运船。该船向空气中喷出一股有毒污染物,这是这些船用来驱动大型柴油发动机的低等级燃油的结果。美国化学学会估计,海上运输造成的空气污染导致全世界港口城市每年6万人过早死亡。[14]在我们的科学家和立法者充分了解的情况下,这种令人震惊的情况如何能够持续下去? 答案是,由于其国际航空公司的地位,该船免于国内空气质量规制。你可能决定在那里建立一个公民团体,要求被你选举的官员通过国际条约来解决这个问题——但前提是你恰好住在宪法规则保护公民言论和组织权利的国家。

当然,你不需要到海滩去看社会规则如何形塑我们的星球和生活。由于国际规则强制执行贸易禁运,你的衣服不会是来自古巴的。但是,你的很多配饰是来自中国的,这是因为中国推动了市场增长,并且加入了被称为世界贸易组织的规则制定机构。你的血液中含有的杀虫剂滴滴涕(DDT)少于四十年前有人在阅读有关环境的书中的案例,那是在滴滴涕被工业化国家禁止以前。如果在一个公共建筑里有一个足够容纳轮椅的洗手间,这不是建筑物所有者的善意所致。这是由残疾人领导的长期政治斗争的最终产物,其20年来的努力最终导致了1990年的《美国残疾人法案》等新规则的出台。无论我们选择注意或不注意它们,社会规则都贯穿于我们的生活(图2.2)。

规则和自由

所有这些我们讨论的规则,隐藏在我们存在的每一个裂缝中,可能会让一些读者感到有些令人毛骨悚然。这些不是对个人自由的威胁吗?每一条规则,不管是否不择手段,都会更多地侵蚀我们的行动自由吗?也许在阅读本章后,你会决定从社会规则的枷锁中解放你自己。如果你恰好居住在美国,那么你可能会跳上你的车(因为你满足年龄和能力要求,你可以开车),启动发动机(可能聚集在墨西哥,这是北美自由贸易协议的结果),并顺着高速公路下山(感谢 1956 年的《联邦援助公路法案》),人们希望你在道路的一侧行驶。从你的脑海中晃去这些想法,你离开这个城市,走上一条森林公路,你的汽车保险合同在手套箱里晃动。你厌倦了这些社会规则的提示,在到达山顶时,冲出汽车,抛弃所有的物质财物,最终你来到一个悬崖上,静静地躺下,观察你身边未受干扰的荒野。这个沉思的时刻将是反思 1964 年美国《荒野法案》的好时机,通过保护那些不受购物中心限制的野生景观,使得这种和平的缓解成为可能。也就是说,限制人为干预需要社会规则。自由也是如此,包括在山路上行走的自由,因为美国的创始人在制定旨在限制行使政府权力的社会规则时就敏锐地意识到了这一点。

社会规则是我们生存不可或缺的一部分。正如个人如果没有社会、文明(以及学校系统、机场、比萨店,以及组成他们的足球联赛)就无法长期生存,如果没有规则来指导,参与者中的相互作用就无法运作。我们生活的规则塑造了我们的河流、天空,以及我们所使用的能源的种类和数量。它们决定了我们的森林是否会被砍伐、直到它们像荒凉的月球景观，或者是完整的生态系统，在那里野生动物可以繁衍生息。从最好的一方面来说，社会规则最大限度地保护人权并促进长期繁荣。从最坏的一方面来说，社会规则包含了奴役所有民族的复杂系统，并促进了对快速经济的追求，而不顾我们的经济和生态的代价。

最重要的是，我们生活的规则可以被改变。这似乎是一项艰巨的工作。我们每天都会听到有关政治僵局、两极分化的全体选民以及部署在遥远地区的金钱和权力影响的新闻故事。难怪这么多人认为我们无力改变世界并使之变得更好。然而，情况往往是，我们对事物的了解越多，它就越不固定和不可变。对于我们的河流和草原这一事实，情况确实如此，尽管它们看似永恒的特征已经在几个世纪内发生了巨大的改变。这可能会在日常生活中出现永久和不屈的状态，但是在伴随着广泛的社会变革的长期稳定的情况下，事实上却倾向于在一个人的一生中发生重大的变化。选举一位非洲裔的美国总统，同性恋的结婚权，苏联解体以及中国火箭推动式的经济增长，是这几年从不可想象到不可阻挡的局势中更为明显的例子。但是，远离头条新闻的是，捕捉历史上最引人注目的变化，在幕后，无论是富国还是穷国，改革者都在努力协调经济增长与环境质量的关系。这些努力往往是成功的，我们将在下一章中看到。现在，我们需要看看后台下面，以确切地理解社会规则是如何工作的。

血液中含有加拿大所禁用但美国允许使用的农药的化学成分

非法收获的热带硬木缺乏有效的国家政策

壁材符合美国国家消防协会检测标准#251

基于公平贸易原则认证的咖啡豆购买协议

咖啡店老板爱荷州破产法的保护

学校被强制使用用发估教学的保护

根据清除贸易壁垒章的新规定，从亚洲进口的衬衫系衛的防制品条例的管制

时尚符合性别文化的规范

员工在返工之前必须洗手

通过法律禁止性别歧视从而确保教育公平

窗户通风性符合美国测试和材料协会标准E283-04

根据食品和药物管理局的规定，化妆品可能含铝

顾客必须在晚上10点出店否则将面临非法私入的指控

受版权保护的图书内容

纸浆生产符合环境保护署污水排放标准

最高法院推翻允许没有手令的情况下窃听通话的规定

在1965年美国废除《排亚法案》后，其父母由中国法律进入

笔记本电脑的数据安全性符合行业标准ISO/IEC 17799

受美国专利#3758427卡布奇诺2009年A级巴氏系菌的制品的管剂

图 2.2 社会规则形塑了我们的世界

世界上最大的机器

社会规则有哪些显著特征？它们在一定意义上是社会的，因为它们塑造了人与人之间的互动。像 DNA 指导人类细胞中大量的化学活动一样，这些社会蓝图具有重要的协调功能，可以预防汽车在交叉路口发生碰撞，并促进复杂形式的联合活动，就像举办一场摇滚音乐会、组建公司或部署军队一样。我们在这里最感兴趣的是那些规模大于家庭规模的规则。如果加西亚（Garcia）一家有一个规则，即在晚餐时不允许看电视，这不是本书所使用的意义上的"社会"规则。如果他们在星期天上午参加教会，他们的行为就会受到社会规则的指导，因为在这个意义上它会以可预测的方式影响许多家庭的活动。

要有任何意义，必须理解并遵循一条规则，即使是不完美的，也要受其约束。一个没有人知道的国家法律，对于这个讨论没有什么意义，不管它有多么热闹。想一想雨林。在热带国家，如果你翻阅法律图书馆书架上堆满霉味的旧书，你会发现，这些国家中的大多数自殖民时代以来就已经明确禁止破坏森林。但也只是到最近，改革者开始将这些礼仪姿态变成指导土地所有者和木材公司决策的可执行规则。这不仅仅是纸上重要的东西，更是我们头脑中的东西。这就是为什么社会禁忌，比如在机场排队或者对村长说话不尊重，即使他们没有写下来，也会带来社会规则的力量。

每一条社会规则都采用通用的形式。首先，它明确规定了许多不同的角色。接下来，它阐明了任何占据这些角色的人的权利和责任。因此，一份租赁合同定义了房东和租户的角色，并描述了每个人的义务和预期收益。英国议会规则规定,担任众议院议长角色的人有权选择哪些立法者在辩论中以什么顺序发言。议长还承担着公正行事的义务,从他或她的政党辞职,不再与其他议员交往。无论我们处理的是国际条约还是百货商店的退货政策,都可以通过这三种"R"来理解所有社会规则:角色"Roles"(作为客户……),权利"Rights"(您可以退回这件物品……),和责任"Responsibilities"(在购买证明的 30 天内保持良好状态)。世界各国现在在气候变化问题上讨论三个 R 的问题,就哪些国家有义务控制二氧化碳排放、如何在经济发展权和国家主权之间权衡这一责任进行辩论。

从指导我们行为的不成文规则中,可以找到相同的基本结构。考虑一位老年妇女登上城市公共汽车的案例。在许多文化中,他们占据着某些角色——年轻的和/或男性有座位的乘客与他们附近的年长乘客——这是与他们的角色相联系的,他们有义务让座。静静地躺在物体表面下的规则在破碎时会变得明显可见。一个忽略了让座的青少年,他在面对一群人嘲笑的目光和来自公交车司机的尖锐评论时,会很快吸取教训。通常这些不成文的规定最终会被编入法律。这一过程就像一条穿过大学草坪的人行道,校园当局最终承认并将其变成了一条铺设好的道路。最有效的规则是将正式的书面规则与未成文但广泛的共识结合起来,赋予它们合法性和力量。

当规则引起我们的注意时,他们以一次性的方式这样做。在这里签名。在演出过程中让您的手机静音。为他人抵住门。参赛作品将根据原创性和技巧进行评判。员工在进入商店时必须迎接顾客。你有权聘请律师。将您的可回收物放入蓝色垃圾桶。

　　然而,要欣赏社会规则的真正力量,我们需要考虑整个情况。由于这些规则相互依赖,它们相互联系并相互交织,形成强大的结构——公司合同、交通法规、文化规范以及两个以上的聚集,由意见领袖、法官、牧师、邻居、裁判、老板、选民和朋友执行。庞大的规则网络构成了我们所称的韩国文化、州际高速公路系统、雪佛龙或马萨诸塞州的波士顿。当社会科学家使用"制度"的语言时,我们试图提醒大家注意这些相互联系的大系统以及组成它们的个别规则。我们的社会规则有时是和谐的,而其他时候是冲突的,迅速变化或顽固坚定,我们的社会规则赋予某些议程优先于其他的,以这种方式直接提供资源,而不是那样,为经济增长和政治变革制定基本规则。它们是使文明蓬勃发展或内爆的原因。我们通过生物学来重现我们的种类,但通过制度来重现我们的方式。在他们的总体上,社会规则构成了世界上最大的机器。

政治怪圈

　　如果说有谁渴望统治地球,那肯定是拿破仑·波拿巴(Napoleon Bonaparte)。拿破仑对于权力略知一二。在他统治的鼎盛时期,这位身材矮小的皇帝统治了包括西欧大部分地区在内的130个大区的4 400多万臣民。当英国人和普鲁士人在1815年滑铁卢战役中最终击败了拿破仑的格兰德军团"大军"时,他们对他的影响力非常畏惧,以至于他们将他流放在偏远的圣赫勒拿岛——南大西洋的一粒陆地,距离最近的大陆1 200英里。在他生命的最后几年,我们可以发现拿破仑在反思他权力的本质。他的思想被记录在一个非凡的文件中,即《圣赫勒拿岛回忆录》,在那里他的随从伊曼纽尔·德拉斯·卡斯（Emmanuel de Las Cases）伯爵，在十八个月的时间内，对皇帝的言行保持了仔细的记录。拿破仑特别专注于他的影响是否会持续下去的问题。从他的房间，他望着这片孤寂的广阔海洋，给予他希望的并不是在战场上的历史成就，而是他留下的新规则。"我真正的荣耀不是赢得了四十次战斗，"他说，"滑铁卢将抹去对这些胜利的记忆。没有什么能够消除，永远活着的是我的民法典。"[15]拿破仑指的是他的法学家草拟的法典，皇帝在法国和被征服的领土上施加的法律。"法典"集合了一系列不同的封建法律，并将其与罗马法律秩序融为一体，建立了一套透明而系统的法律体系。今天，《拿破仑法典》为罗马尼亚、埃及、智利等几十个国家的法律体系奠定了基础。这位伟大的皇帝意识到最终的力量不在于当今成就的闪光，而在于塑造社会赖以生存的规则。

　　因此，社会规则另一个定义的特征是它们被设计为持续。我们制定规则，将预期的社会互动模式推向未来，无论这意味着在周四早上收到定期的面包装运，还是禁止在干洗行业使用消耗臭氧层的溶剂。他们将这些新做法制度化。这是社会规则对于可持续性如此重要的一个原因。对地球的管理不仅需要超越季度利润表和选举周期，还要超越个人的生活期限。社会规则是我们用来实现这一目标的设备。这些规则可以采取宗教教义的形式，例如天主教教理问答讲义 2415，其中规定："人类对无生命的物体以及造物主赋予的其他生物的统治权不是绝对的；它受到对邻居的生活质量的关怀的限制，包括未来的后代。"在其他情况下，这种未来的定位可以通过像保护地役权这样的法律工具来实现，最近的一项发明中，土地所有者同意为了税收优惠进行交换，对财产设置不可撤销的条件,以确保所有未来的所有者可持续使用其资源。

社会规则的可持续的质量是重要的,因为我们不能指望永恒的善意或志愿者坚定不移的警惕以维持一个有价值的事业。人的注意力也在流转,媒体和政治机构也如此。偶尔会出现极大的政治热情,并刺穿社会的平静。但是革命结束后,街道上的彩带已被清扫出去,人们重新回到日常生活中,关注他们的花园和股票投资组合。那些留下的规则决定了变革运动的真正遗产。

政治学家安东尼·唐斯(Anthony Downs)在他的随笔"生态上与下:问题-关注周期"中观察到了这种现象。写于 1972 年,在现代环境运动的黎明时期,他试图预测美国对环境的担忧会产生真正的影响。安东尼唐斯问了让拿破仑头疼的同样的问题:这会持续多久?他观察到,公众对社会问题的关注倾向于循环运动,随着公民将注意力转移到其他地方,一阵热情逐渐让位于不感兴趣的地方。然而,唐斯也认为,在公众关注的"上升"阶段,如果公众的关注被制度化——如果它们被法律、法规和相关的执行机构所嵌入——那么就有可能解决这些大规模、长期存在的问题。唐斯在这两方面都被证明是正确的。20 世纪 80 年代初,美国环境问题的公众利益普遍下降;这与经济衰退相对应,并在公众舆论数据中清晰地显示出来。但是,20 世纪 70 年代制定的新规则,如《清洁水法》和《濒危物种法》,确保了这些问题的持续进展,尽管公众情绪不可避免地出现波动。

如果稳定是规则为社会带来利益的机制,那么它也是其最有害影响的根源。我们都遇到了决策者顽固遵守规则的情况,即使这些情况阻碍了做正确的事情。将军们可以被发现与上一场战争作战。商业抗拒变革是因为"我们一直这样做"。而政府官僚机构因遵守规则而不是完成工作的忠诚度闻名。持久性也有它的缺陷。然而，在稳定和变化之间的任何一端，危险都可能被发现。我们将在第 6 章中看到，在政治不稳定的国家——也就是说，在世界大部分地区，制定促进可持续发展的更明智的规则是一项非常具有挑战性的工作。最后，新实践的制度化要求一个平衡的行为。社会规则必须有足够的黏性，以防止异想天开的逆转，但它们不能排除未来修改的可能性，以回应新的想法和不断变化的需求。

为了回答这本书的标题，让我们从观察开始，许多统治地球的人已经死去。他们建立了结构——法律、政策、法典和合同——为未来蒙上阴影。其中一些结构，例如《权利法案》，受到对公共利益深刻见解的启发。其他规则，如限制海滩通行的规则，已经到位，以牺牲一群体的利益为另一群人。一些规则——比如美国的农作物补贴，或者巴西将土地转让给那些通过砍伐树木来"改善"的人的政策——曾经有过一种崇高的目的，但已经失去了它们的用处；但他们仍然投下阴影，塑造着我们种植的东西以及我们如何对待这片土地。社会规则是过去政治斗争的幽灵，是我们传递给未来的社会结构的遗产。

前方的路

在本书的其余部分，我们将探讨社会运行的机制，它成千上万的无形杠杆以有时很明显的方式来模仿我们的行为（星期三是垃圾日），但通常被认为是理所当然的——就像垃圾处理被假设是消费者和市政当局的唯一责任，而不是过度包装设计产品的公司的责任。我们的大范围旅行将包括法律的性质、国王的命运，以及麦当劳法式炸薯条的规则。一路上我们会看到，社会规则不仅限于政府的法律和法规。这些是社会规则的重要例子，在本书中我会参考很多这样的例子。但规则的范围和本书的范围远远超出了公园管理员和政治家的活动范围，也包括纸制造商、邻里协会和体育竞技场所制定的规则。

摆在我们面前的任务是一个一个地构建一个平台，这将为以不同的方式看待世界提供一个新的有利位置。我们的观看平台将有以下部分。我们随着社会变革开始并结束。在下一章（3）和本书的最后三章（9—11）中，我们将考虑社会变革实际如何运作，以及如果您愿意，您可以在此过程中发挥的作用。处于在这些之间的是五章（4—8），它揭示了以多种方式塑造我们行为的社会规则的无形架构。我将借鉴许多国家的例子，反映我自己的研究专业，比较政治，探索和比较全球各地不同社会的内部运作。同时，我的假设是，许多读者来自我的祖国美国。我希望非美国的读者能原谅偶尔使美国读者特别感兴趣的例子和辩论的偏见。

请允许我提供一些更详细的信息。走出门外，第 3 章（可行的世界）解决了我们可以问自己的最重要和最卑鄙的问题之一：我们真的可以改变世界吗？事实证明，社会科学家对改变的可能性有很多话要说。我们将根据研究结果去解释为什么我们不能生活在所有可行世界中最好的地方，为什么有这么多机会让人们和我们的星球变得更好。在第 4 章（一段冒险之旅）中，我们开始研究地球规则手册，仔细研究最强有力的社会规则之一：财产。要理解谁在统治地球，我们需要了解谁拥有它，以及所有权的规则是如何制定的。为了实现这一目标，我们将追随深蓝色的林莺，一种高度濒危的候鸟，它的旅行将飞跃西半球以寻找合适的森林栖息地休息。

在深蓝色林莺旅程的每一站，我们将看到财产规则如何影响其生存前景。在第 5 章（大交易）中，我们更深层次地、往往违反直觉地考虑规则和财产之间的关系，并且清楚地看待围绕使用市场力量来对抗污染的争议。我的目标是赋予读者参与这些辩论的能力，而不会让意识形态的包袱严重影响公众话语。在第 6 章（国家组成的星球）中，我们将进入政府权力的走廊，目睹全球不同国家如何通过有助于或阻碍可持续性的规则制定系统解决环境问题。

环境问题毫不费力地跨越国境，藐视我们在城市、各州和各国内组织政治生活的尝试。在第 7 章（扩展）和第 8 章（缩小）中，我们将看到规则制定者的权力基于两大趋势的转换是如何跨越政府不同层级进行分配的：欧盟的形成以及几十个国家将环境规则制定权力下放到地方一级的前所未有的举措。在全球各地巡游之后，我们回到为实现有意义的变革所需要解决的问题。在第 9 章（不断变化）中，我们将看到，挑战不仅要打破导致我们陷入严重后果的模式（如石油依赖），而且要建立"良好"的道德标准，提出自我强化的趋势和常态的新假设。在第 10 章（超级规则）中，我们将考虑一个特殊类别的规则，决定如何制定其他规则，处理诸如谁参与和哪些原则指导创建政策等问题。任何希望对地球产生持久影响的人都会很好地关注超级规则；污染者当然也是。最后一章（纸、塑料或政治？）为那些有兴趣参与重写管理地球规则的人提供了实用的建议。我提供了一些行动原则，从本书所涵盖的研究中汲取教训，这些行动导向的读者可以将他们自己的研究与当地政治背景相结合。

3

可行的世界

假如高速列车每隔 10 分钟到达一次,将你带到你所选择的城市,那这个世界会是什么样子?这将像极了日本。假如我们的电脑和咖啡机在它们的生命周期结束时没有被倾倒在有毒垃圾填埋场中,而是被作为新的消费品的原材料再利用,那该怎么办?问问西欧人就知道了。如果不是秘密地制定环境规则,政府会被要求与任何需要它的公民去分享形成他们决议的所有信息吗?答案可以在美国找到。

日本、欧洲和美国的公民所经历的"世界"之间的差异,很大程度上来自支撑它们的规则的变化。在日本,全国高速列车系统(新干线)的出现不是因为技术进步而不可避免前行的,而是国家和地方规定的结果,即将一系列不相连的铁路改造成一个综合性的国家体系,这个体系自 1964 年成立以来没有发生过一次致命的事故。在欧洲,新规则使公司负责收集和回收他们卖给消费者的电子产品。由于他们必须安全地处理其产品中的有毒物质,所以这些公司有强烈的动机去除制造过程中的重金属和其他有害物质。在美国,《信息自由法》授权公民可以要求政府机构向他们发送所有与决定作出背后相关的文件,而这种透明度在日本或欧洲是闻所未闻的。[1]

　　当然,这个世界的这些国家并不总是存在。它们是通过社会变革中的蓄意行为而产生的,在这些行为中旧规则被抛弃,新规则得以实施。然而,许多人认为社会变革的想法实施起来太过艰巨。看起来是那么不切实际与遥不可及。与科技和大众文化变化的令人眼花缭乱的速度相比,似乎在缓解贫困、人权和环境可持续性等重大社会问题方面,取得的进展像冰川挪动速度一样慢。音乐和媒体的发展趋势远比我们弄明白如何操作最新电子设备的速度快。我们改变学校、工作、家庭和发型。但是政治呢? 城市管理的新方法呢? 社会使用能源方式的重大转变呢? 这些力量似乎非常遥远,以至于我们中的许多人退缩到了我们所能控制的小事情的舒适之中。我们尽职尽责地将我们的回收物品运送到路边,向红十字会支付支票,或者可能在当地学校做志愿者。我们抓起那些广告上宣称包装减少了 50% 的洗衣粉。我们"尽自己的一份力量",将更大的变化留给看似不具个人色彩的历史力量以及对遥远的地方具有强大权力和影响力的人们。

　　这种不愿意参与促进社会变革的想法源于一种完全合理的愿望,就是在我们的努力中保持"现实"。思考下面的问题。你是否曾经遇到过一个为了更美好的世界而真正鼓舞人心的愿景,只是因为你认为它不现实而使你的泡沫破灭了? 这种充满希望的愿景可能以一部引人入胜的电影,或者是一位倡导以和平、繁荣和可持续发展为未来世界特征的魅力型公众演讲者的形式出现。你受到一定的熏陶,可能会立即向自己发誓,从那天起你会为事业而奋斗。然后,随着几天、几周过去,情绪失控的最初浪潮逝去、现实渐渐回归(通常是源于别人沮丧的评论)。然而无论愿景是多么令人信服,你都会告诉你自己,这在今天的世界并不实际。

暂时搁置这个想法,让我们考虑另一个想法。

你有没有想出一个你认为可能为其他人带来真正价值的新颖想法?也许你想出了一种方法以振兴城市中心。或者可能是一个提议,以提高能效措施来减少社区的"碳足迹"。也许你甚至有一个减少世界饥饿的大胆想法。在享受了思考你的计划的新颖性和含义的快感之后,思考过程就会因为下面的问题而停下脚步:如果我的想法如此伟大,难道不会有人已经尝试过吗?

双生理念(the twin notions)认为,好的想法已经被尝试过,而有意义的社会变革依然是遥不可及的,这种理念不仅极度打击自信心,而且也是不准确的。这些思维习惯是基于这样一种假设,即虽然我们可能无法生活在所有可以想象的世界中,但出于所有实际目的,我们生活在最可行的世界中。它不会是我们可能期望的所有事情,但我们认为这可能是我们有生之年所能期望之中最好的事。在本章中,我们将看到这个观点严重低估了社会如何影响其事务重大转变的可能性。我不会认为任何结果都是可能的,或者说每个问题都是可以解决的。然而,我会争辩说,我们并不是生活在所有可行世界中最好的世界。注意我没有说可以**想象的**世界。我不是指乌托邦和科幻小说家那些奇想的粉丝。我正在谈论的是在人类和环境条件方面,短期内在经济、技术和政治上可行的实质性的改善。

如果这些替代结果如此可行,你可能会问,那为什么他们还没有出现?这是问题的症结所在,在本章中,我们会看到许多完全可行的情景就像那些处在悬崖峭壁边缘摇摇欲坠的巨石,它们受到社会科学家称为集体行动问题的阻碍——即那些跨越我们所拥有的世界和我们可以获得的世界之间的大大小小的障碍。我不会只是简单地告诉你,你可以让世界变得更美好。相反,我会证明这一点。幸运的是,我有半个世纪的研究成果可以作为这些案子的依据。尽管研究者们使用"问题"和"失败"等严肃的术语来描述变革的障碍,但这些障碍无处不在实际上是好消息。这意味着无数的变化确实是可能的,因为我们的世界充满了潜在但未实现的结果。所有这一切都需要有人(或者更确切地说,是一群同事一起工作)识别并消除阻碍双赢局面的障碍和其他改善现状的机会。其中许多障碍没你想象的那么可怕。通常这是一个改革制度的问题,即那些我们依靠的用以协调人类活动的规则。在第九章中,我们将仔细研究社会变革的运作方式,重点是消除功能失调的规则,并创造更适合社会需要的新规则。本章的重点是确定我们对待地球的方式的重大转变完全在我们的掌握之中。首先,让我们考虑一下这样一个故事:一小群商业企业家如何通过制定新规则将"不切实际"的想法变为现实,从而将全球最大的行业转变为更可持续的企业。

重建世界

美国测试与材料协会(现称 ASTM 国际)在斯古吉尔河河岸附近占据了一座现代化白色建筑,该河流贯穿宾夕法尼亚州西康舍霍肯(West Conshohochen)。这似乎是一个不太可能统治地球的地方。政治领导人不会前来参观。你不会发现外面聚集着众多的记者和装有卫星天线的新闻厢式车。坦率地说,大多数人从来没有听说过这个地方。但是，ASTM 内部发生的事情真的非常了不起。ASTM 是一种规则制定的工厂。它不是一个政府机构，但是一个具有影响力的私营部门规则制定体，其技术委员会的专家人数不少于三万。电气工程师、材料科学家、消防员、食品化学家、建筑师、航空专家和其他像圣诞老人玩具店里的精灵一样全年工作着的人，他们起草了数百个关于正确设计和使用从喷气发动机到自行车反射器的各种新行业的标准。

ASTM 所发行的杂志即《标准化新闻》，它不是那种你可以在深夜脱口秀节目中发现的东西。但是在它那里，你会发现一个规范着我们日常生活的大小规则的世界。你可以了解像 D562 涂料标准这样的规则，其中规定斯托默型克雷布斯黏度计是涂料制造商测试其产品一致性的最佳方法。事实证明，油漆一致性是汽车商店和肖像艺术家都非常感兴趣的。为了体会 D562 涂料标准与众不同之处，请考虑这一特定规则是由来自 36 个国家的 600 位专家组成的委员会创建的，该委员会由华盛顿国家美术馆的保护管理员担任主席。或者采用由 ASTM 步行者/人行道安全和鞋类委员会颁布的标准 F2508。F2508 使用一种称为摩擦计的工具，为确定人行道变得更光滑的可能性奠定了合适的程序。（这个特别的规则是由该委员会恰当地命名为牵引的小组委员会所起草的）

管理日常生活中的这些微小细节似乎与谁统治地球的问题相去甚远。事实上，对于 ASTM 专家试图解释他或她的工作相比于确定烛光晚餐日期的重要性，你不得不给予一定的同情。但另一个 ASTM 委员会会就可持续采伐森林意味着什么而发布标准。其他的 ASTM 委员会已经制定的标准，比如确定鱼是否因化学品泄漏而死亡，以及一家公司是否已经做好了清理有毒废物堆的足够工作。由于这些标准像流水线上的小部件一样流出 ASTM,因此他们经常成为相关行业的常态。政府机构将数以千计的 ASTM 标准纳入当地《建筑法典》以及国家《健康与安全条例》。

像大多数人一样,大卫·戈特弗里德(David Gottfried)在决定进入可持续建筑业务时从未听说过 ASTM。作为商业房地产开发商,戈特弗里德是绿色建筑委员会的创始人之一,这是一个行业领导者联盟,他们正在改变我们对建筑环境的看法。建筑物的设计、建造和运营方式对我们的空气、水以及社区的宜居性产生了巨大的影响。这些建筑物使用了地球上超过四分之一的商业采伐木材和接近一半的世界钢铁和开采的沙石。建造以及运营这些建筑物占全球能源需求的整整 40%。

当戈特弗里德开始探索创建一个更环保友好型的建筑市场时,社会规则是最让他感到意外的事情。传统上,房地产开发商按照两条简单的规则运作:赚钱以及不违反法律。"我们不止多一点地满足了建筑规范对水和能源效率的要求。我们根据价格和市场趋势选择建筑材料,从不考虑他们来自哪里或者他们最终会到哪里去。"[2]首先,戈特弗里德的主要动机是增加利润。就像他在自传《贪图绿色》(Greed to Green)中讲述的这个故事,戈特弗里德在 20 世纪 90 年代初为卡兹建筑公司工作,该公司在经济衰退期间,为了实现投资组合多样化,正在寻找一家房地产开发公司。可持续建筑似乎提供了一个未开发的商机。作为可持续性问题的新手,他参加了会议并征求了领先的环境建筑师和工程师的意见,希望能够迅速吸收绿色设计的最新技术。在 1992 年波士顿美国建筑师协会主办的一次会议上,戈特弗里德深受威廉·麦克唐纳(William McDonough)这样的发言人的影响,他认为地球友好的建筑设计已经在技术上可行并且经济实惠。

如果绿色建筑可行，为什么他们不建造呢？作为一个商人，戈特弗雷德明白，虽然这些想法在理论上可能有很大的价值，但是它们并没有深入到他的行业思维中。但戈特弗里德并没有将这一想法视为不切实际，而是利用他对该行业的了解来探索如何为绿色建筑创造一个利润丰厚的市场。他会见了商业建筑行业的建筑公司、供应商和其他潜在参与者，以了解他们为什么选择某些产品而不是其他，以及为什么成熟的技术，如节能窗户和再生地毯未被广泛使用。正如戈特弗里德在 2009 年接受采访时向我解释的那样，他总结说，如果建筑行业发生变革，就需要改变指导其决策的规则。在最基本的层面上，甚至没有任何关于构成绿色建筑或评估建筑材料对环境的影响达成一致的标准。没有办法将消费者对绿色建筑的需求转化为生产者的市场激励，因为购房者和租户无法区分一栋建筑与下一栋建筑对环境的影响。

戈特弗里德对建筑行业规则的调查很快使他转向了 ASTM。在 1990 年，ASTM 成立了环境评估和风险管理委员会。该委员会由米凯·意大利诺（Mike Italiano）担任主席，他自 1970 年代初就开始为 ASTM 编写规则，并深深致力于环境管理。委员会成员罗布·约瑟夫斯（Rob Josephs）把戈特弗里德介绍给意大利诺，两人决定与戈特弗里德一起组建一个新的绿色建筑小组委员会。

尽管他们对新倡议抱有很高的期望，但很快就遇到了麻烦。ASTM 委员会以共识的方式开展工作，虽然绿色建筑小组委员会受益于大量多样化的专家组，但它也包含了那些不愿意改变的行业贸易组织代表。贸易团体一直拒绝为绿色建筑制定标准，三年之后，该集团的努力几乎没有显示出来。在意大利诺的建议下，他和戈特弗里德从 ASTM 中抽身而出,成立了一个新的组织——绿色建筑委员会(the Green Building Council)。该委员会的运作方式与 ASTM 类似,但只允许个别公司的代表而不是贸易团体参与。企业的参与对培养私营部门的专业知识和确保建筑行业内企业的合法性至关重要。但是正如意大利诺向我解释的那样,虽然一些公司已经准备好改变,"贸易协会没有品牌要保护,所以他们不会遭受到来自公众的压力"。绿色建筑委员会于 1993 年正式启动,汇集了一个由建筑者、供应商、建筑师、工程师、金融家、电力设施部门、保险公司和环境组织兼收并蓄的团体,这样就可以全面考虑如何改善建筑物的环境性能。

在 1998 年,也就是绿色建筑委员会成立五年之后,一小部分行业内标新立异的人发起了一项新的规则制定倡议,这将成为理事会最有力的创新。领先能源与环境设计(LEED)的创立是为了解决建筑行业改革的支持者面临的一个棘手问题。正如我们前面所看到的那样,购买建筑物的人以及管理和居住的人无法可靠地评估建筑物对环境的影响。LEED 将为业主和住户提供关于他们用钱获得的建筑物的明确信息,类似于麦片箱上的营养信息。[3]获得 LEED 认证的建筑物将显著减少水和能源的使用。他们将回收使用那些被拆除的废物,将回收材料纳入家具,并使用本地野生植物美化景观。LEED 认证的建筑物可以为建筑物的居住者提供更加健康的空气,使用的材料很少或没有"脱气"——制造过程中使用的有毒化学物品的挥发物(有点像"新地毯的气味")。利用透明的评分系统,LEED 将根据绿色度对建筑物进行排序,为开发商和买家提供超出法律要求的最低标准的一种激励。他们吸纳自然资源保护委员会的罗布·沃森(Rob Watson)来领导这项工作,并借鉴了诸如工程公司 CTG 能量的总裁马尔科姆·刘易斯（Malcolm Lewis）等人的专业知识，他长期从事环境设计，并成为 LEED 下科学咨询委员会的主席。

战略构想有了回应。2000 年 3 月 30 日，世界上第一批两座 LEED 建筑获得认证。这些先行者为一个愿意支付高额绿色费用的专业客户提供服务：马里兰州安纳波利斯的切萨皮克湾基金会（Chesapeake Bay Foundation）总部和一座位于斯里兰卡丹布勒的时尚五星级度假酒店卡纳拉马酒店。下一批客户包括其使命旨在强调公共服务和可持续发展的组织，如自然历史博物馆、环保组织、大学和政府机构。从那里开始，这个想法像野火一样蔓延。在严重的经济衰退中，美国绿色建筑市场在 2008 年至 2010 年期间反而增长了 50％，达到 550 亿美元以上。在此期间，绿色建筑占所有新建非住宅建筑的三分之一。到 2011 年，数十个国家已在 LEED 注册的项目超过 30 000 个，其中包括超过 16 亿平方英尺的商业建筑空间。建筑行业估计：2013 年绿色建筑市场的价值约为 1 000 亿美元，预计到 2016 年该市场进一步翻番。[4]超过 20 万人已完成培训课程且成为 LEED 认证专业人员，领域涉及建筑、室内设计和物业管理。虽然 LEED 不是灵丹妙药（例如，建筑维护和运营相对于前端设计而言收效甚微），但它已经改变了建筑行业，提高了就像开发者达到所享有声望的银、金和铂 LEED 级别的环保标准。[5]正如私营部门制定的规则经常发生的那样，LEED 已经渗透到政府领域。数十个美国州、城市和联邦机构制定了要求新政府大楼通过 LEED 认证或以其他方式满足其要求的规定。全球所有新建的美国大使馆构造现在都必须符合 LEED 标准。

可能的艺术

　　LEED 只是通过社会规则变化改变人们与环境互动方式的无数例子中的一个。这些变化不仅来自私营部门的倡议，如 LEED。普通市民一次又一次地证明，当我们走出与世隔绝的"生活方式改变"环境保护主义的世界，团结起来修改我们赖以生存的规则时，可能会取得重大进展。俄勒冈州的波特兰市已经转变成一个自行车友好城市——实现了在提升健康、减少交通拥堵、净化城市空气以及削减全球碳排放方面的四赢局面（如果你再算上骑自行车也很好玩，那就是五赢）。从 1991 年到 2010 年之间，波特兰的专用自行车道从 50 英里增加到 300 英里，而自行车出行者增加了三倍。这是由自行车爱好者在 20 世纪 70 年代初的努力中催生的，是他们改变了俄勒冈州的法律规定，以使该州的一部分公路建设预算专用于自行车道。与此同时，得克萨斯州奥斯丁城也变绿了。选民们已经批准了一系列保护开放空间的措施，这有助于在世界上易干旱的地区节约水资源，同时提供保护野生动物和娱乐的机会。该城市和州的官员，也与山村保护组织（Hill Country Conservancy）和拯救巴顿溪协会（Save Barton Creek Association）合作，已经选定了奥斯丁三分之一的土地作为饮用水保护区。该城已经开辟了数千英亩的自然保护区，除了占地 30 000 英亩的巴尔克斯峡谷保护区以外，其他坐落在城市周边的保护区由奥斯丁市和特拉维斯县共同管理。

　　像这样的努力不会为时尚早，因为我们今天所面临的环境问题的规模真是太大了。我们太多的城市都拥堵不堪，太少的孩子可以获得清洁的空气和绿地,太多的危险化学品会进入我们的家庭和消费品领域。全美每三种淡水鱼中就有超过一种会面临灭绝的威胁。[6]全球范围内,估计每年有 50 万人死于颗粒性空气污染,而这一数字超过在所有战争中死亡人数的总和。[7]从 1990 年至 2010 年,全球聚热碳排放量增加了 45％。[8]全球整整 75％的珊瑚礁因污染、过度捕捞、海洋酸化、热应力和沿海开发而被列为受威胁。[9]全球估计有 25 亿人无法获得这种基本卫生设施服务如坑式厕所,而是使用马桶或污水明沟。[10]

我们还有很多额外的统计资料可以查阅,以了解风险的严峻程度。但在这里我必须忏悔。就我的本性而言,我只能忍受这么多的坏消息,然后思索反问:那么我们可以做些什么? 我认识一些能够舒适地谈论数小时这个世界如何注定的人。但是,在我失去耐心之前,我只能采取这么多措施,并且需要知道什么以及为什么运作良好。这不是做一个乐观主义者或悲观主义者的问题,而是辩论玻璃杯是半空还是半满的问题。这就是我不能去喝空的部分。我需要作出选择,我怀疑其他许多人也有同样的想法。环境演讲者通常会借用一系列令人心寒的生态灾难来使观众眩晕,但却没有提供切实可行的解决方案。通常这些演讲者都是杰出的科学家,他们经过数十年的艰苦研究,编制了一长串环境问题的研究报告,并能够巧妙地将各个点连接起来以传达问题的规模。这些问题确实非常严重,这作为一种修辞策略,强调悬而未决的灾难确实可以引起我们的注意,但它不足以激励我们采取行动。[11]实际上,它可能会产生相反的效果,因为绝望感带来心理上的分离,使人们远离政治和公民参与。人们需要知道实际可以做些什么来解决这些问题。幸运的是,社会科学家可以介入并提供一些有用的见解。

那么,关于真正改变的可能性这项研究告诉了我们什么?

障碍和突破

　　如果 LEED 认证是一个好主意,为什么在大卫·戈特弗里德这样的改革派到场之前,这种情况迟迟未出现?如果城市能够在节省电费的同时减少碳排放,为什么更多的城市还没有这样做?请注意,不难看出为什么某些想法从未出现。那些忽视经济考虑的技术设计,需要对人类行为进行英雄假设的政治建议,这些短视计划的失败很容易被理解。但是在创造利润的同时让世界变得更美好的想法呢?那些技术上可行并且得到公众广泛支持的建议呢?你不得不感到奇怪,在这个充满创造力的自由社会怎么可能无法利用这些机会。

　　事实证明,有几种类型的障碍妨碍我们生活在所有可行的世界中。这是个好消息,因为这些障碍虽然是真实的,但并不是不可逾越的。

共享信息

　　为什么我们不能生活在最好的、所有可行世界中的一个原因是决策者——无论是公司、消费者、市长、家长还是总统,他们往往缺乏做出最佳决策所需的信息。当我说"最佳决策"时,我并不是指最有可能帮助整个社会的选择;我的意思是最能促进决策者自身利益的选择。

　　人们不知道如何最好地满足他们自己的需求的想法可能看起

来很奇怪,甚至有点施恩于人的感觉。[12] 但是想一下购买一本书的过程。假设你为了在假期中放松一下而决定购买一部不错的小说。如果你走进一家书店(或者在线浏览,适用同样的逻辑),你会立即面临困境。这个货架上的书可能比该店其他的书带给你更充分的满足感。这一本书可以提供更多的笑声、更多的娱乐、更多的怀疑,并且会以比其他任何书籍更引人注目的方式讲述你的个人兴趣。但愿你能找到它,那么为什么你没有找到最适合你需求的书呢?考虑这将需要什么。花好几个小时研究,在互联网上浏览书评和客户评论。书店员工团队在完成详细采访后负责协助你了解你的兴趣。或者,也许你可能会从商店中的几十本书中读取样本段落,以便亲自了解哪些段落最适合你的情绪和情感。

毋庸置疑,收集这些信息会带来太多的负担。这是关键:信息增加了成本。投入更多的时间和精力很可能找到一本比其他书更好的书,但这样做的成本削弱了一开始读一本书的益处。在寻找最好的小说时,你可以阅读几部了不起的小说。因此,你不必在整个书店中搜索最好的书。你寻找一本好书。或许甚至是一本很好的书。也许你依赖于一个在线网站上的"建议阅读",该网站使用一种非常简单(和低成本)的软件算法来描述你的口味。但是你不会找到最好的选择。

事实证明,被称为信息生态经济学的整个研究领域,致力于研究这种现象。在这个领域的先驱之一是赫伯特·西蒙(Herbert Simon),他是一位灵活地跨越政治科学、心理学、经济学和人工智能界限的聪慧熟练的思想家。从 20 世纪 40 年代开始,西蒙写了大量有关我们信息处理能力有限的书籍和文章,这些研究使他在 1978 年获得诺贝尔经济学奖。"由于计算速度和效率的限制",他写道,"智能系统(特别是人脑)必须使用近似方法。最优性超出了他们的能力;他们的理性是有限的"。因此,"人们满足于寻找足够好的解决方案,而不是毫无希望地寻找最好的"。[13]

"满足"比我们在度假时读到的书更适用;它也适用于公司做出的选择。赫伯特·西蒙表示,与大众智慧相反,企业实际上并不是利润最大化者。这可能听起来像是一个激进的主张,但经过一番反思,我们可以看出为什么会这样。雇用员工时,公司会面临与你在搜索书籍时所做的相同的权衡。一家公司可以与候选人的前主管和同事进行数个小时的访问。他们总是可以将搜索到的更全面的信息汇集到一起。但成本高昂,所以他们聘请那些他们希望成为一名优秀的平面设计师、管理员或销售代表的应聘者,而不会寻找最好的。在这里,信息经济学与环境问题有关,因为同样的逻辑适用于决定在新建筑中放置什么样窗户的公司。可能会有节能的窗户降低公司的采暖费用,同时减少化石燃料的使用。但公司根本不知道他们。

信息经济学的影响更大,因为同样的困境决定了公司决定投资的地方。在为社会做好事的同时,可能会有赚钱的机会,但企业、购物者、房主、城市和国家并不追求这些选择,因为他们根本不知道这些选择。信息太难找到。因此,我们不能生活在最好的所有可行的世界中。我们的公司和政府机构还没有尝试过所有甚至大部分可行的想法。

信息成本高是 LEED 和绿色建筑委员会旨在解决的问题。根据大卫·戈特弗里德的说法,建筑行业的绿色产品标准并不存在,因为信息并不存在。"我们对建筑产品和系统的环境性能的关注是全新的,"他解释说,"我们开始向制造商询问有关其产品的更多信息,例如气室测试中显示的随时间变化的除气特性……在许多情况下,公司无法获得信息本身,获得信息的成本可能高达数十万美元。"[14]通过研究并创建透明的评级系统,绿色建筑委员会提供了缺失的信息,使建筑商和制造商变得更加环保,消费者可以通过购买决定来注意和奖励对地球友好的商业行为。

降低合作壁垒

即使每个公司、机构和个人都可以获得他们所需要的所有信息,即使所有这些行为者都以理性和有效的方式追求他们的利益,我们仍然会生活在一个不那么接近可行世界的社会里。这是因为人们和团体通常不会相互合作,**即使这样做是为了他们的最大利益。**在很多情况下,如果参与者能够找到合作的方式,那么参与者都将变得更好。比如结成联盟、交换资源、交易想法,但他们依然不会一起合作。他们实际上可能确切知道需要哪种形式的合作,并充分认识到这些好处,但他们仍然不这样做。

什么可以解释这种奇怪的行为?起初,它看起来非常不起眼,但经过仔细审视,它非常有意义。社会科学家将集体行动问题称为共同利益的不合作。这个难题由马里兰大学的经济学家曼瑟·奥尔森(Mancur Olson)于 1965 年在他的著作《集体行动的逻辑》(*The Logic of Collective Action*)中首次披露。根据他在哈佛大学的博士研究成果,这本小书颠覆了传统的社会科学。在学术界,作者经常互相引用彼此的作品(正如我在本书中的注释中所做的那样),以便在更大的社群发现基础上收集那些事实和见解,就像许多携带枝条的蚂蚁一样搬回土丘。如果一本书或文章被几本出版物所引用(可以使用谷歌学术搜索进行跟踪),就表明了这本书或文章具有一定影响;对于大多数研究人员来说,几百次引用会让人深感欣慰,因为看到其他人已经发现了他们劳动成果的价值。而曼瑟·奥尔森的著作被超过 20 000 本后续出版物所引用。

有什么大惊小怪的? 奥尔森认为,合作(或"集体行动")不会以我们想象的方式发生。"即使在一个小组中对于共同利益和实现它的方法达成一致同意",他写道,"理性的、自利的个人也不会为实现共同利益或集体利益而采取行动。"除非有某种类型的利益特别鼓励他们这样做。[15]这是因为合作是昂贵的。组织和参加所有这些会议,协调计划表,并电话反馈这些信息,这通通需要花费时间。许多组织要求成员志愿或支付会费来帮助推进他们的共同议程。鉴于所需代价,当人们考虑是否加入事业时,他们面临着两难的境地。即使他们可以清楚地认识到合作的好处,他们认为他们可以在一件事上做得更好:在不对团队做出贡献的情况下,却可以收获团队努力的回报。

在这一点上,你可能会反对说,奥尔森描绘了一个非常愤世嫉俗的人类丑态画像。但是任何试图组织一群志愿者、协调一个学生小组,或举办一个社区活动的人都会对这种现象很熟悉。这不是说我们中的一些人具有公共精神,而另一些人则是自私的。事实或许确实如此,但这是另一回事。让人们为共同受益于大群体的事物做出贡献,这本身就很困难。

这个发现有两个重要的原因。首先,它与我们在高中社会研究课程中教授的内容相矛盾。我们被告知,在民主社会中,有共同利益或不满的人会组成一个团体并动员起来推进他们的目标。他们做出共同的事业并向民选官员提出要求。这对吗? 奥尔森说,并非如此。鼓励搭便车会导致人们逃避合作，从而产生共同的利益。但为什么奥尔森对团队行为的洞察力如此重要，还有另一个原因。他向我们提出了一个有趣的问题：鉴于固有的困难，为什么合作会发生？毕竟，我们被各种形态和规模的组织和协作所包围。这些人有什么问题？他们没有读过奥尔森的书吗？

奥尔森认为，每个组织（无论是公司、河流保护组织还是军队）都必须找到解决搭便车问题的方法，比如通过提供一些额外的福利，这些福利完全由帮助该群体的人所享有。在一家公司内部，这很简单：员工为集体商品做出贡献，比如公司的盈利能力和股东价值。当一名工人停止从事他应尽的职务时，比如选择在滑雪场上而不是为完成交易花一周时间，那么他的饭碗就会很可能不保。他以工资形式获得团体福利，这取决于他对团队努力所作出的贡献。

对于一家私营公司来说，这比较好解决，但如何克服志愿者组织中的搭便车问题？许多专业协会通过向其成员提供可从非参与者中扣除的额外利益来解决此问题，例如培训研讨会，获取研究和数据以及邀请重要的交流活动。学校家长教师协会（The school Parent Teacher Association，PTA）也处于类似的地位：它提供了集体商品（例如筹款人的收益），无论他们是否参与捐赠，都有利于学校的所有家庭。但是，如果 PTA 的组织者将他们的会议与晚餐聚会或其他社交活动结合起来，这种策略将为参与者提供好处，并且只为参与者提供食物、友情和娱乐的形式。组织者必须找到具有创造性的方式来促进交易。[16]

集体行动问题是我们不能生活在所有可行世界中最好的那个的另一个原因。他们驳斥了这个问题的逻辑，**如果我的想法是如**

此伟大，是不是已经有人尝试过了？ 仅仅因为短期的合作成本，相关的参与者可能没有把一个好主意付诸实践。我们很容易得出结论，那些没有一些额外激励就不会为这种努力作出贡献的人，一定不能察觉到团队活动的好处。如果你必须提供食物才能让父母出席 PTA 会议，那他们是否真的关心这个问题？不可避免的是，有些人会更关心地谈论蛋糕而不是拯救学校的音乐节目。但请记住，即使是那些深切关注较大结果并理解它将采取集体努力的人，搭便车行为也会引诱他们。会员专享福利只是提供了将人们从场外汇聚到一起从而努力实现自己无法完成的事情所需的一个小推力。

我们可以从化学和活化能的概念中进行类比（见图 3.1）。如果你想释放化学反应的能量，通常你必须首先在前端施加少量的能量以使反应持续进行。从这个角度来看，**如果我的想法如此伟大……**问题有点像手里持有点燃的火柴且站在一个二十加仑的汽油桶上，问道："如果它是如此易爆的话，它不是早已爆炸了？"

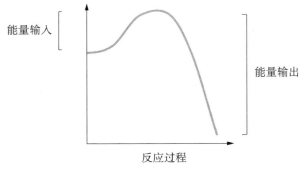

图 3.1　活化能

探察垃圾桶

然而,我们不能生活在所有最佳的可行世界中的另一个原因是,我们赖以使世界变得更美好的组织往往不适合完成这项任务。这倒是个好消息。这并不是说一个超级有效的组织已经尝试过但并未能解决对我们来说最紧迫的问题。如果你想有所作为,这里有很多实质性的和完全可行的改进措施可以实施。

是什么可能导致如企业、政府机构、学校、环保组织等以不利于他们利益的方式行事?这引发了一个更大的问题,即组织为什么要做他们所做的事情?我们可以预期,组织绩效会受到外部压力的影响,他们的生存还是毁灭是由适者生存这残酷而有效的逻辑决定的。这也意味着那些期待长期存活的人必须做正确的事情。有限程度而言,在竞争激烈的市场经济中的公司,非营利性组织争夺稀缺的捐款,或寻求选民忠诚的政党都是如此。但是还有其他的动力可以塑造组织所做及为何做。1972 年,迈克尔·科恩(Michael Cohen)、詹姆斯·马奇(James March)和约翰·奥尔森(Johan Olsen)共同撰写了一篇题为《组织选择的垃圾箱模型》(*A Garbage Can Model of Organizational Choice*)的有影响力的研究文章,该文章发表在《管理科学季刊》(*Administrative Science Quarterly*)上。[17]这些作者认为,组织通常不会通过对替代战略成本和收益的评估而有效地追求目标,从而作出合理的决策。这个问题超越了前面讨论的访问信息的挑战。它首先与抑制组群形成的搭便车问题截然不同。科恩和他的同事们认为,即使组织形成且完全运作,包括预算、工作人员和战略计划,他们往往不会选择适当的手段来实现他们的集体目标。

这些研究人员观察到，组织内部的决策通常涉及如此多的竞争优先事项，以至于它看起来不像理性追求明确定义的目标，更像是充满了无关项目的垃圾桶。随着成员们多年来的进步，他们将他们的指导性哲学、程序优先事项和工作惯例倾倒进垃圾桶中，并且在创作者离开之后很久，这些成员仍然继续施加影响。制定政策和程序是为了解决当前紧迫的问题。购买特定类型的设备，聘请具有相关技能的员工，并因特殊原因在特定地点开设办事处。但随着时间的流逝，组织服务的目标人群也会发生变化，就像它必须与之竞争的组织领域一样。然后他们再次改变，不久后又再一次。这些不断变化的需求以及他们所启发的组织反应，构成了影响组织如何运作的规则、例程和行政结构层。它们会影响它所能看到和忽略的信息类型以及它拥有的技能。任何已经存在了几年以上的组织，无论是杜邦公司（DuPont）、塞拉俱乐部（Sierra Club）还是美国农业部，它们更像是一块挖掘出来的化石，而不像是一块干净的石板。

因此，组织不会设计出解决方案来处理问题。相反，他们拥有从过去的承诺中积累的解决方案和组织能力，并且使用他们现有的解决方案解决那些不断冒出的新问题。组织目标往往是不明确或相互矛盾的。试想一下政府官僚机构，这些官僚机构因"繁文缛节（red tape）"而陷入困境，即他们必须遵循繁琐的规则才能完成任何事情。在许多政府机构中，你无法在不违反规则和程序的前提下为车辆订购替换零件。然而，所有这些"繁文缛节"都是为了解决一个具体问题而形成的：20 世纪初的美国政府因猖獗的腐败和政治庇护而臭名昭著，当时的城市巨头们把公共资源集中到政治上，让政治权利主义看起来干干净净。像泰迪·罗斯福（Teddy Roosevelt）这样的进步时代改革者制定了新的规则，通过加强监督和规范决策的制定来消除腐败。通过赋予机构工作人员更少的决定权，改革者减少了出于政治动机决定的机会。不幸的是，最终的结果是，美国政府机构在促进透明度和公平方面工作得相当不错，但可能在应对新的问题和新的机会来履行其使命时而变得非常不灵活。

近几十年来，新的改革运动在修改官僚机构行为规则方面取得了重大进展，确保他们能够更加灵活地回应公共需求。这一称为"新公共管理（New Public Management）"的运动，是由戴维·奥斯本（David Osborne）和特德·盖布勒（Ted Gaebler）发表的一本名为《改革政府》（*Reinventing Government*）的标志性著作所催化的，该书记录了从城市公园董事到军事基地指挥官等改革者采用的新战略。这些创新者已经改变了内部运营规则，培养了客户服务文化，为员工提供了创新和降低成本的激励机制，引入了更灵活的预算系统，使机构能够更好地应对新出现的挑战。[18]

那么这对我们这些想要对世界产生积极影响的人意味着什么呢？改变你关心的结果的最大障碍可能在于负责领导这一诉求的组织。有时候，变更需要修改现有组织的业务方式。但考虑到组织历史的重要性，根据马奇和奥尔森的观点，希望改变组织行为的改革者"往往是机构的园丁，而不是机构工程师"，他们以过去的承诺以及选择性地除草和播种的方式推动改变。[19]在许多情况下，这样做更有意义，即创建一个全新的组织或将责任从一个组织转移到下一个组织。一个在20世纪初期以卓越的远见而创建的石油钻探公司，其专业知识和管理结构可能不太适合去开发太阳能等新商机。一个旨在汇集小型的、有影响力的政策制定者和科学家群体的环境组织，可能无法帮助学生和普通公民带来社区变革。好的想法并没有被全部尝试过，因为我们为增进我们的共同利益而创建的组织倾向于忽略可行变化的所有类型。

对抗权力

雷茵霍尔德·尼布尔（Reinhold Niebuhr）是过去一百年来最具原创性和影响力的思想家之一。他是一位于 1892 年出生在密苏里州赖特城的神学家和政治哲学家，尼布尔是同时拥有自由主义和保守主义的罕见的知识分子，尽管他的许多追随者今天都不知道他们的共同系谱。对于保守派而言，尼布尔被认为是对外交政策持"现实主义"方法的创始人，该方法以表面价值接受所有国家力求最大化权力的观点，而不是基于尼布尔所谓的"浪漫地高估人的美德和道德能力"。[20] 政治进步人士认为尼布尔是非暴力抵抗（nonviolent civil disobedience）的构建者之一。马丁·路德·金经常将尼布尔列为对他有最重要影响的人物之一。

尼布尔最重要的见解是，社会进步不仅需要教育和道德情感的诉求。在世界上做好事需要放弃权力。他的见解与我们的讨论有关，因为我们想要的世界和我们所关注的世界之间的另一个障碍涉及权力，特别是对相对较少数量的与现状有关的行动者的不成比例的影响。对于技术上和经济上可行的社会和环境问题有很多解决方案，但被这些小团体所阻止。促进社会进步往往要求公民行使其民主权利，并面对、补选、智胜或以其他方式减轻阻碍者的影响力。

关于权力阻碍变革,学术研究能够教给我们什么? 像所有的社会组织一样,学术学科的组织结构可以使某些类型的答案优于其他类型。我们有充分的理由"自律"自己。那些共有的证据标准、基础文本和共同培训使研究团体能够蓬勃发展并创造共同的知识体系。但在决定哪些问题最相关并批准这一研究方法时,惩戒过程也会造成盲点。经济学领域激发了前面部分所讨论的诸多贡献,但它本身有一些盲点。很少有经济学家把注意力放在诸如权力、社会动员和强者对弱者的剥削之上。这门学科倾向于将公共解决问题描述为衡量替代行为的成本和收益的管理工作。然而对当今环境问题的根本原因并没有作出认真的分析却反而忽略了权力问题,这就是尼布尔的见解所提供的指导之处。

在 1932 年出版的《道德的个人和不道德的社会》(*Moral Man and Immoral Society*)一书中,尼布尔认为,人群对个体的行为比对个体行为的道德考虑少。尼布尔写道:"在每个人群中,均缺乏足够的理由去指导和检查冲动,均缺乏自我超越以及理解他人需要的能力,因此比组成群体的个人在其个人关系中揭露出更无约束的利己主义。"基于这种逻辑,尼布尔斥责教育者和福音传教士"他们想象个人的利己主义正在逐渐受到合理性的发展或宗教启发式善意的发展的检查,除了继续这个过程对于建立社会和谐是必要的……他们不承认,集体权力无论是以帝国主义还是阶级统治的形式利用弱点,只有在权力反对它的情况下,它才能被驱逐。"[21]

尼布尔的批评质疑了关于环境教育、增强意识和其他形式的足以推动社会摆脱当前环境破坏的信息共享的假设。(的确,尼布尔的分析提出了一些关于文科教育的目的这令人不安的问题,这个问题的基础是批判性探究,对话以及接触思想世界的前提促进了民主习惯和社会进步。)教育当然是社会变革运动的一个非常重要的组成部分。我们已经看到了产生新知识和共享信息的价值。事实上,强大群体的偏好和行为并不像尼布尔描绘的那样固定;他们会受到关于追求自我利益目标的新方式的信息的影响。关键是教育和信息共享战略很少。尼布尔认为,想象"多一点时间,多一点适当的道德和社会教育学以及更高的人类智慧发展,我们的社会问题将会接近其解决方案",尼布尔承认民主对话和相互适应可以解决一些问题。"但是,像黑人这样的一个被剥夺权利的团体是否会以这种方式赢得社会的正义?甚至连其最低要求对占主导地位的白人来说也似乎显得过高,其中只有极少数人会从客观正义的角度看待种族间问题。或者,如果业主拥有如此之大的权力,以至于无论他们的论据有多不可信,都能赢得和工人的辩论,那么产业工人将如何迈步呢?"[22]

　　写作此书时很少有知识分子关心可持续性,尼布尔本身并没有提到环境问题。但他对权力的理解直接关系到环境危机的原因和变革的潜力。当一所小学决定兴建一个有机花园时,这提供了一种将儿童与环境联系起来的有意义的方式,并帮助建立一个长期的选区。但它本身并没有为我们今天面临的环境问题提供认真的解决方案,这些环境问题的范围和规模都需要修改我们生活的规则。(在学校食堂推广营养型无农药农产品的新标准将是一个很好的开始。)改变规则反过来需要对抗权力。

什么是政治上可行的?

　　去谈论一个更可持续的世界是完全可行的,如果我们能够克服政治障碍,就会提出一个根本是否可行的问题。例如,如果有人认为,只要我们能够克服所有依赖化石燃料(其中将包括整个经济)的,那么碳中性经济将是非常可行的,这将会对"可行"这个词产生嘲弄。重申一下,我并不是说我们可以克服一切制约因素,在处理政治和权力时,与其他类型的障碍一样,这也是如此。但是,对抗阻碍进步的强大利益的成功往往比我们所设想的更容易实现。对于大卫·戈特弗里德和米凯·意大利诺来说,这是将绿色建筑标准推向一个新的规则制定组织的问题,在这个组织中,行业贸易组织的影响力较小。对于乡村医生琼·欧文博士来说,这是一个我们在第 1 章中介绍过的社区活动家的故事,权力的转移意味着选举一位同情她对农药和儿童健康问题关注的新市长。

有种观点认为权力是无懈可击且永远不会改变的,该观点对于那些从现状中受益的人来说是明显的优势。有什么比无敌的外表更好阻止持不同政见者企图动员改变的武器? 这种自我审查由圣弗朗西斯泽维尔大学的社会学家约翰·加文塔(John Gaventa)探索,他在阿巴拉契亚煤矿城开展了他的博士研究,并在他的著作《权力与无权》(*Power and Powerlessness*)中发表了研究结果。[23]加文塔探索构架于传统研究的"权力三面论"(three faces of power)。[24]当一个群体通过暴力或其他形式的胁迫直接影响他人时,可以看到权力的第一面。当一个群体控制游戏规则借此决定谁参与决策,哪些论点和利益被认为是合法的,以及如何制定和修改有约束力的规则时,权力的第二面就表现出来。(关于"超级规则",我们将在第 10 章更深入地考虑权力的这个维度。)权力的第三面是何时一个群体塑造其他人的需求、欲望和志向。我们这些假定权力无懈可击的人受到了有效控制和操纵,因为我们对自己施加了限制,使当权者免除了应对协调挑战的责任。

从长远来看,任何一个人或团体拥有的权力都是暂时的。因为深知这一点,所以强大的团体创造出规则来锁定自己的优势。由于本章前面讨论过的一些原因,没有人会费心去组织变革,因此权力障碍往往会持续存在。人们常常不知道有替代路径可用,并且缺乏关于谁控制决策过程的信息。搭便车的行为可能难以启动协调一致的回应,这就需要一些有进取心的人想出创造性的方法来激发参与。回想一下,并不是每个团体都面临同样的问题。营利性企业可以随时调集资源,维持在州或国家首都的游说。他们的数量往往超过公共利益集团的数量,不仅仅是他们可以在相关环境(如法庭,委员会听证会,国家首都)进行调查的机构数量多,而且他们有能力进行调查研究、资助公共关系活动,并依据他们的喜好支持政治候选人。2013 年,在华盛顿特区游说的前 20 名挥霍者都是来自公司或行业协会。就在这一年,这 20 个团体花费了2.05亿美元以确保规则有利于他们的利益。[25]

然而,当人们组织变革时,即使面对强大的反对,他们也会产生重大影响。我们将在第 9 章中看到,当一个规则制定过程被一小撮强大的行为者垄断时,这种安排通常是相当脆弱的,其特点是长期的稳定性会被一个关键行动者的被更换或者更大规模的发展所引发的剧烈变化而不时打断,例如选举、经济危机、自然灾害、行政改组或人民起义,这都将导致决策方式发生变化。

创造价值

前面的例子表明,我们被未开发的使世界变得更美好的机会所包围。这对于企业家来说很直观,他一直在寻找通过创造新的商品和服务来降低成本或提高质量为客户创造价值的机会。(如果我们生活在所有可行的世界中最好的一个,那么业务扩张的潜力确实很小!)但是,创造价值不仅仅是经济中发生的事情。你可以应用创业技能,不仅仅是为了创造利润,而是为了增加社会福利。[26](我们将在第 5 章中看到为什么这两个目标不是一回事,而是因为市场固有地忽视许多社会需要的商品和服务,如清洁的空气和水。)那么创造价值究竟是什么?

我们举个例子吧。你进入一个房间,发现两个男孩正在争夺一个橙子。每个人都声称他先看到了,于是两人正在进行一场激烈的拔河比赛。附近没有其他食物可以找到。你会如何解决这种情况?当我在教室中使用这个例子时,学生几乎总是提出可能想到的方案:将橙子切成两半,分别给一人一半。那么事实证明,男孩们想要橙子的目的不同。其中一个人饿了,想吃水果,而另一个人想要橙皮做蛋糕食谱。鉴于这些新的信息,我们可以看到解决冲突的更好方法。将果皮分配给一方,将果实分配给另一方,这比我们先前更草率的解决方案创造了更大的价值。为了更清楚地说明这个想法,我们假设每个男孩都愿意为橙子支付一美元。在"切半"的情景下,每个孩子获得 50 美分的价值,这等同于他愿意支付一半的价值,而这个社会中两个人的总价值合计为 1 美元。在"剥皮"的情景下,每个男孩均获得一美元的价值。(为了简单起见,我们假定我们年轻的争夺者对水果的其他部分没有兴趣。)现在这个小社会的总价值等于两美元。

我首先是在哈佛法学院谈判和冲突解决专家罗杰·费希尔(Roger Fisher)、威廉·尤里(William Ury)的工作中遇到过这个例子。在他们的《谈判力》(*Getting to Yes*)一书中,费希尔和尤里在谈判过程中赞扬了价值创造的优点,认为这是确定双赢解决方案的战略。[27]但价值创造战略对我们思考世界和改变它的更好的可能方式有更为广泛的影响。我们从小就相信钱不会在树上生长,但在这里我们看到这不是真的。价值(我们经常用金钱衡量)可以被创造和销毁。考虑一位亲戚为你的生日置办礼物的情况,他花费 75 美元购买一盏昂贵的灯罩,几个月后你把它分离然后投入回收箱。与现金礼物相比,经济上刚刚损失了 75 美元的价值。[28]正如价值可以销毁一样,解决社会问题的创新方法可以创造价值,而这种方法从未有过。

当我在 2003 年秋季接受哈维穆德学院的职位时,我对创造价值表示赞赏。在我到达校园一周后,我被要求对学院的新环境研究中心给予指导。当时我正在设计新的课程,同时兼顾了一些研究项目;承担重大行政责任是不可想象的。但是,当一位资深同事要求一位终身教授做某件事时,这笔交易就不能被公平地描述为一项请求。"试着去做点什么,"一位有同情心的同事建议说,"哪怕在你的第一年为中心只做一件事情。"

此后不久,在我的一门课程中应邀发言的当地环保组织主任问我是否可以帮他一个忙。他正在组织一次高层会议,但是没有场地举办这个活动。租用一个足够容纳预期观众的场地会使他的组织花费数千美元。但对于我来说,这是一个简单的事情,只要在预订当晚打个电话就能确定一个免费的空的学院演讲厅。作为交换,我要求他在宣传资料中强调环境研究中心作为活动的共同赞助者,这提供了我在第一年展示的"一件事"。为我提供了巨大的好处,并且也为他的组织节省了开支。

　　创造价值对我们思考政治和社会变革的方式具有重要意义。政治通常被描述为零和博弈,即其中一个群体的收益意味着另一个群体的损失。我们最显眼的政治事件加强了这种印象,特别是全国选举,这种选举的结构就是以牺牲另一方为代价,确保一方的胜利。在总统辩论期间,我们的目标不是提出有利于所有人的好想法而是为了"赢得"。候选人强烈捍卫自己的立场,并且绝不允许改变主意,因为这将被视为弱点。我们不会在电视辩论中看到一位政治家向他的对手伸出援手,并说:"我认为我已经想出了一种可以结合我们俩想法中最佳部分的方法!"

　　这种政治画面反映的是具有悠久谱系的敌对派别之间不可调和的冲突。对于卡尔·马克思来说,人们的利益来自他们在经济中的地位——作为劳动者或资本的所有者,因此本质上是不相容的;在马克思主义模式中,政治的本质是从他人那里攫取资源,无论是通过征服、剥削还是革命行动。这种观点在前文所讨论的那些研究权力的人中很受欢迎,许多学术研究传统在我们和他们的语境中描述了今天的政治。可以肯定的是,零和相互作用构成了政治现实的重要组成部分;候选人 A 的胜利毕竟是对应候选人 B 的损失。因此煤炭企业今天反对碳税,同样的原因,奴隶主反对解放,他们有很大的损失。但零和政治斗争并不是全貌。我之前指出,学科创造了他们自己的盲点。经济领域低估了权力和冲突,值得赞扬的是价值创造的概念,这拓宽了我们所培养的人的视野,即将世界视为一场宏伟的势均力敌的竞争。政治也是创造价值的舞台。

　　加州大学伯克利分校的政策分析专家尤金·巴达赫（Eugene Bardach）认为,在公共部门创造价值的机会很多。[29]一种策略是**翻**

找（rummaging），即发现现成资源的新用途。例如，汽车选民倡议允许人们在申请驾驶执照期间可在车管局登记投票。这项新规定最初于 1975 年由密歇根州州务卿理查德·奥斯汀（Richard Austin）使用，现在根据联邦法律的要求，在全美五十个州都适用。巴达赫讨论的另一个价值创造战略是互补（complementarity），在这种战略中，不同的活动联合在一起以提高其影响力，例如利用公共工程建设来减少失业。

即使在外交政策领域，即一个经常使用高风险国际象棋棋局的零和隐喻来描绘的竞技场，他的政策制定者也已经表明，智能的规则可以提高社会价值。费希尔和尤里指出了阿拉伯和以色列在1967 年六日战争后对西奈半岛的命运进行谈判的例子。以色列军方获悉埃及准备展开攻击，于是发动了先发制人的空袭，摧毁了埃及空军并继续占领埃及境内的大片西奈山。在卡特政府调解的谈判中，双方都要求完全控制该片土地。但在某种程度上这让人想起了前面讨论过的关于橙子分割的案例，谈判人员发现，虽然埃及真的想让它的领土回归，但以色列更担心的是该半岛将被用于未来的军事打击。最终卡特促成了协议，即将这块土地退还给埃及人，条件是他们必须建立大型非军事区且不可驻扎军队。与表象相反的是，政治是一个充满了双赢解决方案可能性的领域。

毁灭与可能性

总而言之，我们今天所经历的现实并不是衡量现实情况的公平标准。好的想法并没有全部被试过，变化的可能性远远超出大多数人所能想象的。毕竟，如果今天我们发现我们的经济和社会的运作方向是错误的,那是因为过去发生了变化:建筑物的结构、通过的法律、签订的合同和条约、城市代码和付诸实践的设计标准。所以摆在我们面前的问题不是变革是否可能。因为变化无处不在。问题是,谁在参与这个过程。

我们的下一个任务是仔细研究我们所继承的这种体制格局,它的无数规则推动我们沿着一定的行动路线走,其中一些是明智的而其他是愚蠢的。为了理解谁统治地球,我们将首先考虑所有权利中最强有力的社会规则之一:财产权。

第二部分

谁拥有地球

4
一段冒险之旅

大自然的财产

纯粹就壮观景象而言,几乎没有自然奇观能够超越横跨地球的鸟类季节性迁徙。每年冬季约有 1 000 亿鸟类穿越整个地球寻找过冬的绿地,待气温变暖时又重返它们的繁殖地。像北极燕鸥这样的纪录保持者要飞行数千公里才能到达它们的目的地,但是,甚至连鸟类大家庭中不太擅长运动的成员们都会感到迫切的压力。每当冬季到来,加州山鹑成群结队蹒跚步行 15 公里至山谷中的安全地带,当春天来临时又稳步返回山坡上。在一个由人工制品和受控环境支配的星球上,鸟类让我们想到了古老的现象——在最早的人类在大地上漫步前,大自然便在周而复始。这如同它们的晨歌一样真实。如果你站在北极点,随身带着一个足以用来侦测的麦克风,你就会听到一股巨大的音乐浪潮每天都在缓慢地环绕地球,如同成千上万只被唤醒的鸟儿在合唱,它们的歌声沿着阳光的前缘,一直向西移动到地球的周边。

当我们想到地球自然奇观的研究时，脑海中浮现的是自然科学的景象——实验大褂、试管、手套和胶鞋、鱼网和土壤样品。而当我们希望更多地了解我们的环境时，也会参考同样的专业知识。以观鸟指南为例，如果你在春天去美国的东南部，运气好的话能瞥见一种可爱的小蓝鸟，它名叫蓝莺，被称为"天蓝色的歌手"。如果查询彼得森指南之类值得信赖的观鸟指南，你就会学到某些东西。蓝莺有 4.5 英寸长，它长着又厚又尖利的喙，正好用来捕食它喜欢的昆虫。它在北美繁殖，在那里，它在树上高高地筑起杯状的巢孵蛋。但是还有其他跟蓝莺的生存同样重要的信息，而你在观鸟指南中找不到，那就是：谁拥有它？

在 1920 年一个具有里程碑意义的判决中，这个问题令最高法院著名法官奥利弗·温德尔·霍姆斯（Oliver Wendell Holmes）感到苦恼。当时霍姆斯和他在高等法院的同事们正在考虑，美国政府是否有权管理候鸟的捕猎。19 世纪晚期，北美的候鸟正在被女帽制造业消灭，珍禽的羽毛被用来装饰时髦的女士帽子。每年有几十万只鸟儿为此被杀，然后被装船运往纽约和伦敦等时尚中心，远至哥伦比亚的波哥大。在可能是第一次的全球公民环保运动中，北美和欧洲的环保人士游说阻止这种做法。作为回应，美国在 1918 年与英国（代表仍在英国控制之下的加拿大）签署了一项条约，以禁止狩猎或捕捉所有候鸟。

然而，19 世纪美国管理财产权的法律规定，各州（而非联邦政府）在州界范围内拥有野生动物。[1] 当联邦政府官员试图执行该条约时，密苏里州不同意此做法，并对美国政府提起诉讼，称州的财产权同样适用于候鸟。霍姆斯不服气，他在多数意见中写道："野生鸟类不为任何人占有，因为占有是所有权的开始。州权利的全部基础是鸟类出现在其管辖范围内,这些鸟类昨天还没到达,明天可能就出现在另一个州,而一个星期后,又会飞到一千公里之外。"[2]霍姆斯比他了解得更为正确,在北美近乎三分之二的"我们的"鸟类全年大部分时间都在中美洲、南美洲和加勒比海地区度过。最高法院的裁决是联邦政府在保护美国野生动物方面发挥积极作用的第一步。一个世纪后,这条规则将会拯救美国国徽上的秃鹰,它允许政府对破坏这种巨鸟鸟蛋的杀虫剂进行管理。然而,法院的决定并没有解决由谁控制鸟类赖以生存的土地和水这一问题,我们将很快考虑随之而来的后果。

　　谁拥有这些鸟的问题是由我们管理人类行为的最强有力规则之一形成的:财产权。财产权即规定人和物关系的社会规则。因为这些"物"包括自然资源——鸟类和山谷、山脉和石油、淡水和耕地——毫不夸张地说,我们制定的财产规则决定了可持续发展的可能性。财产权明确规定了由谁来做出有关自然环境的决定,以及我们可以从中提取什么,当我们使用这些资源时对地球和彼此有什么义务。

　　财产权不是自然科学研究的重点,但在 300 多年的时间里,法律、政治和经济学者对其进行了深入的研究和辩论。所以,就像鸟类穿越国境一样,我们需要突破一些学科界限来解决谁拥有地球的问题,将生物学家对自然世界的轮廓和地位的理解与社会分析人士对人类机构运作方式的理解结合起来。要做到这一点,我们将首先探讨究竟财产权是什么(以及不是什么),揭示在给定的环境中有许多可能的所有权安排。这些规则随着地方的变化和时间的推移而改变。通过财产权的棱镜来观察世界,我们将追踪蓝莺从过冬的秘鲁安第斯山脉到春天的目的地北美的旅程,从而对支配我们星球的规则进行分析。

财产和桃子

在南加州的家中，我拥有各种各样的果树，我一年到头都以近乎狂热的执着培育它们，修剪和浇灌在圣加布里埃尔山谷温暖的气候中生长的柑橘、柠檬和牛油果。我拥有这些树和它们所附属的土地。但是所有权到底意味着什么呢？在财产权观念及其孪生概念所有权的背后，是一种理念。它为某个特定的人（或群体），而不是地球上其他任何人，来决定如何使用一种给定的资源。1766年，当代法律发展史中的巨擘威廉·布莱克斯通爵士（Sir William Blackstone）将财产权描述为："一个人对世上的外在之物所主张和施加的唯一的、专制的支配，完全排除世间任何他人的权利。"[3]

有了这些有分量的话，我就能在照顾"我的"树，尤其是我梦寐以求的桃树时行使那个权利。在一年的大部分时间里，它都是这片凌乱而乏味的景色中的特色。但随着七月临近，想着即将到来的甜蜜丰收我就得开始行动。作为树的主人，我费尽苦心地在果实成熟时用网罩住它，以防止当地的麻雀吃掉庄稼。撒网需要精准的平衡动作，以及一架梯子、一把扫帚（还有时不时的几句咒骂），以避免粗糙的树枝撕扯它的格子。有了所有权，我不仅承受了这些代价，而且收获了回报，所以我小心翼翼地保护着庄稼，也就是我的劳动成果。我喜欢从高高的树枝隐蔽处摘一个肥美的桃子来款待我的妻子和儿子。至于我的邻居和朋友，我决定谁能得到水果，邻居还是朋友、能拿多少，以及何时拿到。我可以苛待或欢迎到来的人——关键是作为这一资源的所有者，我可以控制。

私有产权的一个典型特征,比如管理我的桃树的权利,是可以转让的。如果我愿意的话,我可以卖桃子,我常常以物易物地换来杏子和西红柿。如果我愿意的话,我有收取桃子的权利。无论是河流、森林还是工厂,作为物品的所有者,人们的控制水平就是这样。这就是为什么回答谁统治地球时,我们要明白谁拥有它。

在至关重要的方面,所有权和单纯占有迥然有别。任何暴徒都可以通过他的手段来占有一些东西。相反,所有权却是一个为社会所认可,并由法律效力作后盾的规则。1776 年,著名的苏格兰政治经济学家亚当·斯密(Adam Smith)在他的著作《国富论》(*The Wealth of Nations*)中强调了这一点。亚当·斯密经常被描绘为不受约束的资本主义的倡导者,但仔细地解读他的作品,就会发现他是政府监管的有力支持者。他写道:"只有在民政官员的庇护下,那个宝贵财产的所有者才能在安全的环境中睡上一晚。这一财产是由多年的劳动所得,或是好几代人的劳动所得。"[4]知道我的所有权是安全的,我就有动力去照顾我的桃树,因为我可以从中获益。斯密赞扬了财产权对"小业主"的有益影响,他"了解他的小小领地的每一部分,怀着产权,尤其是小产权天然激发的全部喜爱审视之,他不但在栽种的时候,而且在装饰的时候都会感到快乐"。[5]正如卡罗尔·罗斯(Carol Rose)在其著作《财产与说服》(*Property and Persuasion*)中所指出的那样,财产权的目的是为了做一些事情来推动社会认可的目标,比如通过投资和贸易创造价值。[6]

然而,财产权的本质远比一个简单的所有权故事和它所激发的生产性投资复杂得多。作为所有者,我也可以选择在我的桃树上喷洒毒性杀虫剂或是容忍偶尔的臭虫。如果我决定使用杀虫剂却因此损害邻居的财产,减少了去他家花园的蝴蝶数量怎么办?

可如果我把坏了的桃子留在地上腐烂,就会导致当地的苍蝇数量增加(一位年长的邻居曾严厉告诫过我),干扰其他人在户外用餐。我是否有权利在我的土地上砍树,让空调昼夜不停地开着排放二氧化碳到大气中,从而导致海平面上升呢?科学家告诉我们,这将会淹没全球沿海地区的房屋。[7] 还有我砍树的权利是否要取决于它能否为鸟类提供栖息地呢?这棵树让哪些鸟用,数量丰富的还是濒临灭绝的,这有关系吗?如果我自己种呢?我可以让我的树长得高到挡住我邻居看圣加布里埃尔山脉的视线吗?还有让我的洒水器全天运行如何?这是否与财产有关,而且根据水的可用性,是否应该随区域的不同而变化?我是否有权在我的车道上储存汽车底盘?在我的车库外面开个夜店,用闪烁的霓虹灯做广告怎么样?

　　显然,财产权需要权衡,这比私人财产与政府监管之间的政治修辞更为微妙。它需要我们作些重要的决定,而且如果希望促进我们社区的可持续性,我们作为公民必须认真跟进这些决策。正如哈佛大学法学院教授约瑟夫·辛格(Joseph Singer)指出的那样,产权是一种监管形式。它们是社会规则,决定谁得到什么,何时、何地、为什么,并由必须在相互竞争的需求中作裁决的政府强制执行。当我的树和我邻居的视线发生产权冲突时,政府必须解决这些冲突,因为它涉及法律中已经罗列的更广泛的社会优先事项。辛格认为,问题不是私人财产与社会监管之间的适当平衡,而是"我们应该构建什么样的财产制度?"[8] 公共卫生、无节制的科学探究、言论自由、野生动植物保护、工业发展、扶贫和外国投资等目标的相对权重应该是多少?这些问题的答案随着社会的改变和时间的推移而变化,财产规则反映社会的优先次序,并对权力的特定配置进行编排。财产权是政治的产物。

　　想想野生鸟类在天空自由翱翔,不为这类问题以及支撑人类文明的错综复杂的规则所束缚,真是令人欣慰。毕竟,"野生"这个词意味着不受人类影响。但是,每只鸟都一定会落地,这个时候它就受制于我们的世俗规则。我们将会看到每年都会出现的蓝莺的迁徙,以及在它试图到达目的地的过程中所遇到的障碍和避风港,它揭示了我们人类与地球上的数百万物种的同种命运。

鸟类的视角

　　每年春天都会有 2 000 名鸟类观察者参加北美鸟类繁殖调查(BBS)。除了与之相对应的圣诞节鸟类数量调查,BBS 是世界上最大的公民科学实验。在美国地质调查局和加拿大野生动物局的协调下,志愿者们在清晨出发,步行、骑自行车或沿着穿越北美的指定路线驾车行驶。每条路线都被分成一系列的站点,志愿者们花三分钟的时间用视听来记录该地区的所有鸟类。他们把自己的意见写在标准化表格上,然后寄给政府机构,再由机构把这些信息放入一个数据库中,这样就能逐年全面了解鸟类的状况。

　　这些数据揭示了一个令人不安的模式。自 1964 年这项调查开始以来,超过三分之一的北美海鸟数量下降。栖息在美国沙漠和草原上的鸟类也遭遇了类似的命运。当然也有好消息被报道。多亏了保护美国湿地栖息地的规定,在泥沼、沼泽和其他湿地的鸟类数量正在增加。但总的来说,在 BBS 上统计的 400 种鸟类中,近三分之二由于数量减少、外来威胁(特别是栖息地破坏)或分布数量少而陷入困境。这些数据与国际上科学家的发现一致。[9]在全球范围内,地球上有 1 226 个鸟类物种面临灭绝的威胁。[10]

很少有鸟类会陷入像蓝莺那样的困境。请注意，BBS 志愿者都是经验丰富的观鸟者，他们平均有十年的调查参与时间，这群人不会错过太多。在过去的 40 年里，当志愿者们拿着剪贴板、望远镜和装满咖啡的保温瓶出现在日出的时候，都会伸长脖子以寻找树枝上面那些难以捉摸的蓝色——它们的记录比前一年平均减少了百分之三。[11]蓝莺是美国东部数量下降最快的鸟类。

为什么这类小小的蓝鸟有灭绝的危险？我们在对候鸟的认知上有很大的差异，特别是在科学家所在的热带地区，关于它们过冬的命运认知很少，数据也很少。（鸟类学家称这一数据为"白色地图综合征（white map syndrome）"，表明热带地区人口分布图上的空白。）我们甚至不知道许多更有名的鸟类的飞行模式。但科学家们强烈怀疑，蓝色生物衰落的罪魁祸首是栖息地的丧失——这些鸟所喜欢的陡坡阔叶林遭砍伐、焚烧。谁拥有这些土地，形成这些决定的规则是什么？为了回答这个问题，我们将寻找已知的关于蓝莺的迁徙路线和栖息地的偏好，并在此基础上找出一些可信的着陆点。[12]在对其沿途的食物安排进行研究的基础上，将这些生物信息与社会科学研究相结合，我们可以构建一幅社会规则景观的综合图，这些规则在蓝莺的漫长旅途上等候它，并最终决定它是否到达它的目的地。我们的旅程开始于秘鲁南部的热带森林。

秘鲁卡兰加河谷

每年三月，南美热带地区的蓝莺都会感到一种古老的生物躁动，并准备向北飞。它们可不管"鸟以羽分"这句俗话，冬季的蓝莺不请自来，一只两只地混进其他种类的鸟群中，就像色彩鲜艳的热带唐纳雀。如果我们在这次旅行中追踪一只有代表性的鸟，一个合理的起点是秘鲁马努国家公园茂密的山坡（图4.1）。科学家们将秘鲁列为一个"生物多样性"国家，是少数物种丰富、享有世界生态遗产中不成比例份额的国家之一，好比某个在地球财产的分配中得天独厚的继承人。[13]马努是秘鲁国家公园系统中的皇冠宝石，从低地亚马孙丛林延伸到安第斯山脉，绵延超过15 000平方公里，形成了一根脊柱，一直延伸到国家中部。马努国家公园记录了925种鸟类，为地球上九分之一的鸟类提供了栖息地保护。

　　马努也是丰富的人类历史的发源地，这一地区财产权的演变塑造和重塑了马努的景观，就像生态关系在几千年中改变了森林和水一样。以卡兰加小村庄为例，它位于马努国家公园的西南边界，坐落于海拔1 500至5 000英尺的高地，是蓝莺的首选栖息地。在卡兰加，过去决策的分量至今仍能被感受到。[14]葡萄藤覆盖的古老印加城墙和道路的遗迹，是几个世纪的热带热量和雨水的无情冲击而导致的衰败状态。但是这里的人们继续说克丘亚语，它是印加帝国的语言，今天整个安第斯山脉的许多社区也是如此。对于拥有这片森林、蓝莺和一切的印加皇帝们来说，卡兰加谷地曾是一个生机勃勃的贸易中心。财产的交换遵循人类学家称之为垂直群岛的模式。山区印加人聚居地生产的商品被用来交换。印加山区定居点生产的货物被用来和来自亚马孙丛林下面未征服的部落者的原材料进行交换。[15]我们对印加时期的财产权理解来自人类学家，比如凯瑟琳·朱利恩（Catherine Julien），她花了几年时间研究被称为"quipos"的古代手工艺品，一种神秘的打成结的涂色线头，被印加行政官员们用作十进制系统，以便记录他们庞大的财产。她仔细地解读了这些"quipos"的含义，发现在一场成功的军事行动

1. 秘鲁的卡兰加庄园
2. 哥伦比亚　桑坦德　蓝莺保护区
3. 哥伦比亚　圣玛尔塔内华达山脉
4. 巴拿马　巴罗科罗拉多岛
5. 哥斯达黎加大西洋海岸
6. 墨西哥　拉坎东雨林
7. 墨西哥　圣卡塔琳娜·伊赫特佩希
8. 墨西哥湾
9. 西弗吉尼亚州布恩县

图 4.1　濒危蓝莺迁徙路线上的财产权

后,印加统治者有时会当即没收其臣民的财产。然而,更常见的是,他们要求征服像卡兰加这样的定居点为帝国提供劳务。不同的城镇有盐矿工、士兵或"羽毛工"等不同的角色定位。[16]看来,蓝莺祖先的羽毛很可能是被拔掉的,为精心设计的印加皇室头饰洒上一抹天蓝色。尽管它们在树上端嬉戏的习性使得它们比大多数鸟类都更难成为对付目标。

在蓝莺的整个迁徙路线中,随着时间的推移,控制着卡兰加山谷森林的财产权已经发生了变化,服务于不同的目的,开拓新的角色,定义新的权利和责任并赋予某些用户特权。在秘鲁,由于西班牙人的到来,统治着蓝莺栖息地的法则发生了根本性的转变。征服者对于他们的目的毫无异议。当他们到达拉丁美洲的海岸时,西班牙舰队的船长们被国王要求大声朗读一份声明,宣布所有土地的所有权。这一宣言是由迭戈·德兰达(Diego de Landa)神父于1566年记载的,并由美国的知名玛雅学者威廉·盖茨(William Gates)重新发现,他在1937年提供了第一份英语翻译,2009年,我在旧金山市光书店地下室的一个不起眼的书架上发现了盖茨的书,宣言写到:

> 本人[某某],庄严尊贵的卡斯蒂利亚和莱昂国王、蛮族征服者的忠仆,作为国王的使者和船长,特告尔等:我主上帝,独一永存,创造天地……上帝将万民托付圣彼得管治,他是世上万民的主宰和官长,万民都应服从他,他应该成为全人类血脉之领袖,无论居于何处、履行何种法律、宗教或信仰之人,都属于他,服侍他、受他辖制。

争论还在继续，不仅如此，教皇"将这些海岛和海中陆地赠与天主教国王唐费尔南多陛下和伊莎贝尔陛下……由于上述赠与，故而陛下即为这些海岛和陆地的国王和主人"。这份宣言声称，如果你皈依基督教并欢迎侵略者，一切都相安无事。它继续宣称：

> 如果你不这样做并恶意拖延，我向你保证在上帝的帮助下，我将在你们中间掌权，并以各种方式在各个方面对你发动战争，并使你服从教会和他的主权，正如国王的命令一样，我会让你的妻子和儿子成为奴隶，然后卖掉他们，我将带走你的财产，并尽我所能对付你……我声明由此带来的死亡和伤害将是你的过错，不是国王，不是我们，不是这些跟随我的绅士们。[17]

这一宣言标志着拉丁美洲的一个新的财政制度的到来，很快，卡兰加的人民、树木和野生动物将会牢牢地被西班牙人所控制。正如盖茨在书中所写到的那样，西班牙的腓力二世"不仅追求世界霸权而且追求世界所有权"。[18]那么国王如何管理其新获得的财产，又如何影响到蓝莺呢？土地的控制和对人的控制密切相关——如果你拥有其中之一，那么就可以控制另外一个——西班牙人企图统治两者。其中一种选择就是奴役整个大陆。克里斯托弗·哥伦布曾在小安地列斯群岛从事过猎奴远征，他向费迪南德和伊莎贝尔保证，作为奴隶，印第安人要比非洲人优越，而且数量"无限"。[19]但是西班牙国王禁止了直接拥有人身的做法，取而代之的是，他们创造了一种新的强迫劳动体制，叫做恩康米恩达制（encomienda）。[20]这种体制很可能会促使蓝莺栖息地的森林被砍伐，因为拥有恩康米恩达制土地(encomienda lands)的西班牙人不能将土地转让给他们的后代,这片土地将在第二代死亡后返还给国王。这就产生了出售树木以换取黄金白银和其他具有继承权的财产的动机。这些金属也是被征服部落的贡品的常见形式。从 1533 到 1560 年,西班牙从秘鲁运回了 160 万磅的白银和黄金[21]——这相当于 4 架波音 747 的重量,显然,欧洲大陆上管理财产的规则已经发生了改变。

在接下来的几个世纪里,在卡兰加山谷中穿行的蓝莺受到接连不断的新政治和经济议程的影响。首先,恩康米恩达体系(encomienda system)被大农场的土地所取代——独立土地资产包括遗产的全部权利。在未来几个世纪里,新系统导致了土地所有权前所未有地集中在欧洲人手里,这是从印第安人那里购买和明火执仗的窃取的结果。[22]就像许多社会规则一样,在创始人离开后,大农场体制仍然存在。就在 1965 年,卡兰加还是大农场的一部分。当地的人愿意在庄园里干苦力活,活在政治影响力下,只要有人记住就行了。但那一年,农场最后的主人去世了,引发了当地叛乱。卡兰加人占领了这块土地,并将其分割,控制了他们的土地,并控制了蓝莺的命运,这是自 16 世纪中叶征服者们到达此地以来的第一次。

在 19 世纪 60 年代,这种类型的农民占领在秘鲁随处可见,因为几个世纪以来欧洲没收土地所带来的压力和怨恨正处于爆发的边缘。这些事件引起了肯尼迪政府的注意,他主张土地改革计划,拆分整个拉丁美洲的大地产,并将土地分配给农民耕种。这个想法是为了抢占共产主义的吸引力,因为它要求对政府的所有财产权利进行更彻底的改革。但在 1968 年,秘鲁军方发动了一场政变,推动了一项农业改革计划,远比美国官员倡导的要雄心勃勃。在 20 世纪 70 年代中期,军事政府向安地斯地区的 30 万户农民家庭分配了 700 多万公顷的土地。[23]任何超过一定面积的个人拥有的商业地产(通常是 37—136 英亩,用于安第斯山脉的灌溉农田)都容易被征用。[24]在蓝莺迁徙路线上,类似的土地改革改变了对玻利维亚、尼加拉瓜、危地马拉、哥伦比亚和墨西哥森林的拥有和管理方式。这些土地改革的一个关键组成部分是,任何土地所有者都有权接管土地。这些新的财产规定通过要求潜在的业主改善生活,促进了乱砍滥伐——尤其是砍伐树木、放火焚烧土地,以耕种或放牧,这是获得土地所有权的先决条件。这样,为了减少贫困和增加整个地区的平等而设立的规则,引发了长达数十年的森林破坏进程。恰好在土地改革时期,秘鲁军政府于 1973 年创建了"马努国家公园",这是该国政府为重新制定自然资源管理规则所做努力的一部分。

秘鲁胡宁

当我在 3 月中旬写下这些话时,蓝莺正开始向北迁徙,目标是在一个月内到达它们在美国和加拿大的交配地点。这是秘鲁丛林中雨季的尾声,热带的倾盆大雨也会带来极大的风险,即使对于体型较大的鸟类来说也是如此。对于比小番茄还轻的蓝莺来说,恶劣的天气常常是致命的。鸟类会推迟迁徙来避免风险。当天空晴朗时,蓝莺喜欢在晚上飞行,星星会指引它们路线,从卡兰加的斜坡上起飞,向北经过马努国家公园,这一定是一个美丽的景象——月光铺洒在积雪覆盖的内华多韦罗尼卡峰,左边的海拔高度上到几乎两万英尺。在右侧,树梢的海洋横贯亚马孙盆地,其间点缀着盛开的珊瑚花。

沿着安第斯山脉东坡的丘陵地带继续前行,蓝莺们留在了马努国家公园相对安全的地方。迁徙到这个公园北边的边界,进入一个复杂的财产规则的拼图中。这既是好消息又是坏消息。在有利的方面,秘鲁政府制定了新的森林和野生动物法,这是世界上最先进的思想之一。该法律包括了促进可持续收获的新规则并确保木材产业收益,在保护野生动物的同时,使中小生产者受益;坏消息是新的规则与根深蒂固的社会互动模式背道而驰,这些模式加速了森林的毁灭。

政府拥有和管理世界上 80％的森林,其余都为私有土地,或在当地社区财产的范围内。[25]正如大多数热带国家,秘鲁政府为有效管理森林而不断努力。2005 年,研究人员估计,从秘鲁亚马孙地区提取的木材中有 90％是被非法砍伐和交易的。[26]《森林和野生动物法》(*The Forest and Wildlife Law*)的设计目的是通过一个合同系统来控制局势。作为森林的所有者,将采伐权出租给社区或私人公司,一次性砍伐,或以长达 40 年伐木特许权的形式。作为对采伐权的交换,使用者有责任遵守规定中的砍伐树木数量和计划砍伐地点的限制。[27]

由于新规则的影响,今天迁移的蓝莺可以在大片健康的森林中休息。基于卫星数据的回顾,一个由卡内基中心的保罗·奥利韦拉(Paulo Oliveira)领导的研究小组报告,在这些新合同覆盖的森林里很少有砍伐树木的事件发生。[28]然而在这些领域之外,非法的砍伐树木事件有增无减,也很难发现高质量的栖息地。秘鲁亚马孙地区的情形显示了一个更广泛的原则:为了了解新规则的影响,我们需要去考虑引入更大的规则体系。这些之前的承诺——以及他们所产生的人际关系、习惯和期望——构成了一个精细的网络，可以迅速地捕捉到人类事务的新尝试。

在秘鲁的森林里，这种承诺的网络包括了不成文的规定，这种规定是从1860年到1920年的橡胶繁荣时期继承下来的规则。来自亚马孙的橡胶树的乳状液提供了世界上大部分高质量的橡胶。所有合作的人类活动都需要规则，尤其是像从偏远和荒凉的丛林中提取乳胶这样复杂的东西，并将其转变为在伦敦、上海和纽约街道上行驶的橡胶轮胎。这些橡胶大亨们来到亚马孙，开发这一利润丰厚的市场，他们对此了如指掌，他们创造了义务链和依赖关系链，以获取开采橡胶所需的树木、机器和劳动力（有时候也包括被强迫的劳动力）。在第二次世界大战期间短暂的复苏之后，位于亚洲的英国种植园的竞争，导致了亚马孙橡胶经济的崩溃。但是橡胶大亨的规则体系被保留至今，这推动了在秘鲁新林业法允许的地区之外非法收获热带木材。

哥伦比亚大学的米格尔·皮内多-巴斯克斯（Miguel Pinedo - Vasquez）和国际田野调查学校的罗宾·西尔斯（Robin Sears）提供了一个关于这个系统如何运作的极好描述，从一棵树被锯成木材到碾磨和运输，这个过程由一种从橡胶繁荣时代传承至今、被称为"habilitación"的制度指导，意思是特许。"Habilitación"是指一长串中介人构成的信用延伸网络，把有钱有势的人和能搞到伪造采伐许可的人、有胆量有办法提取木材的人都联系到一起。后者包括伐木工人、船长和当地"materos"，或者叫猎树人，他们在这个区域以打猎和捕鱼为生，能够引导伐木团队找到当地的珍贵树木。一棵桃心木可以在美国市场上卖到超过10 000美金。随着信誉延伸到这个系统,树木数量又会回升,参与者会对利润进行不均衡的分成,但所有人都在维护一个旧规则体系的利益,而这些旧规则正在破坏新规则。外国木材公司的新来者很快就陷入了这种关系网中,"被强迫采用这个系统,不然就会在经济上、政治上、社会上失败"。[29]

当蓝莺飞过一片遭受不同程度退化的土地上空时,就会感到这些规则带来的后果。在不久的将来,迁徙的鸟类希望在秘鲁的森林里找到一个安全的避风港,将会面临另一个威胁:促进化石燃料开采的规则。根据整个拉丁美洲和全世界民法体系所制定的规则(回想一下拿破仑的《民法典》,在第1章讨论过),秘鲁政府拥有整个国家的底土。就像命中注定的那样,南美洲的热带森林位于大量石油和天然气保护区之上。在邻国厄瓜多尔和玻利维亚,石油和天热气的开发已经产生了毁灭性的环境后果,引发了广泛的抗议,因为森林被砍伐用于道路、管道和钻井事业。在2003年,当秘鲁经历了有利于不受监管的市场的转变后,政府改变了规则,以减少石油公司向政府支付的特许权使用费。这在蓝莺的飞行路径中促进了化石燃料开发的繁荣。由生态学家马特·芬纳(Matt Finer)领导的研究小组称,几乎四分之三的秘鲁亚马孙雨林将被跨国石油公司勘探。[30]

哥伦比亚安第斯山西科迪勒拉

到4月初,蓝莺的队伍开始穿越哥伦比亚。你可以想象一下,在空中的3 000英尺高的地方,对一只鸟来说,跨越国界并不重要。但是,这一政治过渡不仅仅是一纸合同,也不仅仅是和世界上的野生动物没什么关系的地图上的线条。就像秘鲁一样,哥伦比亚人对财产的选择直接关系到候鸟和其他野生动物是否有食物和住所。哥伦比亚的风险尤其高,这在生物学上相当于一个超级大国。哥伦比亚的鸟类种类比世界上的其他任何国家都多。但是,当蓝莺沿着西半部的山谷前行时,高质量的栖息地越来越难找到。在这个被称为科迪勒拉的西部地区,大部分原始的树木被砍伐了。原因可以在你的咖啡杯里找到——或者更准确地说,是哥伦比亚人设计的,用来帮助供应每天全球消费所需的 16 亿杯咖啡的财产规则。我们钟爱的咖啡因作物在 11 月中旬的湿润的森林山坡上茁壮成长——这正是我们蓝莺的首选栖息地。

哥伦比亚咖啡种植区的森林在财产权决策的连番打击下遭到重创。19 世纪末 20 世纪初咖啡用地扩张,随后,从 20 世纪 70 年代开始,推广"日照种植"咖啡——这是一种为砍树而用的委婉的、令人愉快的说法,给更多的红浆果灌木腾出空间。在 19 世纪晚期,哥伦比亚的政治领导人进行了一项大规模的产权改革计划,旨在促进小农农业的发展。政府放弃了对数百万英亩地的所有权,将财产权移交给农民。[31]北美和欧洲对咖啡的需求日益增长,为这些新的土地所有者提供了通过出口创收的机会。安地斯大学的安德烈斯·古尔(Andes Guhl)记录了一系列将财产规则与咖啡和森林破坏联系起来的事件。古尔表示,咖啡农场的扩张正好发生在该国的那些地方,那里的公共土地变成了农民的私有财产。新的房地产制度,再加上新的市场,导致了土地的快速转变。在 1892 年至 1925 年间,咖啡树的数量增加了 10 倍,达到了 300 万。到 1997 年,咖啡生产支撑了哥伦比亚超过三分之一的农业劳动力。[32]

财产权连番打击的第二击来自一项冒失的举措,其企图将传统的树荫种植替换为日照种植,作为始于 20 世纪 70 年代的咖啡生产商业集约化的一部分。[33]在哥伦比亚的树荫下生长的咖啡种植园中,发现了大量的蓝莺。但请记住,即使是在树荫下种植的咖啡,通常也需要砍伐丛林,用少数经济有用的物种(包括茂密的绿色咖啡豆树)来取代其丰富的植物群落。(这并不是说,就像"阴影下生长的咖啡"标签所暗示的那样,咖啡豆生长在相对完整的森林里。[34])对野生动物来说,高度管理的人工林很少像真正的人工林那样有用。[35]尽管如此,树荫种植远比日照栽种规定的砍光树木的方法要强得多。

　　由于认识到蓝莺有麻烦,美洲各地的保护组织正在结成联盟,努力拯救他们的森林栖息地,以免为时过晚。就像他们的祖先在一百年前结束了帽子羽毛交易一样,这些群体也敏锐地意识到财产和经济倡议在帮助或伤害地球方面可以发挥的作用。这一次,通过宣扬树荫种植咖啡的好处,他们利用市场的力量保护哥伦比亚的森林。根据热带雨林联盟的说法,蓝莺被许多人认为是"树荫咖啡运动的'标志性鸟类'"。[36]你甚至可以买到蓝莺保护咖啡,这是由美国加州布拉格岛堡的感恩节咖啡公司推出的。另一个保护蓝莺的基于财产的策略是直接购买它的栖息地。2006 年哥伦比亚的一个非营利组织"为了鸟儿"(ProAves)与美国鸟类保护组织合作,创建了世界上第一个保护区域,主要用于这个小鸟——位于哥伦比亚桑坦德的"蓝莺"的保护区。但在只有 545 英亩的土地上,这个私有的保护区太小了,不足以减缓蓝莺的下降速度。当他们在哥伦比亚的数百万英亩的土地行走时,只有很少的蓝莺可能被发现。但是,在这个国家的平行发展可以为保护蓝莺提供一个强大得多的工具。在物权法中,一个激进的转变正在进行,以承认原住民长期以来的要求。这种转变的性质变得清晰起来，因为蓝莺开始到达哥伦比亚北部，一种古老的文化正在利用新规则来统治这片土地。

哥伦比亚内华达圣马塔山脉

随着安第斯山脉向北延伸，它变成了一个 Y 字形，字母的底部延伸至秘鲁，而两臂则在哥伦比亚的西部地区向上延伸。在哥伦比亚最北端，成千上万的候鸟最后一次停下来，让它们的翅膀得到休息，并在离开加勒比海前增加他们的卡路里数。其中许多候鸟，包括蓝莺，将一座几乎深不可测的高山——圣马塔内华山脉——当成它们的发射台。它距离加勒比海岸只有 29 英里，坐落于 1 900 英尺的高度上，是世界上最大的沿海山脉。2010 年，由史密森尼热带研究中心的卡米洛·蒙茨（Camilo Montes）领导的一个地质学家小组报告说，这座山自行移动过。研究小组检查了记录在山的矿物成分中的古代磁场的痕迹，其中有一部分有 10 亿年历史了。他们发现在过去的 1.7 亿年里，随着构造板块从秘鲁北部移动到现在所在的哥伦比亚海岸，在那里顺时针转了四分之一圈，转到目前正面俯视大海的位置。[37]对于鸟类来说，这座会动的大石山是它们首要的不动产。圣玛尔塔有着比地球上其他任何大陆更多的特有物种——世界上没有其他地方能找到的鸟类。[38]

居住在这里的人们毫不逊色于这里的景观。在西班牙征服中幸存下来的科吉人、阿胡科人、威瓦人仍然生活在他们称之为世界之心的山上。[39]他们披着白色帆布衣服，使乌黑的秀发更加突出，圣马塔的人们在这里的生活也十分显眼。阿胡科人的高级祭司们戴着白色的锥形帽,象征着他们白雪覆盖的山峰,这给人留下了深刻印象。虽然这三个部落各自拥有不同的语言,但他们有一套共同的宇宙学和相关的规则,也就是所谓的硒法则或者原始法(Law of Se, or The Original Law),即强调人类行为与宇宙间的和谐的原始法则。这些古老民族的世界观,以及在他们的土地管理实践中实施的方式,和北美人能不能在后院里发现来越春的鸟类有莫大关联。

他们对这片土地的态度是由另一个被称作"母亲法则"(the Law of the Mother)的社会规则所引导的,这是一种由祭司实施的复杂的法典,叫做"*Mamas*"和"*Mamos*",他们的任务是维持宇宙的安宁。[40] 一位科吉祭司在 BBC 的纪录片《兄长们》(*The Elder Brothers*)中解释道:"伟大的母亲给了我们生活所需要的东西,让外人难得地了解科吉的生活,她的教诲直到今天还没有被人遗忘,我们都还在坚持着。"[41] 奥地利出生的人类学家格拉尔多·雷赫尔·多尔马托夫(Gerardo Reichel-Dolmatoff),毕生致力于研究哥伦比亚的土著人,提供了一些首次发表的信息,记录科吉人的精巧规则如何统治这片土地:"由于好几个世纪以来被不断迫近的定居者赶到越来越高的山上,印第安人的生态意识灵敏到了对土壤特征、温度、植被覆盖、降雨、排水、坡面暴露等知识与生俱来地了如指掌的程度"。[42] 制定这些规则的权力使祭司与其他人区别开来。"即使是最高级别的高吉,也和他的同胞一样,穿着同样破旧的衣服,住在同一间小茅屋里,"多尔马托夫说道,"区别在于传统权利、权力和建立正确程序规则的能力。"[43]

正如我们将在第 8 章中看到的,"地方"决策从来都不是真正的地方决策,所有的地方性法规都是在更大范围内的国家和国际机构内进行的,而哥伦比亚北部的原住民制定的规则也是如此。

这一地区是哥伦比亚一项大胆的财产实验的一部分,叫做"雷斯瓜多"(resguardo),即原住民保护区。雷斯瓜多为当地居民分配基本的土地权利,至少从理论上讲,是由国家政府的警察权力来支持的。过去的 20 年,哥伦比亚一直走在国际运动的前列,正式承认原住民对数百万英亩土地的财产权利,这是他们被欧洲殖民者剥夺土地后的首次。[44]这一变化是由当地原住民的政治动员所推动的,这使得拉丁美洲在 20 世纪 80 年代掀起了风暴,在 1982 年,第一次原住民大会在波哥大举行,将来自几十个国家的原住民领导聚集在一起,包括了来自哥伦比亚各地的超过 2 000 名的代表,这些组织很快组成了国际联盟,将以前孤立的部落与来自地球偏远角落的重要组织的巨大政治影响力联系在一起。[45]在美洲,这个运动沿着蓝莺的飞行路线一路传播到加拿大。在那里,新规则承认原住民在北部地区数千平方英里的土地产权。

在哥伦比亚,这种产权转移的影响确实非同寻常。今天,这里有 300 多原住的雷斯瓜多覆盖了 76 英亩的区域,居住者超过了一百万的人民。原住民的领地覆盖了整个国家领土的29%。1991年的哥伦比亚宪法保证了雷斯瓜多的自治,该宪法规定这些财产权不能转移到非原住民手中。非裔社区的集体领地又占了 1 400万英亩,这是蓝莺能找到的地方。

圣马塔内华达山脉的原住民领袖们以他们的新法律地位,作为一个雷斯瓜多的拥有者,加上来自大自然保护协会和其他国际组织的财政支持,形成了一个非营利性组织,从山上非原住民农民手中购买土地。根据该组织的一份声明,"在每一种情况下,被收购的领土成为内华达山脉原住民的集体财产,再也不能被销售,在任何一种情况下,我们让森林重新生长,和我们的"Mamas"(以及

Mamos)的灵修工作一道帮助逃离这个区域的动物返回到这里"。[46]

尽管取得了这些成果,但这一地区的人民和他们所保护的野生动物面临着巨大的挑战,因为候鸟并不是唯一发现这一地区具有战略重要性的物种,像咖啡一样,古柯和大麻的种植在蓝莺偏爱的中海拔地区也很繁荣。与我们的鸟儿一样,哥伦比亚的毒贩对进入加勒比地区也有浓厚的兴趣,因为它提供了与美国客户的联系,许多参与毒品交易的人都是哥伦比亚残酷内战的激进组织的坚定领袖。在过去的半个多世纪里,他们一直在不同程度上保持着激烈的战斗状态,这种危险团体与原住民之间的冲突产生了悲剧性的后果,根据美洲国家间人权委员会估计,大约有 50 名"Wiwa"的领导者已经被该地区活动的准军事组织杀害。但是,原住民的领导并没有被吓倒,他们在山坡上不断获取并重建了数千英亩的森林,其中包括蓝莺赖以生存的树木。

值得被关注的是鸟类是如何成为世界人民之间建立联系的纽带。当俄亥俄州的一位足球妈妈带着一杯咖啡走进后院,看着树的时候,彼处的鸟类的种类和多寡是受到整个美洲的原住民组织的政治动员的影响的。同样,阿胡科祭司在傍晚散步时享受着鸟的歌声,也受到了俄亥俄州土地使用决策的影响,是否这个足球妈妈会出现在城市规划的会议上、要求开放空间的保护? 在希望和悲剧的混合当中,内华达山脉圣马塔的故事表明,人类和自然的福祉与原住民宇宙学所描述的方式紧密结合到一起。

中美洲的大西洋海岸

我们所知道的关于蓝莺迁移的大部分信息来自蓝莺技术小

组。这是一组由科学家组成的小组,他们将一些证据拼接在一起,形成了一幅关于这只鸟在其马拉松飞行中的行迹的清晰图像,他们是在早期的关于蓝莺路线的基础上建立起来的,这条路线是由特德·帕克(Ted Parker)设计的,他于1993年死于飞机失事。他是世界上著名的动物学家之一,以其在野外寻求鸟类的创新方法而闻名。他在环游全球时随身带着一台和磁带录音机相连的功能强大的麦克风,将科技和几乎超人般的记忆力结合到一起。据说,他已经记住了新大陆上4 000种鸟类的歌声。早在20世纪90年代早期,帕克是一个由国际保护组织召集的科学小组成员,这是该小组快速评估项目的一部分。组织将帕克和识别植物和野生动物方面名望相当的专家们配对,并将这些精英团队派往全球偏远地区。在那里,他们将利用对大自然的广博知识,对物种多样性进行闪电般的速度调查(常规调查要耗费数年之久),目标是在它们被破坏之前确定高优先级的保护区。在访问秘鲁的马努国家公园的过程中,仅仅两周帕克就发现了20种鸟类,十年来在这一地区中的鸟类学家从未发现过。[47]

在1992年前往伯利兹南部玛雅山脉的一次探险中,帕克意外地遇到了大量的蓝莺,它们每天大约有10只到20只在偏远地区的树上觅食。在那里,他和他的团队在伯利兹空军的帮助下用直升机存放过食物。帕克很震惊地发现了这么多在中美洲游荡的蓝莺。在这一发现之前,人们认为蓝莺从南美洲一直向北游晃到美国海湾沿岸。他发表了一篇论文,论述蓝莺从南美洲到美国中部,在加勒比地区休息,然后直接穿过大海再到北美洲。今天,在美国森林协会的保罗·哈梅尔(Paul Hamel)的领导下,蓝莺技术小组正在努力解决剩下的谜团。哈梅尔的研究小组认为,一些蓝莺从南美洲的北端乘着春风直奔古巴和北美，而另一些蓝莺则是乘着春风前往更近的中美洲（帕克假说）。还有一些蓝莺沿陆地航行，向西穿过巴拿马海峡，继续沿着中美洲的大西洋海岸飞行。沿着陆地航线，这段航程强化了这样一个观点：财产权和一般的社会规则既不是预先设定的，也不是不变的；它们是人类创造的，旨在宣传特定时间和地点的政治优先事项。

　　蓝莺偶尔在较低的海拔处中途停留，在巴罗科罗拉多岛潮湿的丛林中被见到过，这是巴拿马运河中一片 3 700 英亩的土地，一个世纪前建筑工人沿着该国开挖了一条水道，该地遂免去了洪灾。直到最近，巴罗科罗拉多的树是归属于美国。罗斯福总统迫使南美领导人接受他的计划，在狭窄的海峡上修建一条运河，这将降低太平洋和大西洋之间的货物运输成本。当时，巴拿马是哥伦比亚的一部分，哥伦比亚试图抵制美国的要求。罗斯福的回应是支持一场军事政变，以建立一个脱离哥伦比亚联邦的政府，并支持他的提议。[48] 根据新的规定，美国获得了对一片五英里宽、穿越地峡的雨林的产权保护。虽然泰迪·罗斯福被认为是美国保护运动的英雄，在美国建立了国家公园和国家森林系统，但在美国的照管下，巴拿马的森林并没有能很好地经营。在 1952—1983 年间，整个运河流域的森林覆盖率从 85％ 下降到 30％。[49]

　　今天，处于旅途中点的蓝莺的命运再次落在了巴拿马人手中。1999 年 12 月 31 日午夜，在摄像机的簇拥下，政客咧嘴而笑，巴拿马恢复了运河和运河蓝莺栖息地的所有权，这是与卡特政府 1977 年签署条约的结果。随着运河正在有计划地扩建，巴拿马的政治精英是否会优先保护周边流域，这还有待观察。[50]

　　我们的蓝莺很幸运，它们继续沿着中美洲的大西洋海岸进入哥斯达黎加。在这里,哥斯达黎加人制定了新的财产规则,该规则有明确的目标,就是保护国家森林。通过政府运作的方案,哥斯达黎加的农民在他们的土地上保护树木,然后将这些"环境服务"出售给其他人,这些人从森林提供的生态功能中受益。这些客户包括当地的水使用者以及各地依靠健康的森林将二氧化碳从大气中提取出来并转化为生物能量的人——这是应对全球变暖的重要举措。当地水费,国家汽油税和全世界或是遵守法律,或是出于减少碳排放量的有良知的企业和政府,为该方案提供了资金。该方案在哥斯达黎加也广受欢迎。到 2008 年为止,农民已经注册了 150 万英亩的土地,其中包括加勒比海山麓地区整个蓝色路线上的数十处房产,这些农民也获得了总计 2.06 亿美元的支持。[51]由经济学家罗德里戈·阿里亚加达(Rodrigo Arriagada)领导的研究小组,评估了该计划对土地所有者的实际影响,结果发现参与农场的森林覆盖率增加了约 11%—17%。[52]

墨西哥圣卡塔里娜·伊赫特佩希

四月中旬蓝莺抵达墨西哥南部,在那里它们在内陆休养,然后启程飞完旅程的最后一段,横穿加勒比海到达美国。栖息于圣克里斯特巴尔·德拉斯卡萨斯附近的拉坎顿雨林间的鸟儿,来到的是完全无法无天的地界,这是墨西哥政府和当地萨帕塔叛军之间不稳定的休战的结果。在 1994 年 1 月,原住民玛雅领导人组成了萨帕塔的民族解放军队,由神秘的统治者副司令马科斯领导,他的标签是黑色滑雪面具和烟斗。虽然他们的战术比南美洲的原住民群体更具好战性,但他们的要求基本上是一样的:保护原住民财产权。特别是,萨帕塔主义者反对墨西哥政府改变管理财产的规则,以利于私营企业。起义通过公开挑战墨西哥国家及其执政党的合法性,促成了民主改革,包括在 2000 年引入竞争性的全国选举。然而,在恰帕斯州,中央政府和萨帕塔领导人之间的休战在无政府状态下产生了区域自治;恰帕斯森林的财产规则几乎没有。这些土地的命运,以及依赖它们的人们和野生动物的命运,仍然是每个人的猜测而已。[53]

在墨西哥的瓦哈卡州偏西旅行的鸟儿遇到了完全不同的现实。这里蓝莺受益于一个著名的房地产实验,称为社区林业,旨在同时造福当地社区和环境。加州大学伯克利分校的经济学家卡米尔・安蒂诺里(Camille Antinori)和佛罗里达国际大学文化人类学家的同事戴维・巴顿・布雷(David Bartan Bral),对社区林业进行了研究。他们报告说,墨西哥比世界上其他任何国家,在赋予地方社区权力作出影响其森林的决定方面,眼光更长远。[54]

墨西哥的社区林业建立在一个创新的财产制度的基础上,可以追溯到墨西哥革命时期,称为合作农场。与哥伦比亚原住民雷斯瓜多一样,合作农场的基础是原住民使用的古老的公共财产规则。合作农场既不是政府拥有的,也不是私有财产,它是一个社区共有的土地。关于土地将如何使用、谁可以使用它,主要是在地方大会上作出决定的。一般情况下,一些土地被留出供整个社区使用,而另一些土地则分配给个别家庭,但须经大会批准。合作农场承载着埃米利亚诺・萨帕塔(Emiliano Zapata)的革命承诺"土地与自由"(tierray libertad),它在墨西哥政治想象力中的核心地位就如同萨帕塔(Zapata)和潘乔・维拉(Pancho - Villa)胸前绑着弹药夹跃马进入村庄的形象一般。这个人民大众的体系在 20 世纪持续不断扩大,今天超过 3 万合作农场统治着墨西哥一半的土地。[55]

坐落在瓦哈卡市以北的蓝莺栖息地,合作农场的圣卡塔里娜·伊赫特佩希(Santa Catarina Ixtepeji)展示了墨西哥的产权制度如何赋予当地社区权力。直到 1983 年,关于这个小社区周围的森林的任何决定都是由政府经营的木材业作出的。在这段时间,墨西哥各地的社区开始要求在影响当地森林的决策中拥有更大的发言权。当政府试图在伊赫特佩希更新其收割合同时,社区举行了一系列抗议活动,最终控制了蓝莺迁徙路线的这一部分。今天,伊赫特佩希是社区林业的展示地,是过去四十年里在墨西哥各地涌现的 2 000 家社区森林企业中的一家。为了平衡养护和发展目标,社区经营一家商用木材厂,销售其 37 000 英亩生产森林中的木材,这些森林也蕴藏着有利可图的非木材产品,如白蘑菇和松树树脂。另外 1 万英亩在指定的保护区以保护野生动物和水源。从这些活动中获得的利润在当地投资,以支持诸如学校、道路和老年人社会保障付款等服务。关于森林使用的规则是由合作农场社区大会与国家环境当局协商制定的,而日常行动由当地合作农场官员管理。任何违反规则的社区成员将被罚款或被排除在社区企业之外。[56]

加勒比海

日落后不久,蓝莺从墨西哥南部的休憩点出发,开始了不间断飞行,前往北美,它们希望在早上或清晨到达那里,鸟类在做这些长时间飞行时采用不同的策略。像游隼这样的大鸟可以通过捕捉暖流或海风来节省能量,这样它们就能向上漂浮,然后在到达目的地的方向上翱翔,然后再捕捉下一个上升气流。对于像蓝莺这样的小鸟来说,这是一场马拉松式的飞行,需要一个平衡能源效率的策略(这意味着适当的速度),它需要速度来利用有利的天气条件。

当鸟儿们飞向波光粼粼的蓝色加勒比海水域时,当地表从森林变成开阔的海面时,它们的飞行规则突然发生变化。在这里,规则随着时间的推移而演变,以实现他们的创造者的各种目标,包括地球这一部分最臭名昭著的统治者:海盗。在 17、18 世纪,海盗船在整个加勒比地区都有相当具体的规则来管理赃物的处置方法。研究海盗生活体制层面的经济学家彼得·利森(Peter Leeson)发现,海盗船不是好莱坞传说中无法无天的;他们受宪法管辖,由他们的船员以民主方式选出的船长领导。海员查尔斯·约翰逊(Charles Johnson)在 1724 年的写作中描述了在著名海盗巴沙洛缪·罗伯茨(Bartholomew Roberts)船上的战利品划分规则。据估计,海盗们将会透露他们盗来的宝藏。约翰逊报道:"如果他们骗取公司的价值达到 1 美元,不管是盘子、珠宝或是金钱,惩罚是流放到荒岛。"如果彼此抢劫,那么就只是割掉犯罪者的耳朵或鼻子,把他安置在海岸上,不是在无人居住的地方,而是在一定会遇到困难的地方。[57]

今天,加勒比水域的财产权受国际海洋法公约的管辖。这种强大的规则集合指定了谁拥有海洋。直到最近,每个沿海国家都拥有一段从海岸向外延伸三海里的海洋,相当于不到 3.5 英里。(三英里的限制来自一个称为"大炮射击规则"的社会规则,它认为所有权延伸到一个国家可以保卫其领土。在 18 世纪末,该原则被编纂,三海里对应于最新的高功率大炮的上部范围。)除此之外,根据公海自由的规则,海洋是受管辖的,这是一个古老的行为守则,规定任何国家都无权限制穿越公海的通行权。

随着技术的改变和政治愿景的扩大,旧的规则体系开始瓦解。[58] 1945 年，哈里·杜鲁门（Harry Truman）总统颁布了新的规则——杜鲁门公约——单方面宣布美国拥有石油和天然气资源，大陆架超越传统的三英里限制。世界其他国家也迅速效仿，因为各个国家都试图在离海岸 12—200 英里之间的任何地方宣称拥有海洋财产。当这种混乱的财产规则混杂在一起的时候，一项更系统的改革努力正在进行中，又一次改变了谁统治地球。20 世纪 50 年代和60 年代，数十个前殖民地获得了政治独立，特别是在亚洲、非洲和中东地区。（19 世纪初，拉丁美洲的大部分地区都独立于西班牙和葡萄牙。）这些新国家渴望在最初设计的国际法律体系中维护自己的自主权，这个制度最初是由前殖民列强设计并主宰的。富裕国家则寻求更明确的海事商业规则。还有一些人援引了管理世界海洋环境的必要性。马耳他大使阿尔维德·帕多（Arvid Pardo）在 1967 年联合国大会上发出热烈的恳求，提醒与会代表："黑暗的海洋是生命的子宫，从保护海洋中诞生生命。我们仍然在我们的身体中——在我们的血液中、在我们眼泪的咸苦中——承载着这遥远过去的印记。"[59] 在经过几十年的艰苦和复杂的谈判中，最后的解决办法改写了关于加勒比海水域的规则，蓝莺在夜色中继续它的旅程。

　　今天，每个沿海国都根据下列规则拥有对海洋和海底的财产权：从海岸线延伸 12 海里——所谓的领海——沿海国拥有包括上述空域在内的所有资源。[60] 在 200 海里范围内，沿海国仍然拥有对资源的专属权利，但其他国家的军用船只允许通过该地区。除此之外，公海的自由也得到了保护。公海属于所有人，不属于任何人，只受国际条约中商定的规则的制约。

　　要理解这一切对蓝莺意味着什么，回想一下为什么美国和其他人如此渴望改变规则。《海洋法》（*The Law of the Sea*）促进了沿海石油开发从得克萨斯州东部到路易斯安那州、密西西比和阿拉巴马州的海岸线的迅速扩张。这正与北美最重要的候鸟迁徙通道相吻合。

当蓝莺接近美国海岸时，它们构成了整个加勒比海的各种形状、颜色和大小的鸟类的一部分。夜间迁徙的鸟儿利用星星的光线进行导航。近海石油平台通过一种称为"火焰燃烧"的做法扰乱了这一古老的适应，在这种情况下，这 5 万吨现代工程的壮举让火焰在 80 英尺高的空气中燃烧，烧掉与石油一起开采的天然气。这让候鸟迷失了方向，它们疯狂地在平台上盘旋，直到它们最终从疲惫中掉下来，在离着陆目的地仅数英里的地方溺水。幸运的是，美国政府制定了新的规则，到 2015 年，将禁止在近海石油平台上进行燃烧。

美国石油开采规则对海鸟的影响甚至更大，在英国石油公司2010 年漏油事件中，这一点变得非常明显。与任何社会规则一样，近海石油矿床的所有权意味着权利和责任。适当的组合由拥有产权的国家决定，并反映了该国的政治优先事项。在漏油之前，美国关于石油开发的规则首先有利于资源的快速开发。石油公司与联邦矿产管理局的监管人员保持着一种融洽的关系，该机构的任务是批准安全许可证和积极推动石油勘探这两个矛盾的目标。代理部门因加快审批许可证而获得大量现金奖金；他们经常允许石油公司自己填写文件，先用铅笔为官员们填好，然后再用钢笔誊抄。[61]

英国石油公司的深水地平线钻井平台根据这些规则运行时，该平台在大火中爆炸，坠入大海，造成 11 名工人死亡，并造成美国历史上最大规模的漏油事件。这次海鸟和其他海洋生物逃过了一劫。石油羽状物在水下 5 000 英尺，由一种可生物降解的轻质原油组成，因此它并没有像 1989 年阿拉斯加埃克森瓦尔迪兹石油泄漏那样影响野生动物（它立即杀死了 25 万只鸟类），尽管泄漏了之前二十倍的石油。[62]针对"深水地平线"事件引起的公众抗议,奥巴马政府改变了石油开采的规则。今天,负责促进石油开发的机构官员与负责监督安全和环境保护的官员是分开的。

布恩县,西弗吉尼亚州

　　整个四月,每天有 100 万只候鸟到达美国墨西哥湾沿岸。专门研究"雷达鸟类学"的科学家们给我们提供了令人惊叹的图像,它的形状像飓风从海洋向海岸移动,成群结队的鸟类穿过松树沼泽、松林和海岸的活橡树林向内陆飞去(图 4.2)。从地上看,这是

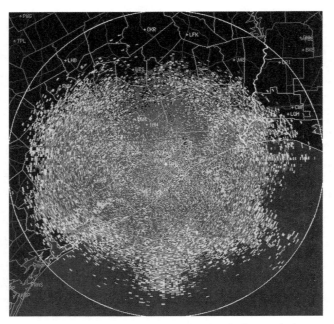

图 4.2　多普勒雷达显示候鸟抵达得克萨斯州海岸

国家大气研究中心,克莱姆森大学西德尼·高塞罗(Sidney Gauthreaux)提供。

看不见的。在整个美国南部，甚至还有一个欢迎会，庆祝活动包括北阿拉巴马鸟节、伟大的路易斯安那州鸟类节、得克萨斯州加尔维斯顿的羽毛节、密西西比候鸟迁徙节。当烧烤和望远镜准备就绪时，蓝莺继续向北移动，前往阿巴拉契亚山脉，它们希望在田纳西州、肯塔基州、西维吉尼亚和俄亥俄州的森林斜坡上繁衍新一代的雏鸟。

阿巴拉契亚山脉从阿拉巴马中部延伸到东北部，在美国东部大部分地区形成了景观，并一路延伸到加拿大的纽芬兰。它是地球上最古老的山系之一，比安第斯山脉大十倍。阿巴拉契亚山脉是许多野生动物物种的故乡，生物学家将这片土地列为世界上最重要的保护重点之一。[63] 但在旅途的最后，蓝莺遇到了与他们祖先数百万年前返回的茂密山林完全不同的东西。也就是煤炭地带。今天在西弗吉尼亚州的布恩县，这样的蓝莺繁殖栖息地，我们的鸟儿见到的却是死寂、荒凉的景象，散布着零零星星的树木（为了视觉效果，常常沿着公路生长），就像是糟糕的发型。为了寻找更便宜的方式来满足美国对煤炭的需求，矿业公司实际上正在摧毁西维吉尼亚州。这种生态破坏是一种被称为"山顶清除"做法的结果，这是一种极端的条带开采方式，在这种做法中，山顶被炸开，露出煤层。爆炸后，有 22 层楼那么高、被称为索斗挖掘机的巨型机器将"覆盖层"（这个词用来描述不含煤的地面）推进邻近的溪流和山谷中。阿巴拉契亚山脉的数以百计的山脉和超过 1 000 英里的溪流被摧毁。[64]

你可能会期望美国——一个先进的工业国家，以及发展环境政策的早期先驱——有规则来阻止这种做法。的确如此。根据《清洁水法案》，对国家水道的保护显然是最高优先权的公共优先事项。《濒危物种法案》还禁止任何危害野生动物的行为，并载有保护栖息地的明确规定。但政府监管机构根本没有执行这些规则。在化石燃料工业和他们的政治盟友的压力下，野生动物官员拒绝将蓝莺列为受威胁或濒危物种，尽管有明确的证据表明，自20世纪60年代以来，该鸟类的数量已经下降了四分之三。在2002年，政府甚至制定了一项新的规则，将采矿废物重新分类为"填埋"，以便根据《清洁水法案》，将其置于不那么严格的监管标准之下。但战斗还远没有结束。美国的环境法包含了特殊规则，如果政府不能忠实地执行法律的话，允许公民起诉政府。俄亥俄州河谷环境联盟等团体提出的诉讼正在争夺采矿许可证，而奥杜邦协会和野生动物卫士等团体则在推动联邦的野生动物保护。

关于西弗吉尼亚州财产的规定对鸟类的影响更大。西弗吉尼亚是美国贫困人口最集中的地区之一。多年来，苦苦挣扎的家庭一直把土地权卖给那些对土地、人民和野生动物的未来没有兴趣的公司。美国的地下产权规则促进了这一土地掠夺，这些规则与拉丁美洲和世界大多数地区的规则不同。其他地方的石油和矿产权属于政府所有；这就是为什么，蓝莺冬季的住宅，将由秘鲁立法者来决定这些森林是否被砍伐，以便为石油和天然气勘探让路。在美国，地表以下的化石燃料属于上述财产所有者。

如果你想控制一处资源，光有所有权是不够的；您还需要有进入和使用它的能力。[65]这恰恰是为何西班牙征服者不但掠夺土地，而且也掠夺开采土地所含的金银所需的原住民劳动力。20世纪初，在阿巴拉契亚，小土地所有者以微薄的价格将他们的矿业权卖给了有资本开采潜在煤炭的矿业公司。所有这些买卖的结果是，今天在西弗吉尼亚州，土地集中在少数人手中。这记录在一份细致的 7 卷本研究的书中,其被称为《谁拥有阿巴拉契亚?》(*Who owns Appalachia?*),社会学家约翰·加文塔(John Gaventa)和他的同事们审查了整个地区 2 000 万英亩土地的法庭记录。结果令人吃惊。这些研究人员发现,44％的土地属于 1％的所有者。拥有土地所有权的人中,有 72％是缺席的所有者,主要是跨国公司。正如你所想象的,西弗吉尼亚州的人民对掀顶采矿法的做法分歧很大。一些人认为这是孤立的农村社区的经济命脉,而另一些人则认为这是他们陷入困境的原因。[66] 煤炭公司高管们不是在等待公众辩论的结果;他们花了上百万美元罢免了他们厌恶的议员和法官。[67]

西维吉尼亚的形势是暗淡的,但并非毫无希望。最近多年来,人们制定了创造性的新财产规则,以保护那些尚未被破坏的森林。另一些国家正在开始恢复已被煤炭公司夷为平地的 100 万英亩土地。这些发展中的第一项涉及一种新的法律工具,称为保全性地役权。要了解保全性地役权是如何运作的,请考虑财产权可以结合在一起,也可以分割开来。每一个法律系学生都知道的隐喻,财产权可以理解为一捆树枝,每一枝代表一种相对于给定资源的权利。对于一块土地,一枝代表了在土地上建造的权利。另一枝涉及矿物的获取。另一枝则代表采伐树木或从地下含水层取水的权利。许多这样的区别是可能的;组件权利可以单独买卖,而且往往受不同规则的约束。关键是"土地所有者"可能只有几根小树枝或一小捆。

保全性地役权是指土地所有人为了部分土地的利益选择放弃权利,例如放弃砍伐上三分之一的树木的权利,或在穿过草地的公众通道上允许公众通行。作为回报,土地所有者得到财产税的减免,这是政府奖励那些为促进公益而做出牺牲的人的方式。重要的是,保全性地役权及其对土地使用的限制是永久的——就像永远一样。当土地所有者出售土地时,地役权就会随之转移到新主人。

整个80年代和90年代,法律允许保全性地役权从一个州扩展到另一个州,导致非营利组织"土地信托"的迅速增长,这些组织专门为此类以及相关的土地保全交易穿针引线。到2010年底,全美共有1 700个土地信托基金,保护着城市总共4 700万英亩的土地。[68]西弗吉尼亚土地激进和自然保全这样的组织使得蓝莺更容易找到一个健康的森林,在其中养家糊口。

该地区正在进行大的变革,这给蓝莺带来了一线希望。阿巴拉契亚森林的破坏部分得益于一项最初旨在保护环境的政府规则。根据1977年的《地表采矿控制和开垦法》,在土地上采矿的公司被要求随后平整土地、用推土机将地面恢复原状并用重型设备将其压平。这项规则旨在尽量减少剥蚀斜坡上发生山体滑坡的危险。但它的实施阻止了幼树的生长,幼树需要更松的土壤才能生根。近年来,该规则已修改,就像蓝莺迁徙路线上的很多先例一样,这一次多亏了一群改革者,他们发起了一项叫做"阿巴拉契亚地区森林再造动议"的项目。这个小组汇集了科学家、公民、居民和工业代表,制定了新的准则,要求在填海区顶部建立四英尺的松散土壤。这不仅对森林和野生动物有更好的影响,而且降低了工业成本,只需要一辆拖拉机而不是十多台车,节省了劳动力和设备成本。由于这项努力,自2005年以来,已在12.5万英亩土地上种植了超过8 500万棵树。[69]该组织与科学家们合作,希望恢复美国栗树,这种树曾经在美国东部的硬木林中占四分之一,直到20世纪50年代被栗疫病摧毁为止。利用研究人员开发的一种抗植物品种,废弃的煤矿将覆盖数百万棵树木,以恢复曾经雄伟的栗树林。

一鸟在手

　　这些蔚蓝色的小不点居住在美洲各地树木上边的树枝上,面对着整个迁徙范围内的持续威胁,像圣诞树上缓慢闪烁的灯光那样一直走下坡路。要理解其中的原因以及如何才能扭转局面,我们要明白财产制度。那么,回到我们原来的问题,谁拥有蓝莺?严格按照《候鸟条约》(*Migratory Bird Treaty*)来说的话,是不允许任何人拥有或捕获这些鸟类的。但该条约对鸟类赖以生存的土地没有任何说明。就像热爱自由的西弗吉尼亚社区依赖煤炭公司及其破坏性做法而谋生一样,你不得不思索:当其他人控制你的土地、资源和生计时,他们的决议真正决定了你的生活是舒适的,还是贫乏的——你实际上有多自由?

　　蓝莺远未能享有鸟儿应有的自由,它们——实际上包括我们自己在内的世界上所有物种——的存亡依赖于我们制定的规则。在蓝莺迁徙路线上有各种各样的财产分配方式,这揭示了财产权包括多种选项。所有权的规则不仅决定着我们给后代留下的,是一个健康的地球,还是一个充满黯淡和污染的景观。这些规则也确定谁收获利益,谁承担决策的后果。这些选择太重要了,不能留给他人决定;选择和权衡应该由公民衡量和决定,因为他们才是受影响的。为此在下一章中,我们将从跨洲移民的这一高度下降下去,考虑一些切切实实的决定,这关于谁应拥有我们呼吸的空气,关于我们是否可以用产权和市场来帮助解决一些最棘手的环境问题。

5
大交易

随着我们继续探究谁统治地球，如果深入审视，就会发现经济是要依靠庞大的规章制度的。正是经济的齿轮昼夜转动才造就了无数交易，进而形成了现代经济。市场和规则的关系最迷人，比要政府管制还是要自由企业这一司空见惯的争论所流露的还要复杂得多。市场依赖于规则。但渐渐地，相反的现象也是真的，一些最有创新力的环境政策法规激励了市场，从而促进了正确的环境行为。为了对这些风险有所了解，我们首先来了解史上最严重的环境悲剧，这也是史上最大的环境成功典范。

除铅行动

去除汽油中的四乙基铅，对全球人类健康和福祉产生了深远的影响。这种影响始于 20 世纪 70 年代晚期的美国，不久传播到欧洲，随后二十几年又传播到整个世界。这种转变是由一套新型规则促成的，此类规则实际上赋予财产权以污染的权利，而且在这个过程中，创造了企业行为中广泛改变的动力。

1970 年《清洁空气法案》(*the Clean Air Act of 1970*) 让美国环境保护署有了规范四乙基铅的合法权力, 19 世纪 20 年代开始, 人们为了增强引擎, 将该物质加入汽油。尽管卫生专家提出严重警告, 但人们依然决定将"乙基"加入在我们的气罐中晃荡的化学混合物中。其中最重要的卫生专家是艾丽斯·汉密尔顿 (Alice Hamilton), 她是哈佛大学第一位女性教授, 也是美国研究铅对健康影响领域的主要专家。她非常熟悉这一领域, 因为她研究的就是暴露于当时普遍不受管制的"危险行业"中的工人。1925 年美国卫生部长召开了一次特别会议, 该会议要做出决定, 是否继续生产乙基产品, 尽管存在已知健康风险。汉密尔顿争辩说, 故意在空气中散布一种有毒物质很鲁莽, 而且其毒性影响(特别是对人类神经系统的损害)在之前的数个世纪就已经众所周知。汉密尔顿说:"你可以控制工厂内的条件, 但你将如何控制整个国家? ……这是一种可能的危险, 难道我们不应该说这将成为一种极端且非常广泛的危险吗?"[1]

汉密尔顿是对的。随着化学工厂第一次把加了乙基的汽油生产出来, 其影响就立刻显现出来。在杜邦深水工厂里, 工人们将其工作地戏称为"蝴蝶屋", 这是工人们暴露在铅雾里面产生幻觉的一种说法。在新泽西州伊丽莎白的标准石油公司处理厂, 49 名工人中, 有 5 名死于铅中毒, 还伴随有典型的极端精神错乱。还有另外 30 名, 饱受严重疾病的折磨。[2]但从"知晓"到"行动"的路从来都不会那么好走。1786 年本杰明·富兰克林写信给朋友, 讨论关于铅的活泼效应, 挖苦道, "你会怀着忧虑发现, 有用的真理在被普遍接受并实践之前, 需要花多久才能被认知和存在。"[3]一百五十年之后, 富兰克林的话仍然适用。人们最终还是忽略了艾丽斯·汉密尔顿的反对，不久铅油成为服务站的主要产品，而这些服务站遍布各地。主要制造商又发动了侵略性的公关运动，使得新产品运用广泛（见图 5.1）。

图 5.1　乙基公司广告宣传使用铅化石油

　　其结果就是造成了美国历史上最大的环境安全灾难。19 世纪
70 年代末，十分之九的 1 到 5 岁的孩子血铅水平不正常，该认定由
美国疾病控制中心作出，这主要是铅化石油导致的结果。[4]

　　将铅引入石油的决策已经被人们讲述过很多遍了。鲜为人知
的是，这个问题是如何通过创新规则来实现的？这些规则改变了
一个依赖铅燃料的行业。既有明显的毒害证据，又有授权转换行
动的新的空气洁净法律，美国环境保护署本可以简单地要求每个
炼油厂在特定日期将产品转换为无铅汽油。但是美国环境保护署
的官员意识到，特别是对小型炼油厂而言，操作上的转变可能会有
更多困难。因为不使用铅，就需要新型化学工艺来生产高辛烷值
的气体。所以美国环境保护署没有发布一刀切的法规，而是给了
企业一个选择。首先环保署颁发给每个炼油厂许可证，允许特定
数量铅的使用。这让监管机构能够限制释放到环境中铅的总量。
然后他们做了一些闻所未闻的事情，也就是允许公司购买和出售
许可证。而出售权是私有产权的明显特征之一。实际上美国环境
保护署已经开办了一个新毒气市场。这种做法并没有听起来那么
坏。那些可以做出快速转型的炼油厂不需要许可证，他们可以将
许可证出售给落后者以获取利润。交易许可证并不是简简单单的
达到规定的污染控制水平，然后停下来。就像环保政策的传统路
径的规则一样，可交易的许可权促使企业更进一步，减少污染并将
许可权卖给他们的竞争者。这些落后公司赶上来没有花太久。
1983 年该行业中交易许可证覆盖了使用的所有铅含量中的百分之
十。到了 1987 年，这个数字已经达到百分之五十以上。和许诺的
一样，美国环境保护署逐渐减少许可证的数量，这样，即使步子最
慢的企业最终也得做出改变。[5]

　　含铅汽油的引进和最终逐步淘汰,清楚地说明了社会规则是怎样影响我们的物理环境的,甚至是怎样影响我们身体的化学成分的。在过去的十年里,美国的铅含量从十分之九下降到十分之一,这十分之一是因为持续接触污染土壤和油漆。[6]我们星球表面也发生了相应的物理变化。在 70 年代的铅石油消费高峰期,土壤沙地和积雪中的铅含量达到了高峰,然后在铅石油淘汰期下降(图5.2)。[7]类似的趋势,可以在全球植物和动物组织中看到,科学家用以作为指标来追踪铅的环境命运。在挪威的绿色苔藓中,在瑞典平静地吃草的驯鹿的肌肉里,在南加利福尼亚沙滩的沙子里,都可

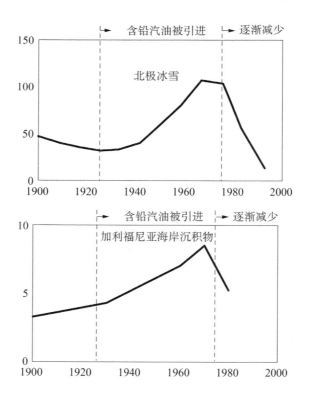

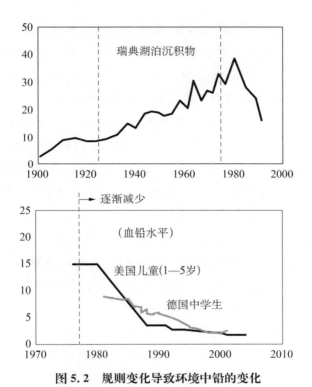

图5.2 规则变化导致环境中铅的变化

数据源和单位见注释7。这些图展示了人类和土壤在不同
时期的变化,而不是在特定的人或一片土地上铅的增加或减少。

以看到铅的起伏。同样的模式也出现在德国的云杉针叶和杨树叶
上,在波罗的海游动的鳕鱼的肝脏里,在意大利城市的空气质量测
量结果中,以及格陵兰广阔的冰盖中。[8]

除了对人类健康和环境有好处之外,与传统监管方式相比,美
国的这种交易许可证计划节省了数亿美元成本。[9]在监管流程中建
立一种灵活的措施,允许交易同时又严格控制铅的总量,而不强迫
每家公司在相同的时间都采用相同的技术。你可能会期望,要是

一种既能保护环境同时又能降低相关行业成本的规则，肯定能获得广泛的政治上的支持。但是，尽管基于市场的监管比较吸引温和派（指在财政上对环境保护负责任的一派，所以有什么好不喜欢的呢？），但在固执坚持意识形态的两极化政治环境中，这种监管并不佳。环保监管反对者对不同类型环保政策的区分并不感兴趣，对于把政府的努力进行归类也不感兴趣，而政府努力将行业行为塑造成健康市场经济。对于许多政治进步来说，增加利润的动机，是造成环境问题的原因，而不是解决环境问题的方法。任何故意混淆两个目标的观点都值得怀疑。

我们可以看到，在谨慎使用时，基于市场的法规可以带来明显的社会环境效益。要明白这一点，我们首先要大致理解规则和市场之间的关系。这是一个大问题，充斥着来自各方的夸张言论，这不足为奇：整个冷战开启了市场交易和政府干预之间平衡的问题。到底谁应该控制财产、政府、公司、非营利组织、社区、家庭、个人或其他事物？在国家内部和国家之间，这些问题一直都是政治辩论事项。这些问题，只要仔细研究就能从中获益，不那么有效为更深思熟虑（以及不太深思熟虑）的政治讨论形式提供解药。

为了从意识形态的密林中开辟一条道路，我们要考虑很重要的两个问题，是关于财产规则是促进或阻碍可持续性转变的方式的。一是社会规则在市场经济运行中扮演什么角色？二是环境政策的市场激励是否真的有用？第二个问题把第一个问题颠倒了过来，不是关注市场内部隐藏的规则，而是关注把市场动力规划进我们的规则构造的潜力。别搞错，以市场为基础的监管非常受欢迎。在美国，摆脱了初始阶段的束手束脚后，以市场为基础的监管中的大规模试验目前正在全球几十个国家进行。这些实验对于我们社区的环境质量具有重要意义。以史为鉴,可以知兴替,可让我们知道是否要支持诸如环境税和限额交易计划举措,以及这些计划是否可以帮助解决所有问题中最大且最糟糕的问题,即气候变化问题。

薯条规则

我们喜欢将私人部门看作快节奏创新的自由源泉,而不视其为规章制度的鸡舍。但实际上,所有的公司都是通过社会规则运作的。没有规则,最敏捷的创业公司将完全失败。公司聘请员工所需的协调水平,租用办公室,安全贷款,远距离出售商品服务等,这些都需要规则。包括供应商,保险公司,设备维修公司,进出口公司、卡车司机、集装箱船、安全和信息技术公司、房地产经纪人和会计公司以及其他许多公司等,公司之间的大量协调活动不可能没有规则。政治学家詹姆斯·Q. 威尔逊(James Q. Wilson)花费了数十年,研究组织在市场和政府环境中的表现,结论是私营部门的规则并不少。他以麦当劳炸薯条为例:

> 麦当劳是一个官僚系统,用复杂全面的规则来调节员工行为的细节。操作手册长达六百页,重量为四磅。从手册中,一个人可以知道炸厚度为 1 英寸薯条的时间是 9 秒半,烤架工人将汉堡包从左到右放在烤架上,六个一排共六排。然后他们首先翻转第三排、第四排、第五和第六排,最后是第一排和第二排。涂在每个小面包上的酱汁量都是精确规定的。每个窗户都必须每天清洗一次。一旦有垃圾,员工必须蹲下捡起来。

这些以及无数其他用来把员工变成可交互式自动机器的规则，就在汉堡大学一处价值 4 千万美元的设施中被灌输给特许经销商。[10]

管理经济组织的规则可以促进创新，也可以粉碎创新。3M 公司有一条规定，其 90 多个产品部门至少有 25％的收入必须来自前五年发明的产品。请比较一下在贵格会社区中控制着经济组织的规则。他们的《千禧年律法》（*Millennial Laws*）规定："在产品、衣着，或任何形式的商品中都不得引入新颖的时尚……除非教团公会有规定，并以每个家庭的长老们为中介。"[11]

企业遵循的规则也决定了他们如何对待环境。当麦当劳改变食品包装规则时，该公司将垃圾产量降低了 30％。[12]珠宝公司蒂芙尼已经制定了相关规定，确保其珠宝没有一个是来自那些用钻石销售来支撑独裁者进行内战的国家。[13]环保主义者和工业团体联手建立了森林管理委员会，这是一个规则制定机构，对可持续采伐木材进行认证。[14]越来越多的有利于可持续发展的企业规则，和一系列促进污染和浪费的规则相匹配。其原因往往更多地和习惯有关而非和明智的商业实践有关。[15]关键是，公司是通过规则运作的。

自由市场的支持者在这种描述中很难表示反对。只要企业可以自由选择自己的规则和条例，市场竞争规则至少在理论上会奖励那些规则运作良好的人。如果这意味着薯条宽度的严格标准化，或者一些更宽容的烹饪法则，那就给他们更多权力。但有关键的区别：据自由市场人士说，规则本身不是问题；政府的规章制度让我们陷入困境。但事实证明，没有广泛的政府监管，企业就无法运作。无管制的"自由"市场是一个神话般的概念，与独角兽没什么不同。这种违反直觉的发现来自意想不到的一个领域：经济学领域。

监管是资本家最好的朋友

秘鲁经济学家埃尔南多·德索托（Hernando De Soto）在 2000 年出版了一本名为《资本之谜——为何资本主义在西方取得胜利而在其他地方失败》的杰出书籍。书中他提出了一个简单而有力的论点：大多数发展中国家未能享受到经济增长的成果，是因为它们缺乏政府规则，这些规则使市场发挥作用。他用巧妙的现场研究，演示了困扰他的本国制定规则的病理。德索托和他的研究小组在秘鲁首都利马成立了一个小型服装车间，并试图合法地向政府注册业务。一次又一次，官员告知他们要改天再来，再提供一份信息，填写另一份表格，访问另一间办公室以获得批准，然后在下一个办公室之后通过一个官僚圈子登记他们的财产。他们没有做任何理智的人会做的事情——放弃，而是每天坚持六个小时，看看秘鲁产权保护的正式规则究竟需要多长时间。在 289 天的努力后，该集团最终能够注册其业务，但这只是第一步。为了业务建造一座小型建筑的许可——里面只有一名员工——花费了将近 7 年，这是一个涉及 52 个不同政府部门的 207 个行政步骤的过程。所有这些只是为了获得某人财产的合法证明这样简单的事情。

正如你可能想的那样，大多数秘鲁人不会坚持下去。由于几乎不可能完全遵守法律，有数百万人在法律之外工作。那么为什么这成为一个问题？如果没有纸质文件和他们财产的合法证明（如房屋和店面），他们就无法利用这些资产来做一些事情，比如获得贷款来扩大小企业。由于无法将财富转移到他们身上,他们的财产相当于德索托所谓的"死资本",而这种资本无法用于经济增长。

关于政府对资本主义监管重要性的研究上,德索托为通向制度经济学的更大领域提供了一个窗口。该领域的研究人员强调,商品和服务的购买和销售市场本身就是机构,即规则集合,可以使协调的社会活动成为可能。标准化的权重和措施、强制执行合同的法律追索权、防止盗窃或侵入的警察权力、破产法、专利、商标、保险条例、土地使用分区、联邦担保银行存款、促进货物流动的空中交通管理条例,以及无数其他规则,才能使市场发挥作用。道格拉斯·诺思(Douglass North),圣路易斯华盛顿大学的经济史学家、该领域的先驱,认为现代市场经济的历史发展,是通过伴随作为上层建筑的经济规律的扩张而成为可能的。在诺思的著作《制度、制度变迁与经济绩效》(*Institutions, Institutional Change, and Economic Performance*)中,他阐述了这些约束性规则如何发挥作用,使市场交易从村庄中的面对面交互,演变为在不同大陆陌生人之间进行的价值数十亿美元的复杂交易。[16] 随着经济的发展,以及对具有法律约束力的标准的需求增加,越来越多的工作落到了政府的职责范围内,以建立市场交易的基本规则。总之,没有广泛的政府监管,现代资本主义就不可能实现。

今天有大量的研究文献显示,健康的经济体需要强大的政府官僚机构主管。加州大学伯克利分校的社会学家彼得·埃文斯(Peter Evans)及其同事认为,政府机构的质量对于解释东亚和世界各地的经济发展的步伐助益良多。[17] 在新加坡和韩国等地,高效的政府机构对绩效表现予以奖励,并与私营部门密切协作来促进投资和经济发展。这些国家通过创造一个有利于增长的体制环境，已经从相对落后转变为繁荣的社会，这发生在过去的半个世纪中——实际上在历史上是在一夜之间。与此形成鲜明对比的是，像肯尼亚和危地马拉这样的贫穷国家，政府机构不稳定、不专业，而且破产严重，他们将精力集中在向朋友和家人提供资源而不是为公众服务。正如哈佛大学经济学家罗德里克所说的那样："市场需要得到非市场机构的支持才能表现良好。"罗德里克花了二十多年时间研究全球经济增长与政治制度之间的关系。他得出结论是，运作良好的政府规则是贫穷国家缺失的因素：明确划定的产权制度，遏制恶劣欺诈的监管机构，反竞争行为，和道德风险，一个展现信任和社会合作的适度紧密团结的社会，社会和政治制度，减轻风险并管理社会冲突，法治和廉洁政府——这些都是经济学家通常认为理所当然的社会安排，但是在贫困国家中因缺乏而显眼。[18] 达龙·阿西莫格鲁（Daron Acemoglu）和詹姆斯·鲁宾逊（James Robinson）在他们的《国家为什么会失败》（*Why Nations Fail*）一书中得出了类似的结论。他们还发现，拥有强大民主体制的国家最有可能符合这些条件，这同时也可以说明全球民主国家往往是更富裕的国家。[19]

市场失灵时

显然，市场需要广泛收集规则才能发挥作用，这些规则包括政府法规。但是，密切关注市场-政府的二元关系还有一个理由。有时市场机制本身就会崩溃，并且实际上无法为社会提供消费者所需要的商品和服务。正如经济学家已知的那样，这些"市场失灵"

包括溢出效应或外部效应。外部效应上升是因为生产商品的成本不是由生产者承担，而是强加于其他人的。假设，一家手机制造厂的业主不是减少或妥善处理污染物，而是选择倾倒进河流，将成本施加到利用河水捕鱼或消遣的人头上。这不仅仅是坏行为，也导致市场经济运行的崩溃。想知道原因，考虑一下价格在市场交易中发挥的重要作用。假设你去购买一部手机，并发现两个功能基本相同的机型，但是一部手机比另一部手机便宜很多。价格差异告诉你：较便宜的手机制造商更加高效，他们设计出了一种以较低价格提供相同产品的方法。没有必要写一封感谢信来奖励这种行为，并鼓励更多相同的行为。只考虑您的自身利益，购买价格较低的手机会自动奖励有效的生产商。同样的事情发生时，面对两个同等价位的手机的选择，你会选择更好的质量模型。通过这种方式，价格的非个人化机制可以使效率不断提高。这种机制在手机的生产链上下运作。手机制造商使用价格信息来决定购买哪些金属，聘用哪些工程师，以及在将商品运送到商店时使用哪些运输公司。

在这一点上，一些读者可能会反对，他们认为剥削劳动实践或其他不良商业行为，可能会导致效率的提高。这引发了更大的问题，即市场逻辑应在多大程度上与其他逻辑，包括道德、社区和公民责任等相平衡。我个人非常同情这种观点，这种观点是法国前总理莱昂内尔·若斯潘（Lionel Jospin）表达的，也就是渴望"要市场经济，不要市场社会"。但我也意识到，对市场的财富创造能力，采取一种相当自鸣得意的态度很容易。市场机制无论缺点有多少，很大程度上造就了现代化生活（我将在下面讨论其中一些问题）。重要的是，我们不要忽视市场机制在繁荣和减轻贫困方面的作用。

我希望走的路线是：认真对待市场的长处，同时也要认识到它们的短处。

　然而，关于溢出效应的观点则较狭隘。下面是一些价格机制本身失败的情况。如果市场要激励效率，那么价格必须成为生产成本的合理准确代表。当一家公司实际上没有承担生产某种东西的全部成本，而将成本转移向其他地方（在河中倾倒其有毒废物），产品价格就会人为偏低。这样价格就不再准确反映商品成本。在这种扭曲价格情况下，消费者购买"太多"的产品——比在有效市场情况下制造的多。

　1920年英国经济学家亚瑟·庇古（Arthur Pigou）首次提出了外部效应的概念。在现代环境运动兴起之前的半个世纪，庇古以工厂污染为例进行说明："这种烟雾在大城市中对社区造成了严重的无负担的损失，对建筑物和蔬菜造成损伤，增加洗衣服和清洁室的费用，增加额外人造光费用，等等。"[20] 从庇古的时代开始，经济学家就外部效应和环境问题发表了数千篇研究文章。但我们不需要深入到经济学研究期刊，研究那些满页都是微积分的文章，而可以用一个简单的关于汽油价格的例子来演示。在美国，生产车用天然气的真正成本包括驻军中东的成本，驻军中东是为确保获得石油。约瑟夫·施蒂格利茨（Joseph Stiglitz）和琳达·比尔姆斯（Linda Bilmes）估计，伊拉克战争让美国人民付出超过3万亿美元的成本。[21] 然而，这一成本在整个经济中分配，由纳税人承担。该成本在加油站价格上并没有体现。假如真的体现出来，汽油的价格将非常高，这样人们会很快蜂拥使用自行车、公共汽车和替代燃料，这要比任何环保意识活动更有效。简单计算就能知道，如果我们将该成本分摊到十年以上，除以美国每年消耗的1 340

亿加仑天然气,天然气成本将增加超过每加仑 2 美元。[22]

　　或者我们来考虑电力。美国使用的电力超过三分之一是由燃煤电厂生产的,其产生的温室气体正在改变气候。与任何企业一样,这些发电厂的所有者和管理人员密切关注煤炭、劳动力、设备和其他投入成本。但二氧化碳排放量成本并未计算在内。相反,成本传递到了其他地方,包括像沿海的佛罗里达,由于全球变暖导致海平面上升一米以上,佛罗里达未来几十年将失去房地产。佛罗里达州立大学的研究人员估计,不断变化的海平面可能会让达德县失去价值 67 亿美元的土地。[23]

　　如果此类成本被折算成煤价——换言之,如果煤炭不得不公平竞争——那么相比之下太阳能发电看上去更便宜些。消费者会对化石燃料行业的经济低效感到悲叹,称之为盲目理想主义者,因为他们的技术无法在竞争激烈的能源市场中存活。然而,将太阳能和化石燃料的成本进行比较,可以一次又一次地得出结论,太阳能是不能与化石燃料的价格竞争的。这是场不公平的竞争。石油、天然气和煤炭公司并不支付真正的生产成本。当价格不再反映成本时,由市场力量释放的消费者金钱激流,不会流向更高效的生产者,而是流向那些更擅长公关、使得规则允许他们将成本转嫁给社会的企业。“目前的游戏规则严重阻碍新能源企业家,”弗雷德·克虏伯(Fred Krupp)和环境保护基金会的米丽娅姆·霍恩(Miriam Horn)认为,“即使是最好的创意,在今天的 5 万亿美元能源业务中也会遭遇失败。创业者是在面对世界上最强大的公司,这些公司已经花了数十年时间,成功地推动补贴,贸易协议,以及有利于他们业务的监管结构。”[24]

　　为了解决这种市场失灵,通常需要某种形式的政府监管。事实上，大部分环境法律和政策都可以理解为政府制定的规则，来让公司支付全部生产过程中的成本，而不是将这些成本转嫁给公众——从而将外部效应内在化。公司需要为污染付费，那么高污染行为制造的商品价格就会上涨，这样消费者转移购买偏好，于是生产者不得不争相寻找更清洁、更具社会责任感的替代品。

从监管中获利

在《柴油动力杂志》(*Diesel Power Magazine*)这样的地方，你不用指望能发现鼓吹更严格的环境监管的社论。柴油行业一直是众多空气质量法规的焦点，该行业一直和很多这样的严厉法规斗争。该杂志在 2012 年发表的一篇文章中，编辑贾森·汤姆森(Jason Thomson)向他的柴油粉丝们表示，现在是时候认识到严格的法规能催生创新了。"这很具有讽刺意味，"他解释说，"爱好者讨厌的排放法规反而催生了我们今天这样的柴油性能。如果制造商不需要遵守美国环境保护署的规定，共轨喷射、VGT 涡轮和 400 马力的清洁燃烧卡车(带有保修)就不会出现。"[25]

柴油行业的创新监管动态仅仅是一些更广泛现象的一部分。在一篇题为"作为创新之母的监管"(Regulation as the Mother of Invention)的研究文章中，政策研究人员玛格丽特·泰勒(Margaret Taylor)和爱德华·鲁宾(Edward Rubin)与历史学家戴维·霍恩谢尔(David Hourshell)联合进行研究，探索技术创新与政府对二氧化硫排放控制之间的关系。[26]当煤炭中天然含有的硫在燃烧过程中和氧结合，燃煤的能源厂就会排出二氧化硫。硫能增加土壤和水的酸度，从而影响人类健康，并破坏生态系统，污染周边地区。（"酸雨"是由二氧化硫在大气中与水和氧气相互作用生成硫酸,然后由雨、雪、雾或灰尘携带到地面的结果)。从技术角度来看,这是一个可以解决的问题。有一种被称为洗涤器的设备,可以在煤炭燃烧后除去硫,自 1926 年在英国首次使用以来,这种设备一直以原始形式进行商业发售。但是研究人员指出,四十年来,洗涤器技术在美国并未得到采纳和改进。政府监管需要创新。在 20 世纪 60 年代和 70 年代通过严格的联邦标准后,新洗涤器技术的专利数量增加了(图 5.3)。

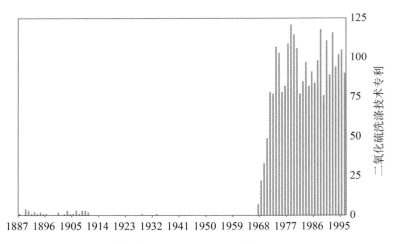

图 5.3　应对清洁空气法律创新

玛格丽特·泰勒、爱德华·鲁宾和戴维·霍恩谢尔(2005)《作为创新之母的监管:二氧化硫控制的案例、法律与政策》(*Regulation as the Mother of Invention：The Case of SO2 Control，Law & Policy*),27(2):348–78。

可以肯定,环境监管会给工业带来巨大成本。根据白宫管理和预算办公室的资料,美国环境保护署 2000 年至 2010 年颁布的主要环境方面的规定,使美国经济损失高达 280 亿美元。但是资产负债表的成本并不能说明全部问题。[27]苹果电脑的成本很高,每年约为2 000亿美元,但它是世界上最赚钱的公司之一。根据白宫相同的数据,美国环境保护署规则的经济效益至少是成本的三倍。[28]

我们在个别公司层面看到同样的现象,这些公司常从监管中获益。受政府要求技术变革的推动,对新工业流程的投资和新的专业知识转化为新产品服务。哈佛商学院战略与竞争力研究所所长迈克尔·波特(Michael Porter)研究了这种现象。迈克尔·波特不是刻板印象中的那种环保主义者;他是世界知名的商业战略专家,因撰写有关企业和国家如何更有效地赚钱的书籍而闻名。但在研究商业战略和环境的过程中,波特注意到了一种奇特的模式:企业似乎从监管中获益。他还发现,更严格的规定能比更弱的规定更多地促进创新。

荷兰的鲜花行业提供了一个例证。多年来,荷兰著名的生产郁金香和其他切花的公司,同时也因肥料和杀虫剂污染了该国的水土。1991 年,荷兰政府通过了一项政策,旨在到 2000 年将杀虫剂的使用减半,这是他们最终要实现的目标。面对越来越严格的监管,温室种植者意识到,如果他们要用更少的农药来保持产品质量,就必须进行创新。作为对监管的回应,他们转而采用在封闭系统中循环水的栽培方法,并在岩棉基质中种花。新系统不仅减少了环境污染,还让公司更好地控制种植条件以增加利润。

波特在对美国电子行业的研究中发现有类似的结果。多年来,公司清洁电路板是使用甲基氯仿等危害臭氧层的化学品。随着这些做法的环境后果变得越发清楚,美国环境保护署禁止使用臭氧消耗物质,要求在 2000 年之前将其完全淘汰。工业科学家不得不思考确保产品质量的新方法，他们很快发现了更安全的替代方案，该方案在清洁电路板方面做得更好，同时将成本降低了 30% 至 80%。

在每一种案例中，政府监管都是必不可少的，促使行业采取行动。波特和他的同事克拉斯·范德林德（Claas vander Linde）认为，严格的规则比温和的方法更促进创新。"制定严格而非宽松的规定，"他们写道，"公司可以逐步应对宽松的监管。"这意味着他们将综合所有的应急方案，而不是完全重新考虑他们生产产品的方式。[29]波特很快指出，并非所有规则都是一样的——有些规则会比其他规则更有利于创新。那些专注于改善环境成果的规则，更有可能促进企业和环境的双赢结果，而要求一刀切的技术标准则不能产生这样的结果。波特的研究结果激发了大量的研究，以验证他审查的诸多案例是例外情况还是一般情况。[30]正如我们所预期的那样，更大规模的研究发现，环境监管并不总是对所有公司都有好处，有些规定确实更有利于创新和利润，有些则不能。关键在于，如果我们希望在培育健康经济的同时保护环境，那么这不是监管多还是少的问题，而是如何明智地监管。

将市场引入规则

目前为止，我们已经考虑到了规则（特别是政府监管）对于市场运作和繁荣发展有多重要。看起来，似乎商人需要官僚大于官僚需要商人。现在让我们从另一个角度考虑看看市场和政府的关系：是否存在这种情况，即政府监管机构应该利用市场激励措施，将利润动机纳入其规则设计？

近年来，一系列有争议的环境规则实验试图做到这一点。在最基本的层面上，基于市场的环境监管使用金融方面的激励，进而诱导人们改变他们与地球相互作用的方式。比如汽车电池的存退款计划，用以鼓励消费者退还电池，以便安全处置。还比如有规定要求矿业公司在工作开始前发布解决环境损害的债券，这种规定鼓励公司尽量减少损害，以此最大限度地提高债券回报率，而不是事后通过法院系统追查他们。污染税创造动力让工厂减排，减排通常超出规定的政府标准。虽然在一些政治圈子里税收是禁忌话题，但经济学家认为税收是一个极其有效的监管工具，因为税收不仅易于管理，而且让每家企业自己做决定，来解决昂贵的污染问题。和帮助美国淘汰含铅天然气的计划一样，限容交易计划是另一种基于市场的方法，这种方法允许帮助那些拯救地球的人，允许他们出售未使用的许可证。随着这些实验项目的开展，一些重要决定正在制定，这些决定是关于究竟谁有污染的权利，谁拥有地球的自然资源，谁决定采用哪种技术以及采用哪些流程，简言之，是关于谁来统治地球。在此，我将再次忽视严格的意识形态立场，而赞成进行有证据的潜在益处和缺陷调查，这些益处和缺陷由以市场为基础的环境政策产生。

限容和贸易

首先回到美国限容交易计划的起源，这个起源可以追溯到两条不同的亲缘线索：经济学教授和街道级官员，他们面临着艰难的困境。

早在可交易污染权实施之前，经济学家们就对其可能性进行了讨论。[31] 思想的转变开始于 1960 年,当时英国弗吉尼亚大学的经济学家罗纳德·科斯(Ronald Coase),发表了一篇文章,文章中提出了一种激进的新监管方法。[32] 科斯担心政府监管机构可能为解决外部效应问题会做什么事情。应该要求那些对周围社区造成负担的公司缴纳税款吗? 或者可能有其他方式来激励企业为自己的行为负责吗? 像大多数经济学家一样,科斯一度痴迷于进行最大化社会福利。从这个角度看,经济活动或监管行动是否可取,可以通过考察它带来的好处和社会代价来衡量。考虑到其他几种选择,经济学家会主张最大化利益减去成本(经济学中的"净利益")。这就是经济学家谈论经济效率时所表达的意思。那这与环境有什么关系呢? 在减少污染的各种方法中(包括谁应该清理的选择、多少、多快,以及通过什么方法,等等),总有一些解决方案比其他方案更高效。从商业角度看,更有效的环境监管可以以较低的成本,达到一定环境质量水平。对环境保护主义者来说,有效的监管意味着更大的压力,因为要为给定的支出水平提供更大的环境保护。

　　问题在于,监管机构很少有促进有效监管所需的详细信息。这需要对数千家大小企业的合规成本有细致了解。一家工厂需要多等一年才能安装新的污染控制设备,这样可以节省数十万美元的资金,防止在扩张的关键阶段出现中断。对于一直在寻求试验新生产工艺的企业而言,减少污染可能比监管机构预想的更快。政府监管机构手头没有这方面的信息,但这些公司却有。知道这一点之后,科斯又提出了一个大胆的主张:如果我们为了一定量的污染来分配产权——比如说通过政府发放的污染许可——并且给予企业本身购买和出售这些权利的话,会怎么样呢?[33] 可以改变的那些企业会向那些不能进行改变的企业出售许可证;而后者将急于为污染权付费。这个讨价还价的过程会比一刀切法规以更低的代价减少污染。理论上,无论哪家公司从一开始就接受污染权,只要允许交易这些权利,就会发生这种情况。科斯认为,如果我们要将这种市场机制引入到我们的规定中,我们就可以获得高效结果,而不需要政府监管机构对每家公司的成本信息全部了解。

所有这些听起来都很抽象,确实,以前是很抽象。在美国政府认真承诺清洁空气之前,科斯就已经写得很好,然而除了法律和经济领域的专业学者组(这些工作帮助他赢得诺贝尔经济学奖)以外,他的工作几乎没有引起注意。基于科斯的见解,整个 60 年代和 70 年代,经济学家如加州理工学院的戴维·蒙哥马利(David Montgomery)和多伦多大学的约翰·戴尔斯(John Dales)为之进行数学计算研究,为可交易污染权如何运作奠定了理论论据。[34] 因为只与专业同行保持着密切联系,除现实世界中比较重要的经济效率之外,科斯和他的同事们还忽略了其他应该考虑的因素,并且他们应该明确得出明智的公共政策:公平、平等、民主参与、保护弱势群体——随你怎么说。但是,这个象牙塔演习很快就面临现实,新组建的环境保护局的官员承担了执行严格新规的艰巨任务,该新规是在《清洁空气法》之下制定的。

通常情况下,当从业人员采纳了由学者提出的想法,并将其与自己深入了解的特定社会环境下的工作方式相结合时,情况就会发生变化。这个故事的核心是保罗·德法尔科(Paul DeFalco),他是美国环境保护署在旧金山办事处的区域管理员,负责编写规则,使《清洁空气法》成为现实。德法尔科的成果提供了一个经典的例证,即规则的制定是如何确定政治运动遗产的。美国环境运动释放出巨大的社会能量,促成了第一个地球日,这是 1970 年数百万美国人的首要目标,这激励立法者制定各种新规则来提高国家的环境质量。当国会通过一项新的立法时,它制定了广泛的目标,但将其细节留给联邦或州机构,让他们确定需要做什么,在哪里以及如何做。在抗议游行的喧闹声消失在历史书中之后,正是像德法尔科这样的规则制定者们相对安静的工作成果决定了这项运动的最终影响,这些规则制定者的名字写在草案报告的边缘,他们在城市规划委员会中讨论提案,在法庭里辩论。现在不是让我们转过身去让律师和科学家"解决细节问题"的时候,纵然我们需要依靠他们的专业知识。正是在这个地方,公众应该认真关注接下来会发生什么。

到了70年代中期,像德法尔科这样的规则制定者面临着一个两难的局面。根据《清洁空气法》,每个州直到1975年才符合联邦空气质量标准或面临严厉的处罚。但是,如果一家工厂希望扩大业务呢?特别是像在洛杉矶这样的地区,它们已经不符合新国家标准的情况了。《清洁空气法》背后的想法是让经济增长停滞。(可以肯定的是,这不是尼克松总统签署法律时的意图。)德法尔科所面临的困境已经被削减为这个问题的核心,即如何在不破坏环境的情况下促进经济繁荣。

德法尔科颁布于1976年的答案就是加利福尼亚州的《补偿解释条例》(Offset Interpretative Ruling)。这一条例允许公司扩大其业务范围,只要以大于1比1的比例减少公司在当地其他地方设施的排放,由此补偿任何污染的增长。本套项目提供了一种既能扩大工业活动,同时将污染减少到低于新开发前的水平。新方法如此受欢迎,以至于国会将1977年《清洁空气法》修正案纳入其中。但是随后美国环境保护署又进一步推行了这项法案。环保署制定了新的规则,允许污染补偿机制适用于同一家公司内部,而且适用于各公司之间,让污染者彼此之间购买和销售许可。实际上,他们正是在试验罗纳德·科斯(Ronald Coase)在经济学文献中提出的想法。

当监管机构首先提出这一想法时,工业界和环保组织基本上都感到震惊。第一个实验是在弗吉尼亚州,汉普顿道路能源公司希望在野生动物保护区附近建立一个炼油厂。[35]新工厂会损害当地的空气质量,因此美国环境保护署管理人员向公司总裁杰克·埃文斯(Jack Evans)提出建议,考虑为该地另一家炼油厂再支付一笔费用来减少排放。埃文斯认为监管机构是疯了。《石油与天然气杂志》(*Oil and Gas Journal*)中引用他的话说,认为他会向竞争对手付钱以获取污染权利,是美国环境保护署的"愚蠢行为"。该行业杂志发表了一篇严厉批评新规则的文章,称这会减缓创新并增加失业率。环保团体也有类似的反应,他们担心限容交易项目会破坏《清洁空气法》规定的严格标准。自然资源保护委员会起诉美国环境保护署,试图阻止该计划,但失败了。[36]

尽管反对,环保署在全国各地提出类似的计划。不久,企业开始签字,他们显然得出了一个结论,即节约资金毕竟不是那么鲁莽。在这些早期实验的基础上,美国环境保护署在1979年制定了新的规则,允许"泡泡"和"银行存款"。泡泡方法是在德法尔科(DeFalcos)早期发明的基础上建立的:一家公司可以将一个区域内的多个设施看作是一个源,从而在该区域周围形成一个假想的泡泡。企业不必在每个设施进行一定数量的清理工作,只要在气泡内实现可接受的总体污染减排,企业就可以决定在哪里减少和减少多少。银行存款规则引入了时间层面:那些清理超出规定水平的公司,可以将其未来的"污染权"存入银行。与其他方法一样,监管机构决定减少多少污染,但他们为达到目标的方式提供了便利。

"大实验"

随着监管机构在整个 20 世纪 70 年代后期试行,基于市场的法规,新方法的第一个大测试就是逐步淘汰含铅天然气,该测试于 1974 年暂时开始,并于 1996 年随着完全禁止而终结。但是,根据 1990 年《清洁空气法》修正案建立的酸雨计划,排放权交易已经形成。在这段时间里,可交易许可证的支持者在最高政治层面引起了关注。哈佛大学肯尼迪政府学院的经济学家罗伯特·斯塔文斯(Robert Stavins)和著名环境组织环境保护基金会主席弗雷德·克虏伯(Fred Krupp),是在这段历史中的两个关键角色。20 世纪 80 年代后期,参议员蒂莫西·沃思(Timothy Wirth)和约翰·海因茨(John Heinz)发表了一个很有影响力的两党报告,报告题为"项目 88:利用市场力量保护我们的环境:为新总统采取行动"(*Project 88: Harnessing Market Forces to Protect Our Environment: Initiatives for the New President*),而斯塔文斯担任该报告的研究主任。这份报告没有使用术语描述,这样易于被政策制定者理解,他们描述了基于市场解决方案扩大的潜力,表明这种方法可能被用于解决湿地保护、臭氧层破坏、气候变化和城市废物管理等问题。与此同时,弗雷德·克虏伯(Fred Krupp)见证了南加州水资源保护和转移计划的成功,并且他深信,基于市场的方法可以更有效地推进达成环境运动的目标。[37] 作为该运动内的坚定支持者,克虏伯正在挑战其他大型环保团体保持开放态度。

在新当选总统乔治·布什（George H. W. Bush）的管理层中，他们找到了表示同情的决策者。布什政府正在与国会合作修订《清洁空气法》，修订原因是要纳入减少二氧化硫排放量的新规定。新的规定要求，工业每年的排放量要比 1980 年的水平减少 1 000 万吨。他们还授权美国环境保护署通过排放权交易实现这些减排目标。在二十世纪七十年代的大杂烩实验中，该方案更加完善，利用后见之明创造更清晰的会计标准和交换机制。与其他限容交易机制一样，该环保署通过控制流通许可证的数量来控制污染最大量，随着时间的推移，许可证数量也随之减少。该项目在业界比以前的含铅气体实验更受欢迎。从 1995 年到 2009 年，超过 2 000 个污染设施（主要是发电厂和大型工业设施）获得了 2.55 亿吨二氧化碳排放量的交易许可。这污染确实很多，重量相当于近 1 000 个帝国大厦。根据美国环境保护署的数据，到 2011 年，二氧化硫排放量上，美国的燃煤发电厂相对于 1990 年减少了三分之二。[38]

1993 年，我有机会上了罗伯特·斯塔文斯教授的一节课，当时硫黄排放量交易计划首次开始实施。根据他的自述，他不是那种一直耐心地培养学生热情的亲切教授。（斯塔文斯是我的学术指导，他带我参加了一个简短的会议，在会上他说："将课程选择视为投资，而不是消费。"）但是斯塔文斯拥有一流的智力，对不坚实的证据几乎不能忍受。事实上，斯塔文斯也认为迈克尔·波特提供了一幅颇受赞同的图景，可以发挥环境监管潜在利润潜力。然而，回顾二氧化硫计划，斯塔文斯总结说，该计划的结果为限容交易提供了概念性证据。斯塔文斯在一篇名为"从宏观政策实验中学到的东西"（*Journal of Economic Perspectives*）的文章中指出，该项目大幅度改善了美国的空气质量,与传统的监管方法相比,其成本节省约 10 亿美元。[39]

空罐子

美国限容交易的经验表明,在环境监管中嵌入市场激励措施可能是一个非常聪明的方法,可以提高效率,进而保护生态系统和人类健康。但请记住,效率是关于整个人口总体福利最大化情况的,效率是以总净效益衡量的。效率并没有提到谁收获奖励和谁承担成本的细节。为了就市场监管的优点做出明智决定,我们需要考虑一个对任何孩子来说都是第二天性,但很少进入经济学期刊词汇的问题:这是公平的吗?

我们举个例子吧。比如一个不择手段,但有进取精神的年轻人从他年老的邻居那里偷走了 1 000 美元,他计划把钱存放在一个玻璃罐子里,这个年轻人投资了这笔钱,使资产翻番。他的收益大于他邻居的损失,因此这种盗窃行为代表了经济效率的增长,从这个词的任何常规理解上而言都是如此。理论上,他当然可以将原来的 1 000 美元还给罐子,这样他就不仅经济良好,而且不会让邻居更糟糕。这正是经济学家和其他人对于促进更有效成果的法规感到激动不已的地方——你不劳而获。但是这种道德姿态是假设的,而且是可疑的。罐子可能保持空着,而我们的盗窃主角却享有交易的成果。在现实中也是这样,效率增益通常会产生赢家和输家。

早期限容交易项目在政治上令人满意的部分原因是,项目不仅降低了对行业的监管成本,而且和传统方法相比,其设计方式确实减少了更多的污染。这笔钱被放回了谚语中的罐子里。然而，在酸雨计划下要考虑到另一家工厂购买了一些许可并继续污染时，对减少排放的那家工厂的影响。限容交易只适用于污染物均匀混合，并且在交易发生的较大区域扩散的情况。在这些情况下，只要污染的总量减少，究竟是哪些污染者清理其行为并不重要。但事实证明，二氧化硫具有两种截然不同的环境影响。作为酸雨的原因，它在区域内遍布大气，有时覆盖很远的距离。但是对于居住在二氧化硫排放源附近的人来说，也增加了他们患呼吸系统疾病和心血管疾病的风险。因此，选择购买污染许可证而不是升级设备的公司，可能会对当地社区造成伤害。相对于旧规则中，要求所有公司遵守相同的标准，社区在这些"热点"上可能会变得更糟。

"热点地区"是围绕以市场为基础的监管进行辩论的热门话题，部分原因是工业设施更可能位于非白人居民比例较高的低收入社区。这些担忧在 20 世纪 80 年代得到了公众的关注，当时在"环境正义"的旗帜下，民权活动家开始提出诸如在环境规划决策中哪些社区成功、哪些社区失败等问题。这些活动家指出路易斯安那州的"癌症巷"（这是密西西比河沿岸的一片地方，这里 150 多家工厂生产美国四分之一的化学品），证明了有色人种和工人阶级承担了工业发展的成本。他们认为，环境保护不仅应该被理解为减少污染的平均吨数，或保存的绿地面积。我们还需要问谁得益，谁失去。通过将公民权利和环境问题联系起来，诸如促进优良环境社和联合基督教会的种族正义委员会等社会团体，重新定义美国环境运动，挑战大型环境团体，使其基础多元化，超越中产阶级盎格鲁支持者。他们还揭示了非白人社区长久以来都进行环境倡导，但一直未受重视的历史，例如在 20 世纪 60 年代和 70 年代，由西泽·查维斯(Cesar Chavez)和联合农场工人领导的减少农药使用的运动。[40]

我有幸亲眼目睹了1991年第一次人类地球日活动以来所发生的变化,这是一次环境正义活动,该活动是湾景猎人区举行的,该地是一个主要为非裔美国人的社区,坐落在旧金山东南角工业区。当我看到两名来自社区的老年妇女与两名绿色和平组织青年志愿者一起讨论水质的时候,我就意识到这里正在发生一些新事。同年,第一届全国有色人种环境领导人峰会在华盛顿特区举行。随着新的群体涌现,主流组织欢迎环境正义事业,运动迅速扩大。不久之后,克林顿政府的决策者开始关注。美国环境保护署创建了新的环境正义办公室。1994年2月11日,克林顿总统发布了第12898号行政令,要求所有联邦机构在其环境决定中评估和纠正任何出现的种族或阶级偏见。

该运动也引起了社会科学研究人员的关注。你可以看出,没有什么比一个完整的数据集更能激发一位具有统计头脑的研究人员了。恰恰就这么发生了,在一个多世纪内,美国人口普查组织已经收集了美国各地社区的种族构成和收入水平数据。将这些数据与污染工厂的位置和污染程度数据进行配对,我们可以测试出环境规则是否真的让一些族群比其他人更受益,还可以测试出基于市场的二氧化硫减排方法是否造成了污染的热点。

印第安那大学政治学家埃文·林奎斯特(Evan Ringquist)令人信服地解释了该问题。[41]他问了这样一个问题,与位于富裕的盎格鲁社区的公司相比,那些在贫穷和非白人社区经营的公司,是否倾向于购买更多的二氧化硫许可证(允许他们继续进行高水平污染)。通过对2 000个设施的污染交易记录,林奎斯特发现了两件事。一是他的研究证实了之前的研究结论，即污染设施往往集中在城市工人阶级和非白人社区。[42]也就是说美国的环境负担是不公平的。当然，这个发现表明，在理论上，不仅酸雨计划，任何促进更快速减排的创新，都可能让这些社区产生益处，但受益程度不成比例。假定对所有污染企业进行统一改进，准确来说也就是采取所谓一刀切政策，这会提高监管成本，而这正是限容贸易政策所要避免的。那么谁在酸雨计划下买了许可证？又是谁卖了许可证？哪家公司的清理工作比他们所需要的要多得多，并且赚取了一笔可观的利润？又有哪些公司为了继续排放二氧化硫而自费支付？

林奎斯特发现，低收入社区以及拉美裔和非裔美国人比例较高的社区的污染设施，实际上并不是污染许可证的净进口者。这些社区的污染清理速度与那些在富裕和盎格鲁人群中的一样快。鉴于各社会群体之间没有差异，并且鉴于大多数污染设施都位于非白人工人阶级社区，我们可以得出结论，限容交易项目对低收入社区和有色人种的收益不成比例。

疯狂的制帽匠

由于有当地产生污染热点的潜在可能性，限容交易规则仍旧是一个真正的问题——尤其是当这些对市场友好的技术，变得如此受欢迎，以至于不受操控，从经济学的概念模式中脱离出来，用于他们的发明者没有预见的目的。在 2004 年，时任总统小布什提出了一项汞限容交易计划时，这种类似弗兰肯斯坦（*Frankenstein-like*）的情景发生了。汞是已知最危险的物质之一，与低剂量高毒性和长期持续存在于环境中致命的铅组合相似。与铅一样，几百年来水银对健康的影响已经成为常识。在19世纪,英国的俗语"像帽匠一样疯狂"成为流行的制帽产业的代称,其中用于生产毛毡的汞(其有助于从动物皮毛上除去毛皮)被认为会导致工厂工人行为错乱。

在20世纪50年代和60年代日本爆发水俣病后,汞污染进一步臭名昭著。化学公司窒素株式会社在日本熊本县水湾倾倒含甲基汞的工业废弃物。由于毒物集中在海洋生物组织中,进而进入当地人消费的海鲜,其引起的健康效应令人震惊。生下来就四肢严重畸形、面部表情扭曲的儿童的可怕照片,在国际新闻媒体上散布着(并且仍可以在互联网上找到),这为20世纪70年代日本新生的环境运动提供了生动的象征。新潟县报告了类似的疫情。日本政府估计,截至2004年,这两起汞暴露事件造成的人员过早死亡人数达到1 784人。[43]

美国烧煤的工厂排放汞的含量,远低于在水俣市导致严重症状的水平,也低于维多利亚时代英格兰帽匠制造厂的水平。但我们仍应当警醒,因为汞的毒性非常大,即使很微小的量也会导致脑损伤。汞在微量的煤中天然存在。当从地下挖出黑煤,将其粉碎成灰尘,并在发电厂内燃烧来转动其大型涡轮叶片时,汞被释放到周围的社区中。发电厂是美国汞暴露的主要来源,每年排出四十八吨汞,这些汞聚集在鱼和鱼壳的脂肪组织中,并转移到人体。[44]

当布什政府提出减少汞的限容交易计划时,环境保护基金的克戾伯等原先的支持者则强烈反对该提案。新泽西州环境机构负责人莉萨·杰克逊(Lisa Jackson)认为,限容交易计划"对汞这样的神经毒素的排放不起作用"[45]。此外,虽然汞的排放量广泛传播,但它们在源头附近最集中。相比于其他社区,购买汞污染许可证的公司附近的社区,将面临更大的危险。在新泽西州的领导下,十几个州获得美国儿科学会等团体的支持,向法院提出了布什提案的质疑。奥巴马政府最终推翻了布什的提案,并在 2011 年通过了更为统一的监管规定。尽管有反对派政治人物,如参议员詹姆斯·英霍夫(James Inhofe)嘲笑这一措施是"美国环境保护署职业杀戮监管议程"的一部分,[46]政府仍然为旧品种制定了新规则,要求每个发电厂的汞排放量减少 90%。

热腾腾的财产权

与汞不同,二氧化碳等温室气体似乎非常适合限容交易计划。燃烧化石燃料释放到空气中的二氧化碳,会迅速传播到整个大气中。二氧化碳为正常的良性气体,但在过去的两个世纪中一点一点地积聚,改变了空气的化学成分,并在反射到地球表面时捕获更多的太阳能。从严格的物理角度来看,只要从总体上减少了空气中的碳排放量,到底是谁减少排放量(或者增加树木的生长量)并不重要。这表明基于市场的法规对此适用。二氧化碳也有无数来源:小型货车和农用拖拉机、水泥厂和石油炼厂、亚马孙地区的大规模森林火灾和新德里郊区的阴燃垃圾堆,等等。这种变革要求要往大规模低碳经济转变,由于太广泛,统一的技术标准仅仅只能取得这样的成绩。

政策制定者们很快就注意到这些优势,他们提出了通过限容交易政策或碳税等基于市场的规则来应对全球变暖。2005 年,欧盟启动了排放交易体系,协调了 30 个国家 11 000 个电站和工厂的碳排放许可市场。2009 年,印度宣布了自己的限容碳交易计划,价值约 150 亿美元。新西兰翌年展开碳交易计划,而东京市(人口是新西兰的两倍)启动了一项市政交易计划,涵盖碳排放量最高的 1 400 个碳排放者。很快,决策者开始将这些不断增长的市场联系在一起,渴望挖掘更多的买家和卖家。2012 年,欧洲将其排放交易体系与韩国的限容交易倡议联系在一起。越南和泰国宣布计划推出类似计划。即使是中国,这个世界上最大的二氧化碳排放国,也宣布有意加入欧洲计划。在 2013 年的国情咨文演讲中,奥巴马总统对这一想法表示支持,称"我敦促国会采用两党制的、以市场为基础的气候变化解决方案"。他的提案遭到一些议员的冷嘲热讽,他们质疑气候变化科学,并认为限容交易对经济不利。(环境博客 *Grist* 注意到,共产主义中国先于美国,采用了这种以市场为导向的方法,这很讽刺)。由于国会不愿意发挥作用,奥巴马颁布了限制发电厂碳排放的新规定,这是缓慢进程中的第一步,把美国经济的泰坦尼克从前面的冰川转移开。但是州一级的变化已经在进行中。加利福尼亚州成功抵御了乔治·布什政府的法律挑战,并于 2012 年 11 月启动了自己的限容交易计划,其目标是到 2020 年将温室气体排放量降低到 1990 年的水平,并到 2050 年减少百分之八十。通过一项名为《西部气候倡议》(*Western Climate Initiative*)的协议,加利福尼亚州调整其计划使之和跨境的加拿大安大略、不列颠哥伦比亚、马尼托巴和魁北克等省的类似的努力相协调。[47]

森林也是日益增长的全球碳市场的一部分。森林含有陆地上碳储量的大约 45%。资本主义擅长利用被砍伐的树木的价值,可以在市场上买卖它们,但并不善于评估森林的碳捕集服务。以市场为基础的法规可以为农民提供激励措施,促使他们把树木留在土地上,而不是为了作物和牧场把它们清除掉。在联合国的主持下,与会者正在准备一项计划,通过对发展中国家的森林保护投资,支持工业化国家履行其一部分碳排放承诺——实际上是向贫穷国家的农民支付树木所提供的大气洗涤服务。批评人士很快就嘲笑这种方法,因为这意味着通过收买贫穷的土地所有人,允许污染者放弃其责任。但现实情况要复杂得多。对于发展中国家的农村家庭来说,碳捕集是一个机会,可以让他们当地的出产和服务多样化。被称为"REDD+"的联合国倡议书,将为数十个发展中国家每年支付高达 300 亿美元。更直观地来看,这要比 2010 年世界上富国援助非洲的全部资金都要多。

环保底线方法之上的底线

　　主要问题依然是限容交易和森林碳市场的实施。[48]谁将获得污染许可? 许可证会被拍卖或免费发放? 如果出售许可证能激励清洁技术创新,那么从逻辑上来说,购买许可证的权利是否会阻碍创新,进而阻碍企业进行他们需要做出的变更? 森林保护支付政策是否会有利于富有地主而不利于农村穷人,因为他们难以进入国际市场? 当热带森林变成用来买卖的商品时,会对非市场活动和传统医药的使用产生怎样的影响? 所有这些方法会叠加在一起,是否足以使我们走得足够早、足够快,以预防气候科学家预见并警告过的干旱、洪涝、酷热、海平面升高等噩梦般的景象?[49]

　　就像任何社会规则一样,不管是以市场为基础的还是其他,细节才是问题所在。以你的名义,用你的资源,无论你是否积极参与,这些细节此刻正在决定。所以当有人提出,基于市场的法规会影响你所在的社区和星球时，你应该如何回应？作为选民，你是否应该支持拟议的限容交易立法？作为消费者或股东，你应该如何应对碳税？如果你想减少你所在社区的垃圾，你应该根据垃圾箱的大小向用户收取费用、应该补贴堆肥箱成本、应该使用存款退款系统鼓励妥善处理有毒废物，或采取其他策略吗？

　　"看情况而定"既是糟糕的竞选标语，又是难看的汽车贴纸，但这是我要在本章末尾贴上的一个标签。看什么情况而定呢？基于市场的环境监管的愿望以及在市场和政府的交互中发生的类似试验，取决于准备就绪的具体规则，以及这些规则如何和那些在特定地方和时间造成并经历环境退化的规则的利益、优点和缺点相结合。这是很多限定词，这也是为什么粗暴的意识形态（监管不是好东西！限容交易出卖了我们的未来！）使得政策指导不佳。我们必须调查：合同的条款、游戏规则和参与者的责任是什么？关于谁拥有财产权的假设是什么？当在公共土地上提出私人发展提案时，如何确保规则提高公众利益？

　　在某些特定情况下，法规可以通过引入市场激励来诱导行为改变。但是，在如何做的方面，我们应当保持明智。这些方法不应该受到直接的拒绝，也不应该不加批判地接受。经济学家罗纳德·科斯首次提出可交易污染权，他认为："对政策的满意看法只能来自耐心研究，研究市场、企业和政府如何处理有害影响的问题"，尽管他认为他的同事对政府监管过于信任，"这种信任……并没有告诉我们应该在哪里划边界线。似乎对我来说，这必须来自细节调查，调查用不同方法处理问题的实际结果。"[50] 例如，美国《清洁空气法》的许多成功案例都不是以市场为导向的，而是基于一刀切政策，例如要求所有汽车都必须配备催化转化器。即使当基于市场的工具合适时,它们也必须伴随"规则面前无例外"标准。我们不需要经济学家来理解这些提议。每个公民都有权利,要求当选领导人为其所做决定提供清晰的解释和充分的理由。我们不应该仅仅听取政府推出的资助专家的意见,或仅仅听取项目发起人在公开听证会上的募集意见,还应该听取独立研究人员和经验丰富的管理人员、社区领导和业内人士的意见,他们在其他地方与基于市场解决方案合作,并帮助我们找准机会并避免重复过去的错误。只有这样,我们才能超越汽车贴纸政策,并对事实及其对我们重视的事物影响进行认真评估。

罗纳德·科斯的实用主义呼吁适用于各种重要决策,这些决策是关于市场和政府交互的。比如,关于外国投资,穷国是否应当并且要如何鼓励投资。在东亚,监管机构纷纷以具有高瞻远瞩和战略眼光的跨国公司为投资对象,制定规则来促进当地产业发展。相比之下,墨西哥对外国投资采取的"向市场投放"的不干涉方法,导致墨西哥电子制造业陷入了崩溃。[51]或考虑私有化,鼓励私营公司接管诸如城市饮用水或废物处理这样的功能系统,这些服务传统上是由政府提供的。在阿根廷,市政对供水服务进行私有化,这似乎显著增加了公众获得安全用水的机会,而供水服务还与儿童疾病水平下降有关。在哥伦比亚,私有化恰恰与此相反。在其他一些情况下,人们一直肆意追求私有化,就是将公共资产大规模转移到公司手中,这会造成灾难性后果。[52]在每种情况下,最重要的是不要简单地把决策留给市场,也不是完全摆脱政府,而是要制定规则,来扬长避短。

就像管理经济在许多方面的规则一样,随着时间的推移,各国政府本身已经发生分化、分裂和巩固,所以今天这个星球由各种各样的主权者统治——总统、总理、国王、苏丹、军政府，以及那些对其领域内的人民责任不明而追求不同议程的执政党。要理解谁来统治地球，下一步就是要研究被称为国家的这些东西。为什么国家政府会做出他们所做的选择？是什么导致他们掠夺或保护地球？我们会开始深入一个和富国公民所经历的相对和平与稳定几乎没有相似之处的世界。这里有一个国家治理失败的故事。这个故事开始于 1990 年的出租车武装劫持事件，车上坐着两名年轻的和平队志愿者，他们在西非丛林的一条孤立的公路上行驶。这是一个我所熟知的故事——因为我是其中之一。

6
国家组成的星球

　　1989 年 12 月 24 日,一个名叫查尔斯·泰勒(Charles Taylor)的男子在西非海岸的一个小国利比里亚北部组建了一支武装反叛分子组织。该国遍布绿色的丛林,间或有红土道路穿越其间,连接着偏僻颓败的城镇,这个国家从未引起过外界的关注。它没有像肯尼亚和南非这种大陆强国的经济影响力或战略重要性。对外人来说,利比里亚只不过是历史的奇事,1847 年,被释放的美国奴隶在这片土地上定居并建立了非洲第一个独立共和国。查尔斯·泰勒的活动也没有吸引太多注意。军事政变在整个非洲都是常见的现象,这正是现实的一部分,就像热带暴雨一样,在人们试探性地把头伸出并恢复日常活动之前,它会使整个地区数千个村庄的生活暂时停顿。

　　但是这次有些不同。不同于现任独裁者塞缪尔·多伊(Samuel Doe)十年前对首都的进军以及对总统宫殿的强攻,泰勒和他手下的进军过程缓慢而谨慎,在控制了一个城镇之后,再去控制下一个。谣言说叛乱分子得到了利比亚的支持,利比亚在整个非洲大陆的影响力比大多数人意识到的要强。最终,查尔斯·泰勒在利比里亚策划了一场波及邻近的塞拉利昂的内战，同时引发 20 世纪最严重的人道主义危机之一。

当时我在利比里亚担任和平志愿者，我和我的妻子被分配到多伊总统的家乡绥德鲁工作，这是个遥远的地方，只能沿着游泳池一般尺寸的泥泞道路走，好几天才能到达，或者是坐一架被热带气流蒸腾得像浴缸中玩具的单桨飞机。我在利比里亚第一次逐渐认识到，政府的管理是如何影响亿万人民日常生活的。著名的自由主义经济学家米尔顿·弗里德曼（MiHon Friedman）曾经说过："政府的每一个干预行为都会限制个人自由的范围。"对于那些认为政府的政策充其量只算滋扰的人，我提议他们在没有这种人的地方待一段时间。

随着数周数月的时间过去，叛军也在慢慢前进，紧张局势加剧。任何自由报道的表象都被压制在塞缪尔·多伊的专政之下，在信息真空的情况下，谣言很快就变成疯狂的故事。当一个人跑进了绥德鲁的大型户外市场，警告说查尔斯·泰勒和他的叛军就在郊区时（这是个谣言），我的妻子差点被疯狂逃窜的人群踩踏。这些焦虑植根于一段集体记忆：几年前总统多伊操纵选举时，利比里亚的种族之间发生了暴力冲突。说总统偏爱自己的部族克拉恩族，都显得太轻描淡写了。美国驻蒙罗维亚大使馆估计，总统多伊已经征用了该国国民财富的 40％用于自己庞大的家族。

通过随处可见的手提收音机上 BBC 的报道，我们了解到了一些信息，并成为少数可靠的新闻来源之一。我们从朋友和邻居口中了解到，一群居住在附近村庄的欧洲传教士神秘地消失了。一个和平队的志愿者在罗伯茨镇的一个军事检查站遭到了一名士兵的袭击。在我当老师的那所中学里，一个轻声细语的物理老师尝试着想要回到自己的祖国加纳时,被边防警卫搜身和殴打。这个谨慎低调的人说,传言有人在边境被活剥。注意,我生来有着坚韧的性格,驻外任务使我变得更为坚强,我曾从两次脑疟疾中死里逃生,还经历过许多其他挑战。然而接下来的数周、数月时间里发生在利比里亚的事情,还是超出了我本身的处理能力。

我和妻子在乘坐出租车从沿海城市格林维尔返回的途中,开始了一段我在这个国家遭遇更大范围暴力事件的小插曲。当我们穿过丛林经历一段必须忍受而非享受的颠簸旅途时,突然听到了叫喊声并发现有两名士兵拿着枪冲向了前方的道路。其中有一把武器极大,它仿佛是被一个特别高大的士兵从三脚架上拖出来的。我清晰地记得在后视镜中看到出租车司机眼里流露出的恐惧,他放弃了对付费客户的正常客套话,并且轻声说:"我们应该停下来。"这些士兵冲进车里并且拿着他们的武器,身上散发着棕榈酒和汗的味道。虽然可能不到一个小时,但我还是觉得他们和我们坐在车上走了很久。我们不知道他们的意图,也没有提出什么要求,除了我的妻子特意让那个大个子把枪从我的头上移开。

顺着路边前进,最终我们到达了令人印象深刻的村庄,一个在高丛林边缘、三个茅草屋聚集在一起的偏远村庄,当士兵命令司机停车时,我的大脑仅能局部地抑制我去想接下来可能发生的事。幸运的是,士兵们一声不吭地消失在森林中。其他人就没有这么幸运了。在随后的一周,叛变士兵征用了另一辆被外国人占用的出租车,当政府武装遭遇到这辆车,他们开枪打死了车里所有的人。

局势继续恶化,最终所有和平队志愿者在 4 艘美国军舰和2 300名海军陆战队人员的帮助下撤离了该国。我和我的妻子在美国政府的帮助下,带着可以去任何地方的飞机票以及两次心理咨询的优惠券抵达伦敦。我是从美国报纸以及利比里亚朋友偶尔发送的信件得知了故事的其他部分。军队派系激增,侵犯人权的行为也随之增加。查尔斯·泰勒任命他自己为总统之后,前任总统在蒙罗维亚的街头被一群暴徒肢解。成千上万的儿童被掠为士兵,泰勒的手下执行对平民大肆砍杀的政策。我收到消息,我的一个学生被杀了。预计有 75 万人民逃离了他们的家园,这场屠杀很快蔓延到了塞拉利昂,士兵们占领了国家公园,他们在这里用自动武器射杀了濒临灭绝的大象和其他野生动物。

这场战斗与古老的有灵论和超自然力量信仰的文化传统混合在一起,以可怕的方式扭曲这些传统。幽灵般的人物雇佣"吃心人"进行人体献祭,希望增加他们的权力。我所见过的最恐怖的一张照片是在《时代》杂志上,照片中,一个出于迷信戴着能降低敌人力量的女式假发以及可怕的万圣节面具的年轻士兵,正手拿步枪穿过蒙罗维亚的街道。出于某种原因,我印象最深的部分是他的白色网球鞋,这双鞋子提醒了我,他也曾经是一个和他人一样的少年。利比里亚和塞拉利昂为了争夺土地爆发的战争持续了 20 年,直到埃伦·约翰逊·瑟利夫(Ellen Johnson Sirleaf)被任命为新的总统,利比里亚的未来才有了一丝希望,在 2012 年,联合国法庭审判了查尔斯·泰勒并判其犯有战争罪。

在我回到美国一年后,我从另一个角度认识到了国家管理的重要性,1991 年我在旧金山自然资源保护委员会做研究的时候,这一组的林业专家正在准备对俄罗斯的第一次访谈,当时俄罗斯是苏联的一部分,我的工作是在旅行前了解这个广袤国家的保护政策。这对于一个年轻的研究员来说是一个非常有吸引力的经历。

当时克里姆林宫严格封锁信息，而且也没有网络可以咨询，我只能在任何能找到线索的地方来翻寻。我浏览了中央情报局的俄罗斯远东地图以及关于濒临物种的"红色数据"俄语书籍。在此基础上，我制定出了在戈尔巴乔夫缓慢改革期间关于潜在的威胁以及森林保护措施的初步蓝图。后来发生了一件从人权角度而言震撼人心、但对一位有截止期限的研究者来说深感困扰的事件。苏联根本就不复存在了。伴随着没人能预料到的速度，苏联不断上升的人口把这个国家分裂成一批新的独立国家。与此同时，在我旧金山的办公室，如果有电影摄像机从远处捕捉到这一幕，它将会在1991年12月30日晚上在高楼上显出一束光亮。当时我正翻阅我那突然未完成的报告，用电脑的搜索和替代功能，用"独联体"来代替现在已不复存在的"苏联"一词。

正是在那个时候，根据我最近在利比里亚的经历，我被这个真实的嘲讽现象触动：如果我们要更好地对地球资源进行可持续性管理，我们在很长时间内都需要专业的管理机构。然而目前世界上大多数国家都在经历经济和政治动荡。在一个大多数政治制度本身都无法维持的星球上，我们如何才能实现可持续发展？如果没有正常运作的政府，我们该如何治理？

国家举足轻重

这样的问题要求我们更好地理解统治着地球的政府的本质。当我们仔细看一看，就会发现并不全是坏消息，有时候甚至是我们所期望的。今天有很多例子，即使是在贫穷的以及相对不稳定的国家，当地政府也制定了深思熟虑、有所创新的制度来可持续性地管理资源，以确保本国公民享有干净的空气和水，并增强城市中心的经济和文化活力。为了弄清导致政府保护或破坏地球的原因，我们可以利用政治学家的研究以及一些费时去比较世界不同地区的人们环保行为的调查结果，来了解政府为什么这么做。

　　在进程之前，我们需要消除关于谁统治地球的一个普遍存在的误解。现在流行的说法是，各国政府在处理我们今天面临的全球性问题上越来越不恰当。一些环境评论员对国家主权的概念感到愤慨——国家仍然是发号施令的主体。可以理解的是，国家主权似乎是有些过时了。那么由环境问题和从外层空间看到的地球的标志性图像转换而来的"全球思维"呢?[1]在大众媒体和自然纪录片中，我们都遇到过无数次这样的画面，伴随抚慰人心的配乐，解说员遵循着"从外太空望去，我们的星球看不到让人分裂的政治边界"之类的套路，柔声细语地播报着。

　　1972年，当阿波罗17号太空飞船第一次为我们悬浮在太空的蔚蓝色星球拍摄快照时，我们的相机变得更有力了。最终显示，国界在外太空是清晰可见的。这很大程度上是不同国家中起作用的不同规则带来的结果。请思考巴西和玻利维亚两国边境，如图6.1所示。多风的阿布纳河将玻利维亚的潘多地区（右下角）与巴西的阿克里州隔开。在阿克里弯曲的白线是由于修建BR-364公路而造成的森林砍伐，这是巴西军事独裁者在20世纪70年代早期计划的一部分，目的是加强对亚马孙河地带偏远地区的控制。在公路上有许多支路都是锯齿形的，它们形成了森林砍伐的"人"字形模式。这些是由受政府财政激励而涌入阿克里州的成千上万的牧民们修建的较小通道。[2]一个由佛罗里达大学盖恩斯维尔分校的斯蒂芬·佩尔茨（Stephen Perz）领导的研究小组对卫星数据进行了

图 6.1 从太空可以看到国界

NASA/GSFC/METI/ERSDAC/JAROS, and U. S. /Japan ASTER Science Team.

更加细致的分析,他们报道说即使在阿克里内部,一个地方和另一个地方的森林覆盖率的差异很大程度上也是受到地方政策影响的。在阿克里,受到严格限制清理土地数量的法规管辖地的森林保护较好。[3]不管是兴建高速公路、推广可持续收获技术还是重视保护野生环境,国家和国家制定的法规实际上都塑造着地表的轮廓。

　　民族国家仍将是可持续发展过渡过程中的核心角色这一观点,与当今社会环境的主流思想背道而驰。[4]许多评论员指出气候变化等全球性自然问题证明了各国政府并没有能力解决环境问题。加上经济全球化规模不断扩大,跨国公司的力量不断增加,全球非盈利部门的规模以及重要性的不断增长，似乎没有什么比执拗的政府掌握着地球未来的核心这一观点更加过时的了。然而将经济发展转化为更加可持续的轨道交通基础设施、能源激励、农业政策、土地利用规划和投资、妇女儿童保健等，以上这几个例子所需要的大杠杆应由国家控制，省和地方政府在小的程度上进行控制。市场不能获悉我们所需要的许多自然资源的价值，通常情况下都需要政府的某种形式的参与，来节约一片湿地或者使得城市空气更加清新。此外，保护我们的森林、空气和海洋往往需要面对强有力的既定利益。因此没有任何人能比政府更适合扮演这样的角色。

与此同时，也没有任何一个社会角色能像国家那样让事情变得更糟。政府用胁迫性的力量进行制裁以拥有垄断地位，而且他们常常不会对公民负责。在世界上许多地方，公开的官僚主义制度充斥着包庇和腐败。在任何地方都能发现政府在执行一些不合理的、过时的规章制度。正是政府的"受不了它，又不能没有它"的性质，使得关注政府制定的规则以及这些规则是否需要改革变得至关重要。

正如通常和社会规则有关的事件那样，为了领会国家政策，必须挖掘事物表面之下的东西。我们看到的可能是一个巴西农民为了给牲畜开路放火烧一小块森林。但是在此之下，这个看似局部的、私人的决策其实是一套完善的国家规则体系，它决定了农民的决策。在 1991 年，一位在巴西有着长期经验的发展经济学家汉斯·宾斯万格（Hans Binswanger）发表了一篇文章，罗列数十项促使人们去摧毁亚马孙的政策。这些政策包括鼓励人们把森林变为牧场的农业免税政策。今天政府为了大豆生产，加快了砍伐森林的步伐。这一行为进一步被一项名为占有权的政策所鼓励。该政策为那些能证明通过砍伐树木拥有土地的人们提供财产权。[5]

同样地，在一个国家的日常生活中看到一群人抗议被控污染当地水道的公司，这再正常不过了。然而公民的组织能力以及他们部署的能带来改变的战略在很大程度上都由当地政府的政策所决定。宪法规则保护或者否决他们呼吁关注不负责任行为的权利。税法有助于或者损害他们组建非盈利组织的能力。需要有一个公平有效的法律体系保护他们不受报复。实际上，社区组织不需要太久就会意识到看似地方的、街区规模的问题的根子出在更宏观的政治决策上。在救治贫民的施舍处，会发现无视可负担住房的城市规划政策加剧了无家可归现象。在卫生诊所，会发现受虐待的妇女没有举报虐待她的配偶，因为根据现行的法律，她们不能得到恰当的保护。社区花园举步维艰，因为城市卫生法令阻止人们出售在市区土地上生长的产品。

基层行动和政府政策是交织在一起的。在过去的二十年里，约翰·霍普金斯大学的莱斯特·萨拉蒙（Lester Salamon）领导的一个研究小组一直在分析对非盈利部门所做的最全面的调查结果。研究小组回顾了来自 40 个国家的数据，发现各国政府为全球性非盈利组织提供了 36% 的资金，是提供给私人机构的两倍多（其余来自服务收费安排）。[6]在 2003 年，罗素·多尔顿（Russell Dalton）所在的加利福尼亚大学的一个独立研究小组公布了在环境非盈利方面研究的结果。这些研究人员调查了 59 个国家的 248 个组织，知道了世界各地的环保组织实际是在干什么。[7]这些组织里几乎有一半都被观察到和国家或地方政府间"非常频繁"的互动，另外三分之一是"有时"互动。发展中国家志愿部门的专家约翰·克拉克（John Clark）总结说，非政府组织可以"反对、完善或者改革国家，但是不能忽略它"[8]。现在让我们来看看他们这么做的时候面对的问题是什么。如果谁统治地球这一问题的答案更多地是政府，那么谁来统治政府？他们又如何统治呢？

地球上几乎没有一片土地不受一个国家的统治，除了南极洲的冰封地区。即使在那里，少数几个国家目前也在争夺领土。[9]在中国南海，几个国家正试图宣称拥有丰富石油和天然气资源的南沙群岛仍是无人管辖的。然后是埃及和苏丹之间的比尔泰维勒地区，显然这个地方非常不受欢迎，两个国家都主张对方应该宣称拥有它。除了这些例外，我们生活在一个个国家组成的星球上。国家政府的行动有时是非常有远见的。在南非，政府的"为了水源工作"计划为成千上万的公民提供一份控制威胁稀缺水源的入侵植物的工作。在其他的事件上，他们的目光是短浅的。智利有一项用数千英亩的巴塔哥尼亚荒地发电的计划，然而在 2014 年这项计划最终被数十万智利公民的环境示威行动所击败。每天各国政府都会制定无数个塑造我们星球的规则，在未来很长一段时间造成更好或者更糟糕的效果。这些行动受到的媒体关注要比全球环境峰会和以辉煌外交装饰的条约签署仪式要少，有一部分是因为有太多国家（总共将近 200 个），而且他们更换政府的频率太高以至于难以捉摸。尽管统治地球的政策安排令人困惑，但是仍可以根据它们制定规则的性质来做出一些总结。

假设你背着背包，拿着记分卡去环游世界，要记下每个国家的名字，评估政府在这个地方的规则制定工作。为了简单起见，记分卡可以分为与谁统治地球这一问题密切相关的两类。第一类是衡量一个国家的统治者是否对其人民负责。第二类是评估政府在实际执政方面的有效性——实现现代民族国家的基本职能,例如确保社会安全、经济增长、社会福利以及环境管理。

比较政治学领域的研究人员多年来一直在计算这类东西,使我们能够加以考虑。首先让我们考虑政府规则的权威来源,不论这些权威来自民主国家的人民还是来自一小群自己任命自己的统治者(专制政权)。今天,在拥有五十万人以上的国家中,大约有九十二个民主国家,在这些地方,环境法规是在竞争性选举、大众参与政治、限制行政权以及保护言论和组织之类的公民自由权利当中被制定的。另有二十三个国家由专制政权统治,政体包括君主制国家(沙特阿拉伯)、军事政府(马达加斯加)、独裁者以个人主义统治的政体,等等。世界其他政治体系处于民主和专制统治两级之间,其中包括数量惊人的没有主管政府当局的"无国家机器"国家。

在过去的两个世纪里,世界的总体趋势一直朝着民主发展(图6.2)。然而,逆转是如此普遍,以至于很少有政治学家相信我们正在见证迈向政府民主形态的历史进程。[10]在 2011 年,只有不到一半的人口生活在民主国家。[11]这应该让我们停下来想一想迈向更加可持续的时间的政治挑战:在人类历史上,从来都没有出现过大多数人能自由选择他们自己的政治领袖的情形。尽管如此,近几年来发生的变化却非比寻常,就在 1914 年,地球上的大部分地区都是由国王、皇后以及世袭君主国的其他成员统治的,这些统治者制定规则的权力来源于他们的 DNA。1946 年,有 71 个独立国家,到1979 年,在非洲、亚洲和中东的殖民统治结束以后,主权国家的数量已经增加到了 149 个。1989 年,全世界有 48 个民主国家;五年后，随着苏联的倒台和许多其他国家的民主过渡，民主国家的数量已经达到了 77 个。现在判断整个阿拉伯世界的民众起义是否会产生类似的影响还为时过早，这将取决于社会运动领导人的愿望以及他们是否制定了促进容忍和政治多元化的原则。今天，典型的制定影响地球的法规的国家体制——如果你蒙上眼睛，朝世界地图投上一枝飞镖——可能是一个相对年轻的、部分民主的国家，它正在努力摆脱专制统治的遗产，而且常常在宪政危机的边缘摇摇欲坠。[12]

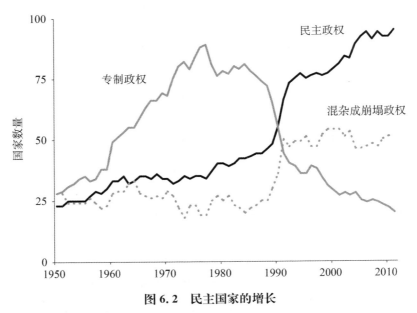

图 6.2　民主国家的增长

数据由蒙蒂·马歇尔和本杰明·科尔提供，全球报告 2011：《冲突、治理和国家脆弱性》（*Conflict, Governance, and State Fragility*），系统和平中心，维也纳，弗吉尼亚州。

苏丹们支持可持续发展？

反民主和反环境行为之间的联系源于其他资源：石油。对化石燃料的依赖似乎不仅损害了环境，而且也不利于民主。洛杉矶加利福尼亚大学的迈克尔·罗斯（Michael Ross）声称，严重依赖石油以及其他自然资源收入的政权往往都不太民主。这种现象不仅在石油丰富的中东（世界最不民主的地区）发生，而且全世界都有。部分原因在于能够直接从石油交易的收入中资助政府活动的领导人，无需税收收入。不依赖人民资金的政权，不需要经过他们的批准就可以开展生意。不出意外地，这些政权更倾向于反对采取行动来解决全球变暖问题，而这需要我们减少对石油和其他化石燃料的依赖。[13]

然而专制政权关于环境事迹的记录并不全是坏的。在 20 世纪 80 年代中期，印度尼西亚的独裁者苏哈托（Suharto），进行了世界上最雄心勃勃的农药改革努力：禁止使用有机磷农药，并推广以生态为基础的病虫害综合管理技术。[14]或者我们想想喜马拉雅山的不丹王国，今天它是承诺保护地球的全球领导者。它划分了 30％ 的国土作为保护区。当然，世界民主国家的绿色环保证书范围也很广阔——从日本在能源效率方面的领导能力到巴西的国家民主英雄卢拉·达·席尔瓦（Lula da Silva）任职总统期间的环保运动。[15]在回顾了关于民主和环境质量的历史和统计结果之后，滑铁卢大学的凯瑟琳·霍克斯特勒（Kathryn Hochstetler）发现，民主国家只有些许优势。[16]

一个国家的民主或独裁性质更可能影响到"如何"保护环境而

不是"是否"保护环境。想想胡安·诺加莱斯（Juan Nogales）的故事，很少有人知道他。早在富国的环境组织认真关注热带地区的保全之前，他就在 20 世纪 60 年代玻利维亚独裁者统治下不知疲倦地保护濒危物种。这个特别的故事是阿曼多·卡多佐（Amando Cardoso）告诉我的，他是一位农业科学家，也是玻利维亚环境运动的早期先驱。根据卡多佐的说法，胡安·诺加莱斯是个在玻利维亚没有显著地位或影响力的人，但他是一位忠诚的保护主义者，他异常迷恋野生小羊驼，这眼神迷离的骆驼的近亲，看上去介于羊驼和小鹿斑比之间，这种优雅的生物已经在安第斯山脉游荡生存了数百万年。但是到了 20 世纪 60 年代，由于获取它们美丽皮毛的狩猎行为，以及将活着的小羊驼出口到拥有高需求的欧洲动物园的交易，它们已经濒临灭绝。胡安·诺加莱斯想要建立一个致力于保护小羊驼的国家公园，然而要扮演公园管理者的角色，就必须得到官方的军衔，只有这样他才能在此期间被统治玻利维亚的下一任独裁者所接受。人们都说卡多佐和拉巴斯的政治圈有着良好的关系。他利用自己的影响力得到了几乎不可能得到的诺加莱斯警察局长头衔——这让人想起了伍迪·艾伦（Woody Allens）的喜剧讽刺小品"爱与死"（*Love and Death*）中的一幕，爱好和平的主人公攥着捕蝶网在战场上为自己开路。但结果是成功的：由于乌拉-乌拉国家动植物保护区的建立，以及玻利维亚和秘鲁签署了一项禁止小羊驼进入国际贸易的条约，在 19 世纪 60 年代末期，玻利维亚的小羊驼种群从大约 1 000 只开始反弹，并且在 2006 年超过了30 000 只。该项条约是由费利佩·贝纳维兹（Felip Benavides）带头促成的，他在邻国秘鲁的独裁统治下推动了保护议程。现在很少有人知道这些人以及他们在军事独裁的艰难环境下推动可持续发展的努力，即使在南美洲也是如此。但是他们制定的规则依旧留在这里。[17]

执行能力

我们的国家记分卡上的第二项措施考虑了一些对政府来说至关重要的事：治理能力。这对我们这个星球的未来意义重大，因为一个国家不仅要有可持续发展的政治意愿，而且还需要一种政治方式——实现环境质量和人类福祉的实质性改进的能力。贫穷国家在这一方面显然是处于劣势的。如果你考虑一个国家的经济规模，那就用它除以居住在这里的人口总数，然后排列结果。它们被排列为如瑞士（49 960 美元）和新加坡（55 790 美元）等富裕的国家、墨西哥（14 340 美元）和泰国（8 190 美元）等中等收入的国家、马达加斯加（960 美元）和莫桑比克（930 美元）等最贫穷的国家。[18]小型经济体系和效率低下的税收体系，导致消极的政府机构过多依赖外援，并且会因为外国的优先援助对象转变而遭到打击。国家的总体规模也很重要，它会影响到国家集合大量行政人员、设备和技术特长的能力。在这一领域的另一端，幅员辽阔的巴西的联邦机构享有每年超过 10 亿美元的预算用于环境管理活动。在光谱的另一端则是像太平洋岛国图瓦卢这样的"袖珍国"，这些小国在联合国大会上就像任何其他主权国家一样拥有名牌，但是他们国家的规模太小，以至于政府缺乏能力去执行制定许多基本规则的职能。[19]尽管如此，这些限制并不是绝对的，我们会看到许多贫穷的小国主动保护他们领土的例子。在加勒比小岛圣卢西亚岛上，一项保护濒危圣卢西亚鹦鹉的全国性运动非常成功，已成为整个世界环保教育运动的典范。[20]多米尼加共和国实施了影响深远的保护森林的政策,使得多米尼加的人民没有受到邻国海地土地退化的困扰。

除了贫困和规模之外,政治和经济不稳定造成的影响对于政府执行力的限制程度并没有那么大。回到本章一开始提出的问题,怎么可能在不可持续的政治体系中促进可持续性发展呢?[21]我们可以想象,像利比亚内战,或者苏联解体,在国家历程中是非常罕见的异常值,不需要记录在我们的国家有效性记分卡上。但事实证明,政治不稳定是常态。看看下边这些数据。从 1946 年到 2011 年,在 153 个国家共发生 252 起武装冲突,这些冲突主要发生在国内。从 1970 年到 2010 年,发展中国家以及苏联的每 6 个国家中就会有 1 个或多个国家经历过中央政府权力的完全崩溃,其中大多数都发生在过去 20 年里。[22]在 1971 年至 2009 年间,发展中国家和前苏东国家共发生 111 次成功的军事政变。[23]当整个宪政制度被推翻时,会发生深刻的变化,如民主和专制形式政府之间的转变。从 1981 年到 2010 年,在 112 个国家发生了 329 次宪制结构的重大变化,这一时期典型的周转率为每个国家两场宪法变化。[24]在 1951 年至 1990 年之间,一个人均收入在 1 001 美元和 3 000 美元之间的国家的平均民主寿命为 18 年,低于 1 000 美元的国家则只有 6 年。[25]

这种制度变革如何影响可持续性的前景? 事实证明,政治更替对历史和人民是一把双刃剑。一方面,这些改革带来了真正变革的机会。这是一个旧政权及其制度的合法性受到质疑并且新领导人产生改革愿望的时期。哪怕对自己的同胞只有一点点同情的人也不会希望为了推动特别的政治议程而发动战争或引发社会危机。但是在危机和动荡的背景下，我们能看到环境改革者迅速地采取行动，将在旧体制下衰落的新想法付诸实践。例如，在 2009年，利比里亚和塞拉利昂政府从 20 年内战中崛起，在郁郁葱葱的戈拉热带雨林中建立了跨界"和平公园"，为森林大象、倭河马和十种灵长类动物提供保护。

当然，问题在于，在长期不稳定的国家——也就是说，在大多数统治地球的国家——这些新规则可能只会持续到下一次危机到来。在这些环境中，精明的改革者通常会通过在新规则的基础上建立起强大的社会支持者，将他们创造的东西从未来的逆转中隔离开——确保当地社区和其他有影响力的利益相关者从新的安排中受益，其中也包括多个政党和政府机构。相比之下，当环境改革者把他们所有的体制性鸡蛋都放在一个篮子里时——例如，依赖一个与政府的其他机构隔离，并有狭小的政治支持者支持的脆弱新机构——新规则不太可能在下一次危机或政变中生存，就像在水边建立一个沙堡一样，消失不过是时间问题。

让可持续性持续下去

社会科学家之所以用"制度"这个词汇来描述社会规则，是因为我们关心那种用各种方式吸收人类能量的持久机构。如果一个规则不能持续下去，那它根本就不是一个机构。一项不太可能撑过下一次选举的新的森林政策可能具有重要的象征意义，能为掌权者带来民众支持。它可能安抚选民或吸引外国租金。但最终这种短暂的宣言对我们星球的未来几乎没有什么影响。那么，什么决定了政府制定的规则是否具有持久力？ 在最基本的层面上，我们必须问一个国家是否有一个官僚体系，这个官僚体系由相当胜任的和以任务为导向的专业人员组成。在香港这样的地方，公务员传统和反腐运动已经产生了高效的政府机构。在这种情况下，挑战在于确保环境考量被纳入几十年来专注于经济快速增长目标的规则制定者的计算。但在有效的官僚机构国家，至少你可以指望新的社会规则的持久性。在其他地方，挑战是不同的。在世界的大部分地区，政府机构被视为战士的战利品，这是政治竞争的利润丰厚的战利品，赋予胜利者权力和声望，具有分配工作和宝贵资源的能力。新总统切分利益，再把各个部门分给政治盟友，就像晚宴的主人为一桌子饥肠辘辘的客人们切一只烤火鸡。

世界上没有政府官僚机构完全不受政治影响。如果有的话，公民将无法使该机构民主负责。但在许多国家，政治恩庇——将部门职位奖励给执政政权的支持者们——完全是失控的。在以恩惠关系为基础的体系中，政治效忠不仅决定谁被任命为领导机构（具有有效治理体系的国家的普遍做法），还有谁在管理和运营中扮演出任关键职位，实际上是剥夺了任何持久专业人员的职权。政府办公大楼从上到下填满了短期政治的被任命者，他们随着政治潮流的每一次变化而沉浮。

这些以恩惠关系为基础的系统经常会遭受腐败的侵蚀。腐败研究人员（是的，真的有这样一个研究专业）认为，政治腐败是利用公职谋取个人利益和损害公共利益。耶鲁大学法律学者苏珊·罗斯-阿克曼（Susan Rose‐Ackerman）发现，自然资源管理特别容易发生腐败，因为采伐和采矿活动发生在远离媒体监督的地方。[26]除非妥善管理，否则自然资源出口也会由于国际市场价格大幅波动而导致突如其来的现金流。在一个严重依赖自然资源出口收入的国家,当石油或铜或木材国际价格上涨时,突然间就是发薪日。这种变化并没有逃过那些将政治职位视为个人致富途径的人的注意。在非洲大陆的大部分地区,使用政府职位获取经济利益的做法已达到极其异常的程度,研究人员发明了一个新词——"盗贼统治"——来描述在这种政治体系中管理公共事务的高级窃贼。[27]

出于我们的国家记分卡的目的,你会很高兴地得知,研究人员已提出可以在丰富多彩的交互式地图上查看腐败的措施。世界银行的丹尼尔·考夫曼(Daniel Kaufmann)和他的同事们报告说,在发展中国家和前苏东国家,腐败现象十分普遍,包括安哥拉、海地和乌兹别克斯坦在内的最严重的违法者。最无可指责的清洁政治体系包括加拿大、澳大利亚和瑞典等国。在富裕的西方国家中,美国的腐败排名不是很靠前,值得注意的是意大利是最腐败的,它的得分低于马来西亚和南非。[28]

在被腐败困扰的政治体系中,环境改革者必须集中力量提高透明度和专业水平。改革腐败的政府实践很难实现(虽然不是不可能),因为腐败本身就是一个制度。正如亚利桑那大学的地理学家保罗·罗宾斯(Paul Robbins)在他的题为"腐烂的机构"(*The Rotten Institution*)的文章中所指出的,腐败会产生它自己的规则,不成文但被参与者清楚地理解。[29]腐败行为也会形成自我强化的体系。参与者越来越习惯违法、依赖收入,陷入阻碍他们改变其方式的纽带中。几年前,一位南美科学家用生动的语言向我解释了这一点,他描述他不愿接受该国自然保护机构的一个高级职位时说:"如果你把手臂伸进一堆垃圾中,"他解释说,"它抽出来时就不太可能干净。"鉴于腐败的自我增强层面,改革者不仅必须改变参与者面临的激励措施——增加腐败行为的成本和法治人士的福利；他们还常常不得不把环境规则制定在腐败根深蒂固的体制背景下，通过建立新的机构，配备没有被旧制度所束缚的新的工作人员。

一个奇怪的混合

要理解为什么政府总是很难执政，我们还必须认识到，法律在各地的意义是不同的。每个国家都有大量的法律书籍。每个国家都有管理人民行为的规则。但是，只有在世界某些地区，这两套规则——现行法律和游戏规则——才会相适应。回想一下，民族性在人类社会实践中是一个相当新的东西，只有几个世纪的历史。国家通常是建立在地方规则制定体系之上的，早在现代民族国家崛起之前就已经有数百年甚至数千年的历史了。这不仅在殖民列强瓜分全球时被强加国界的国家是这样的，殖民地国家自己也是如此。在法国，通过征服（1648年的阿尔萨斯）、婚姻（1284年的香槟）和彻底购买（1100年的布尔日），以此来实现国家的国际地位，使这些民族和其他民族在几个世纪中形成一个半连贯的整体。今天，像巴斯克和比恩这样的地区仍然与强大的巴黎保持着不稳定的关系。这是中世纪欧洲的典型特征。最早的一批现代国家被叠加了部落习惯、文化习俗和宗教、社群体制的地方性混合物。这些包括日耳曼共同法、商业规则和商人习俗、罗马天主教会的命令、统治着大学的复活的罗马法，还有大量由庄园、行会和王室建立的法庭。[30]

在当今世界的大部分地区，国家政府的观念仍然比较新潮，并且与当地很多古老机构发生冲突。研究人员称这些地方使用规则的机构是"非正式"的，因为他们很少被记录下来，而且缺乏官方的国家支持。但是，它们的影响与国家首都发布的法令和宣言一样真实，而且通常程度更深。著名人类学家克利福德·格尔茨（Clifford Geertz）描述了国家政策与当地习俗的新含义：

> 人们不可能写出"摩洛哥"或"印度尼西亚"的历史（前者从 16 世纪以来源自一座城的名称，后者在 19 世纪源于语言学的分类），比 20 世纪 30 年代早得多，并不是因为这些地方在此之前并不存在，也不是因为它们的名字，或者是因为它们不是独立的，而是因为它们不是国家。摩洛哥曾是朝代、部落、城市和教派，后来指殖民地移民（*colons*）。印度尼西亚是宫殿、农民、港口和等级制度，后来指"印度先生"（*indische heren*），这两个词并不能涵盖丰富的词义。[31]

在民族统一的薄板下，由旧的人类组织形成的规则依然存在，常常颠覆国家决策者的意志，我们在第 4 章看到，秘鲁立法者在 2001 年通过了一项堪称典范的林业法，然而在追溯到 20 世纪初橡胶大亨时代的非正式制度的帮助下，亚马孙的森林砍伐仍在继续。这些地方性法规通过木材、劳动力、机器和伪造的采伐许可证的买卖双方之间精心设计的依赖关系来促进非法采伐木材。[32]地方习俗不仅会破坏善意的国家项目，而且往往是国家法律强加于当地社区，不允许他们实质性地参加法律的制定。这些新规则往往会摧毁被用来解决当地问题的古老制度。在其他情况下，外部利益通过操纵地方规则来规避国家法律。英国哥伦比亚大学的政治学家彼得在他的书《森林中的阴影》(*Shadows in the Forest*)中记录了跨国木材公司如何利用整个东南亚的当地社交网络非法获取木材的经过。[33]

在受其管辖的民众中享有合法性的规则是最有效的。在那些几十年来政府车辆驶入村镇的声音都会招来恐惧和仇恨的地方，国家政策的合法性显然不能被认为理所当然。然而，在许多情况下，正式的国家规则和非正式的地方规则相辅相成，推动了一个共同的目标。[34]强大的社区和被研究人员称为拥有社会资本的人们通过阻止作弊或搭便车行为联系在一起——这种人际胶水让合作变得更容易。这些社会纽带包括相互信任、期待互惠、重复的面对面的互动。[35]在一个小型社区中——无论是村庄还是城市中联系紧密的社区——一个人在公平、仁慈和可靠性方面的声誉是一种宝贵的资源，而且这种资源可以随着时间的推移而被补充或摧毁，取决于个人的行为。当国家环境政策得到当地社区的支持时，改革者可以利用当地的社会资本，调动社区同辈压力，确保纸面上的规则得到执行。

塞拉·戈尔达生物圈保护区(Sierra Gorda Biosphere Reserve)，是一个跨越墨西哥中部山区的热带森林，在这里，当地社区有正式的管理森林的职责。为防止非法采伐，一群防范犯罪的志愿者将违法行为通报地方领导者，后者再将信息上报国家当局。1998年，公共广播公司播放了一部关于塞拉·戈尔达社区领导路易斯工作展示的纪录片。[36]电影的副标题"一个女人如何创造了一个生物圈"(*How One Woman Has Created a Biosphere*)切实地肯定了她的努力，但反映出媒体报道对于环境问题的普遍偏见。强调个性是一个好事，但像塞拉·戈尔达这样的举措的成功取决于地方领导人可以发挥作用这一制度。2002年,作为研究国家政府和当地社区之间合作的项目中的一分子,我有了这个机会与鲁伊斯·科尔索谈话。她强调,如果没有墨西哥政府的正式支持,她的社区不可能监测和报告非法采伐;这太危险了。此外,墨西哥制定了直接赋予当地社区管理森林权力的国家政策。[37]特别是在新的国家机构与当地长期传统相分离的情况下,国家和地方规则之间的关系使所有差异变得明显。

当政府做得对时

2001春季,我在华盛顿特区的酒店房间采访了印度尼西亚环境部长纳比埃尔·马卡里姆(Nabiel Makarim),当时我很担心。为了真正洞察政府的运作情况,我发现与高级官员的访谈效果甚微;他们在格挡记者提问方面拥有如此丰富的经验,以至于会重复事先准备好的评论,而不是回答问题。要深入分析政府政策变化需要做什么,应随时给我一位经验丰富的二级官员。

尽管如此,当我们喝着泡在精致瓷器里的浓咖啡,而部长在黄色躺椅上一根接一根抽烟的时候,我还是决心尽可能地利用这次机会。毕竟,这次访谈本不会发生。前一天,我了解到纳比埃尔·马卡里姆正赴华盛顿向世界银行发表讲话。当时我在世界银行担任研究顾问,这位孤独的政治学家夹在一群编写世界发展报告的经济学家中间,那一年的重点是关注机构在可持续发展中的作用。我问同事们是否可以安排会面,一位高级银行官员耐心地解释说,鉴于部长的繁忙日程安排,这是不可能的。所以我求助于几乎不为当今的年轻研究人员所知的信息技术:黄页。我翻到代表大使馆的"E"栏,手指滑到代表印度尼西亚的"I"栏,并很快联系了安排部长行程的大使馆低级官员。他同意第二天安排在部长的酒店房间接受采访。

1995年,纳比埃尔·马卡里姆为世界第四大人口大国印度尼西亚设计了一种减少工业污染的新方法。通过向当地社区通报其街区内排放的污染来激励对环境负责的企业行为。和墨西哥一样,这个想法是通过动员当地的社会资本来提高国家法律的有效性。印度尼西亚的工厂业主和经营者必须珍视他们作为各自经营所在社区的优秀成员的声誉。有鉴于此,环境官员汇集了该国近200家最大的污染企业的数据。这项名为"PROPER"[38]的新项目不是用大量污染排放数据淹没公民,而是使用简单的配色方案来宣传,使企业遵守该国的污染法律。每家企业的评级为黄色(接近零排放)、绿色(比法律允许的污染少50%)、蓝色(合规)、红色(违规)或黑色(当地社区面临严重风险)。政府每年向国家媒体发布公司的色彩评级。他们甚至将评级发送到银行和雅加达证券交易所,影响了公司融资能力。结果令人印象深刻。在该计划实施的第一年,企业遵守污染标准的比例从33%上升到50%以上,而政府没有采取单一的执法行动。[39]到2011年,超过1 000家公司被纳入了PROPER评级体系,该体系被另外十多个国家效仿。

鉴于他在创造PROPER方面的作用,我有兴趣向纳比埃尔·马卡里姆请教对中央政府与公民团体之间关系的看法,这些团体利用评级对污染工厂施加压力。但是当他在启动该计划时遇到的最大障碍时,这个谈话出乎意料地转向了。从通常的新闻准备脚本出发,他描述了一些促进年轻而脆弱的民主体制进行变革的挑战。我开始意识到,PROPER的创建是一种由部长对印度尼西亚政治进程的非凡知识指导的政治助产行为。他不得不卷入国家从独裁到民主的转变、处理地方政府同时增长的权力，在最近的政变尝试中解决紧张局势，应对弱势司法体系，在公民团体和政府部门之间促成协议，并在心怀嫉妒互相竞争的部长之间构建联盟。这样的本领是不会出现在《国家地理》（*National Geographic*）杂志色彩鲜艳的相片集中的。我们更有可能发现有关坚持追求地球自然系统奥秘的科学家的故事。但在幕后，这些自然系统的健康同样取决于纳比埃尔·马卡里姆等人的政治专长，以及它在毒理学和空气质量监测等领域的科学专长。[40]

从印度尼西亚的污染控制和墨西哥的森林保护经验中可以得到更深刻的教训。认为国家政府无权做到这一点已经成为时尚，鉴于这种观点占主导地位，当有时看到政策制定者努力工作，用好的想法制定出绝妙的新政策，会让人觉得惊讶。

孟加拉国努力控制人口增长。从 1950 年到 2011 年，全球人口从 25 亿增加到 70 亿，因为医疗费用的降低导致死亡率下降，出生率没有相应下降。传统观点认为，不能指望农村人口众多的贫穷国家减缓人口增长，因为儿童能提供便宜的农场劳动力；据称，只有随着财富积累、城市化加快，父母才会认识到生育更多孩子的好处赶不上其成本。这种被称为人口转变理论的模型对人口增长的原因提供了非常简洁的观点。根据人口学家约翰·邦加茨（John Bongaarts）和史蒂文·辛丁（Steven Sirding）的说法，发展中国家 40％ 的怀孕是无意的。问题不仅仅是因为滞后的经济发展，还源于妇女对节育选择的缺乏。在 20 世纪 60 年代，孟加拉国官员不在乎传统观念，开展了一项以生殖健康为重点、雄心勃勃的公共宣传的努力。这包括提供免费的避孕用具、女性保健工作者的家访以及针对社会禁忌的教育运动,并让妇女意识到计划生育可作为选择。该运动伴随着更广泛的扩大女孩教育机会的政府努力。在该方案试点地区,避孕用具的使用率从 5％猛增至 33％。卫生官员很快意识到他们正在寻找某种东西。他们在随后的几十年里启动了一项全国性计划,将 20 世纪 90 年代后期孟加拉国的出生率从每名妇女 6 人降至 3 人,而邻国巴基斯坦每名妇女的出生率则为5 人。[41]

　　或者考虑一下可再生能源。由于丹麦政府制订的规则和来自基层选区的积极支持,丹麦已成为可再生能源领域的全球领先者。[42]自 20 世纪 70 年代以来,官员一直推动风力发电作为传统能源的补充。该国大力投资涡轮机研究并使用税收和补贴来补偿风力发电机的环境效益。丹麦的能源价格政策刺激了新技术的发展,而他们的土地使用计划明确鼓励涡轮机的使用。这些规则的共同影响是风力发电的巨大扩张。到 2014 年,可再生能源占丹麦全部电力的 28％。20 世纪 70 年代以来,该国的人均二氧化碳排放量下降了三分之一。[43]

　　在菲律宾,我们发现了世界上最令人印象深刻的保护沿海资源的计划之一。为应对数十年来的过度飞跃,国家政府正协调严格的禁止动用的准备金制度,该制度有益于邻近的社区,同时又能加强旅游业。储备由社区组织和地方政府运作,由国家法律授权在沿海管理中发挥积极作用。从 20 世纪 70 年代初期开始,该计划已发展到包括该国的 600 多个海洋保护区,其中 90％以上由当地社区管理。[44]

　　与此同时,在印度,世界上最大的民主国家正在进行大规模的公民赋权试验。印度长期以来一直受到著名的笨重官僚体制的拖累，成千上万的公职人员淹没于繁文缛节之中，这甚至阻碍了最基本的公共服务要求。[45] 2005 年，经过公益组织十年的游说努力，印度立法机构通过了《信息权法》，该法要求政府雇员及时回应公民的请求。这部法律是动真格的，因循拖拉、不思悔改的官僚会蒙受大笔罚款。新规则的影响不亚于革命。在头两年半的时间里，印度公民提交了超过两百万份信息权请求。在期待政府部门提供从食物配给到饮用水井的公共服务时，穷人第一次可以要求问责。这些请求中有 7 000 多条针对环境和森林部。周转效率大大提高，保障了一定程度的政府响应度，而先前这样的响应度是为付得起贿赂的人保留的。[46]

当政府犯错时

"为什么理性的人会采用对他们所治理的社会造成不良后果的公共政策？"1981 年，哈佛政治学家罗伯特·贝茨（Robert Bates）在一本名为《市场与热带非洲国家》的有影响力的书中提出了这个问题。贝茨试图理解为什么发展中国家的决策者会定期制定那些破坏农业部门工作的规则。通过强制要求食品低价，它们削弱了对农民投资于自己企业的激励措施。对于那些依赖农业部门出口收入和粮食自给自足的国家来说，这项政策没有经济意义。然而，在政治上，它让全世界知道，以牺牲农民和农村社区为代价，以低廉的粮食价格安抚城市消费者是完全合理的。贝茨发现，当一个国家的首都公民感到不安时，随着人群在官邸门口涌动，政客们很快就会感受到这种影响。伤害农村的政策虽然在政治影响上并不是微不足道，但对于国家领导人来说却更容易处理。[47]

　　克莱蒙特麦肯纳学院的威廉·阿舍尔（William Ascher）跟进了这一调查思路，并将其应用于可持续性问题，探讨似乎不合逻辑的国家环境政策背后的政治逻辑。阿舍尔在他的《政府为什么浪费自然资源》（*Why Governments Waste Natural Resources*）一书中提出了问题，如洪都拉斯为什么破坏森林、为什么墨西哥削减自己的灌溉系统、为什么尼日利亚浪费石油出口收益。阿舍尔回顾了数十起政府管理不善、目光短浅和鲁莽行为的案例，试图理解这些看似毫无意义的决策。他发现，政府往往违背自己的国家利益，因为它比通常的贪婪或腐败的诊断结果更为微妙。有时，领导人通过精心制订的洗钱计划，迅速出售他们国家的自然资源，创造秘密的自由支配账户。他们利用这些融资基金来支持社会项目——有时颇受赞赏——这些项目遭到政治对手的反对，因此不太可能通过官方的国家预算获得资金。在其他情况下，相互竞争的土地管理机构之间的冲突使得森林边缘地区的财产权利索赔处于混乱状态。当定居者不知道土地是否真的是他们的土地时，他们将很少有长期照顾土地的动力。还有一些情况是，通过补贴在非常低效的矿井作业工人的工资，官员维持政治支持度。

　　环境破坏的政治逻辑有多种形式。在东南亚，当货币在大宗商品价格高涨后涌入政府金库时，政客们正重写管理森林的规则，以获得收入来源。在占据婆罗洲岛北部的马来西亚沙巴州，直到其 1963 年从英国获得独立，森林都得到了相当好的管理。这个地区的转变激发了政治热情，集权掌握在首席部长的手中，使该办事处的持有人对包括木材采伐许可证在内的国家资源拥有广泛而基本无限制的控制权。正如迈克尔·罗斯（Michael Ross）在他的《木材繁荣和东南亚的制度崩溃》（*Timber Booms and Institutional*

Breakdown in Southeast Asia）一书中提到的那样，在年轻的民主国家急于得到木材经营商的效忠，因此改写了规则，允许越来越多的珍贵热带硬木被采伐。八十年的森林特许经营者轮伐期结束了，取而代之的是鼓励木材经营者尽快砍伐和销售木材的政策。新规则造成了悲剧性后果：今天，东南亚热带森林只剩下不到一半。[48]

其他政治逻辑可以在非洲找到。加利福尼亚大学圣地亚哥分校的克拉克·吉布森（Clark Gibson）在他的《政治家和偷猎者》（*Politicians and Poachers*）一书中试图解决一个困惑，即撒哈拉以南非洲地区政府为何经常追求与国家利益相抵触的野生动物政策。当 20 世纪 70 年代非法捕猎摧残肯尼亚全国的野生动物时，现代肯尼亚的创始人乔莫·肯雅塔（Jomo Kenyatta）却袖手旁观。吉布森说："在各国经济低迷时期，各级政治家都需要新的资助来源，当国际上野生动物增值时，政治家很乐意对它们下手。"[49]在赞比亚，20 世纪 80 年代的野生动植物专家制定的规则受到他们对该国独裁者肯尼思·卡翁达（Kenneth Kaunda）的恐惧的影响。"关于预算、人手和发展的决定与促进保护无关，而是为保护自己免受卡翁达占主导地位的政策造成的政治不确定性的影响。"[50]

要对引发政府危害环境的各种冲动进行编目，需要一个厚达一英尺的诊断手册。人类学家詹姆斯·斯科特（James Scott）认为，政府倾向于集中信息，忽视有关土壤肥力和明智的农业实践等有价值的地方知识。在极端情况下，这造成了像中国的大跃进这样的悲剧，当时国家机构要求农民迅速提高粮食产量，以致土壤很快耗尽，引发极其严重的后果。[51]还有一些研究人员记录了国家如何使用暴力和强制手段来控制自然资源，不顾当地的利益，以促使经济精英获得利益。[52]

无论国家是对还是错、他们的领导人是否以公共服务或掠夺的精神统治，无论他们采取民主还是独裁的形式，是稳定还是不稳定、有能力还是无力，简单的事实是，地球现在以及在可预见的未来都将由国家统治。我们想把彩色的政治地图设想为人造之物和概念的便利，而蔚蓝色的地球才是真正的重点。但是，由国家治理机关制定的规则在物理效果方面是有形的，就像地球引力一样。需要由国家来拯救地球，因为国家是大多数规则制定的权力所在。以这次观测为背景，让我们通过考察有史以来最强大的国家的环境记录来总结我们对国家的探索——既有过去的成果，也有未来将面临的未解难题。

美国何去何从？

在推动可持续发展方面，美国曾一度是全球领袖——可能是唯一的领袖。对解决国内和全球问题的承诺都是如此。从 20 世纪60 年代后期开始，美国决策者批准了一系列雄心勃勃的新规则，以解决国家最紧迫的环境问题。《清洁空气法案》和《清洁水法案》大大改善了全国的环境质量。《濒危物种法案》采取强硬立场来保护该国的生物多样性，不仅保护像美国白头鹰这样具有魅力的野生动物，还保护数百种鲜为人知的植物和动物，如蝾螈、沙漠花、海螺、蜜蜂、田鼠以及该国生物遗产的其他成员，这是一个可以追溯到三十五亿年前演化过程的绿色提示。与这个时代相关的最具影响力的规则之一是《国家环境政策法案》（*National Environmental Policy Act*）（详见第 10 章），该法案要求机构和开发者在他们的决定可能对环境造成重大影响时进行环境影响评估。无论是在拥挤的城市走廊中建造新的医院,还是将废弃的军事基地转变为商业用途,开发商不得不考虑其行为的环境后果。该方法随后将被数十个其他国家效仿。[53]

其他法律确保规则制定以透明的方式进行,向普通公民提供信息。1995 年印度的《信息权法》受到 1966 年美国《信息自由法案》的启发。印度尼西亚的 PROPER 计划直接借鉴 1986 年《联邦紧急规划和社区知情权法案》创建的美国有毒物质排放清单的经验。该清单与当地社区共享了与公众有关的污染活动的详细信息。在前面的章节中,我们看到美国在 20 世纪 70、80 年代也率先取缔含铅汽油,欧洲大部分地区在十年后才开始实施。美国和欧洲之间的差异是更大模式的一部分。政治学家戴维·沃格尔(David Vogel)研究过去三十年大西洋两岸的政策制定史。沃格尔写道,美国显然引领潮流:"从 20 世纪 60 年代到 80 年代中期,美国的监管标准往往更加严格,全面和创新。"[54]

美国在环境领域的领导力在国际舞台上同样令人印象深刻。美国是包括《濒危物种国际贸易公约》(*Convention on International Trade in Endangered Species*)在内的若干条约的推动力量,它率先提出主要外交倡议,如 1972 年联合国人类环境会议。这一势头在整个 20 世纪 80 年代一直持续下去,在白宫反调控议程上升之后仍然存在。里根政府摧毁 20 世纪 70 年代取得的体制成果的初期尝试失败了。随着环境运动的发展,两党立法者共同努力扩大环保举措的范围和规模,其中包括保护臭氧层的新规则。美国在 70 年代已经在管理臭氧层消耗活动方面走在其他国家前头,当时它禁止在气溶胶喷雾剂中使用氯氟烃,并就超音速喷气机对潜在大气影响举行国会听证会。在里根的第二任期内,白宫大力推动了一项保护臭氧层的国际条约,这一举措最初遭到一些欧洲国家的反对,但最终成功地对一项条约予以了支持,随后该条约因 1987 年的《蒙特利尔议定书》(*Montreal Protocol of 1987*)得到加强。[55]

那是当时的情况。在过去的 25 年中,华盛顿的规则制定者几乎没有认真地尝试在国内外推广可持续性。1990 年《清洁空气法案修正案》几乎是两党合作实施重大环保倡议的最后一次。今天,欧盟在推动可持续发展的创新政策方面领先,美国的早期成就开始看起来像是褪色的照片。在一篇题为"交易场所"的文章中,戴维·沃格尔和他的同事 R·丹尼尔·凯莱曼(R. Daniel Keleman)发现,"从美国到欧盟的领导力发生了戏剧性和系统性的转变"[56]。这一逆转在国际舞台上最为引人注目,美国在这个舞台上避开了几个主要条约。即使美国科学家长期处于全球变暖研究的前沿,美国也拒绝了气候变化公约。(在联合国政府间气候变化专门委员会这个全球变暖问题的主要权威机构中,美国的科学贡献比欧洲加起来还要多)。美国批准其签署的条约的纪录更差,未能将其转化为国内法。2012 年,美国是世界上唯一没有批准持久性有机污染物条约的国家之一。宣称美国的政策完全处于倾销之中是夸张的,但毫无疑问,重大转折已经发生。美国曾经是环境立法的领导者,现在却观望不前,而欧洲正在领跑环境政策。

到底发生了什么事?为了理解这种角色倒退,我们需要理解国内和国际规则制定之间的联系。当一个国家在国内追求雄心勃勃的环境议程时,它有强烈的动机推动其他国家也这样做。韦尔斯利学院的伊丽莎白·德松布尔(Elizabeth DeSombre)称这是"浸信会和私酒贩子"现象。在禁酒时代,两个非常不同的群体推动禁止饮酒的规则。宗教组织想要禁止饮酒,因为它会对灵魂产生腐蚀影响。非法出售酒类的贩卖者认为这种禁止性法律具有商业利益，这使得他们商品卖出更高的价格。以类似的方式，美国环境保护主义者和公司有共同的利益，以确保其他地方的公司遵守与国内相同的环境法规。考虑杜邦在制定臭氧条约方面的作用，在20世纪70年代，虽然欧洲接受消耗臭氧层的氟氯化碳，但美国严格的国内法规导致杜邦公司损失了化学品市场的一半份额。这促使该公司开发了一类新的臭氧友好型制冷剂来替代氯氟烃。杜邦很快成为一个强有力的倡导国际条约的公司。[57]国际和国内政策也有一个更简单的理由：当环境问题影响国内政策制定者时，这可能会影响其国家。外交决策也是如此，美国在国际舞台上被边缘化，因为国内的环境问题已经被边缘化。

　　如果美国对地球的立场是美国国内正在发生的事情的正常反应，那么可以说明什么呢？研究人员得出的结论与那些为保护地球而在前线政治斗争的人基本上是一样的：华盛顿的环境运动的影响已经减弱，而那些反对环境监管的影响已经得到巩固。[58]这种影响一直伴随着邓拉普和他的同事们，显示国会对环境法的投票日益分化。在20世纪70年代，民主党议员支持环境立法的投票率略低于60％，而共和党人则略低于40％，跨党差异率为20％。到了20世纪90年代，民主党人的支持率增长了三分之一，徘徊在75％到85％之间，而共和党人的支持率则下降到了20％以下，在支持环境法方面有60％的差距。[59]

　　为了评价这一转变的意义，请回想历史上共和党领导人在推动环境议程中扮演的关键角色。美国著名的国家公园体系和国家森林由共和党总统泰迪·罗斯福创立。今日成为尖锐党派分歧焦点的北极国家野生动物保护区，是共和党总统德怀特·艾森豪威尔建立的。理查德·尼克松创建了美国环境保护署和白宫环境质量委员会,并签署了《清洁空气法案》《清洁水法案》《濒危物种法案》和《国家环境政策法案》。里根政府对臭氧条约给予了全面的支持。里根的继任者乔治·布什总统签署了 1990 年《清洁空气法案修正案》,建立了世界上第一个控制污染的大型限容交易系统。

共和党人偏离环境问题既不是单一的也不是绝对的。在一个极端,乔治·布什政府向来自他们应监管行业的说客们提供了许多环境监管职位,并且在一场试图阻止各州对气候变化采取行动的诉讼中加入了汽车产业。在光谱的另一端,共和党总统提名竞争者约翰·麦凯恩(John McCain)共同发起了一项法案(最终被本党成员击败),该法案将采取措施应对全球变暖。在加利福尼亚州,共和党州长阿诺德·施瓦辛格(Arnold Schnvarzenegger)优先通过了州议会第 32 号法案,该法案采取积极行动减少碳排放。保守的美国福音派运动的重要部分正在组织起来,在它们的教堂和华盛顿特区强调环境问题的突出性。但总的来说,无论是由于哲学还是政治计算,美国的保守派政治家似乎得出结论,通过机会抵制环境保护署、把环保主义贬低为边缘关注点、淡化诸如气候变化等议题的严肃性,他们将获利更大。如果美国要恢复其作为环境政策创新者一度令人尊敬的地位,那么来自整个政治领域的有关公民将需要联合起来,并在华盛顿增加他们的影响力。这场运动的成功将很大程度上取决于来自共和党内部的变革运动,一场由人民领导,辅以环境视角、战略智慧以及党内影响力的运动。

波谲云诡

无论是在白宫的走廊还是西非的丛林中，由于近 200 个主权国家的政治决策以及他们的意愿和能力，每次拯救地球的赛跑都有一个国家或成功或失败。我们真正地生活在一个多民族的星球上。然而，与所有规则制定系统一样，事物也在不断发展。虽然各国的影响力并未下降，但其他规则制定权力来源正在增加。由于两股将在未来数十年产生全球效应的政治潮流，"谁统治地球"这个问题的答案正在经历剧变。首先是欧盟的崛起，欧盟是第一个超国家的理事机构，它正在接受环境目标并在世界舞台上发挥其影响力。第二大趋势是政治去中心化，正在向下流动力量，增加了分散在地球表面的数十万个州、省和地方政府的规则制定权。

第三部分
转变

7

扩展

规则制定者

破晓时分，在哥斯达黎加圣伊西德罗郊区的一个社区里，何塞·德尔芬·杜阿尔特（José Delfín Duarte）起床了。他拿起弯刀和雨衣，穿上黑胶鞋，沿着泥泞的道路开着卡车，途经农场，周围还有一片郁郁葱葱的森林。最终，他来到了一座可以俯瞰分水岭的山顶，那里有一个小型配水设施。他检查了水箱，仔细地观察着水位。杜阿尔特是当地公民群体中选举出的领导人，这一公民群体负有管理社区水资源的责任。他们有权决定用水量以及当地家庭和农场的水资源分配。他们负责水资源使用费的收取、设备的购买，以及日常水资源使用的诸多事项。他们的角色源于哥斯达黎加政府的权力分享安排，近年来，哥斯达黎加政府与该国数百个地方水协会达成了类似协议。[1]

在往东六公里的地方，克劳迪娅·奥拉萨巴尔（Claudia Olazábal）开始了她在布鲁塞尔郊区的一天。她乘坐地铁去欧盟委员会上班,那是一幢现代化的玻璃和钢制建筑,她是欧盟环境局生物多样性部门的负责人。在这个特别的一天,她致力于控制物种入侵的新规则制定,因为物种入侵现象对全世界的生态系统构成了重大威胁。这一规定的实施时间为 6 年,是与欧洲 27 个成员国的利益相关方广泛协商的结果——这些国家的农民联盟、植物园主、首相和宠物店的老板都在这方面进行了广泛的磋商。在与瑞士、德国、波兰、葡萄牙以及许多其他国家的专业人士合作的过程中,奥拉萨巴尔正准备在欧洲大陆进行一场冗长而复杂的谈判,希望能制定新的控制欧洲入侵物种的政策。

克劳迪娅·奥拉萨巴尔和何塞·德尔芬·杜阿尔特是两个不同世界的人,但他们有很多共同之处。他们都在创设关乎地球未来几十年甚至几个世纪的规则。并且都受到之前规则的限制。奥拉萨巴尔必须遵守欧盟条约所规定的操作规则和欧洲国家元首之前制定的政策。杜阿尔特必须遵守哥斯达黎加水和污水研究所的规定,研究所要求他所在的协会签署一份合同,详细说明社区在管理水资源方面所扮演的角色,及其相关权利和义务。然而,在这些限制中,每个国家都在悄悄地重塑社会构造,精简和重新连接复杂的规则制定结构,使一些想法成为可能,比如为农村社区提供饮用水,或者保护欧洲大陆上的濒危物种。

对比了国家和地方,有另外一个目的——它们不只是平行的经历,还是在不同地方发生的相似事情的反映。它们有着直接的联系。哥斯达黎加制定的关于自然资源的规则——诸如人类是否能在水源附近砍伐树木——影响了大气中的碳排放量,这关系着全球进程,其影响着下个世纪威尼斯运河的水位。环境问题确实是难以控制的,它们跨越政治边界和机构管辖,挑战我们发起协调一致的应对方案的能力。解决这些难以控制的问题需要我们将多层次的政治组织纳入视野，从联合国的走廊，到各国政府，由其律师、笔译员和技术专家组成，由议会、王储和将军们轮流统治，继续向下，至次于国家的政府（省、州、区）以及从德班到德文郡的无数城市、城镇和村庄。

并不是只有像水污染和气候变化这样的物理性问题才需要多层次的世界观，政治战略也需要。如果我们想推动可持续发展——如果我们希望超越当前对绿色消费的迷恋，解决造成环境问题的根本原因——我们就不能把精力都集中在单一化的治理上。规则制定就像一个多层的棋类游戏，在一个层面上的结果往往决定在另一个层面上如何进行。有时候保护地球需要联合小型的政治团体。这个逻辑使美国城市形成区域性的空气污染区，地方官员在其中汇集资源、协调一致。在其他情况下，最明智的做法是让更高级别的政治部门，比如国家监管机构，缩小城市规模、增强城市或省的影响力，并针对当地情况做出调整。俗话说，思维要全球化，行动要本土化，这完全是错的。它在描述环境问题的根源和我们所能采取的解决办法方面过于简单。如果我们要在棘手的社会和环境问题上取得进展，我们需要在多个层面上思考和行动。[2]

克劳迪娅·奥拉萨巴尔和何塞·德尔芬·杜阿尔特还分享了一些其他的事情。直到最近，他们的规则制定系统还根本不存在。只有在过去的二十五年里，欧盟才有能力以协调的方式对环境问题作出反应。哥斯达黎加在 2000 年制定了加强水协会的新规则，这是在中央集权国家中扩大地方政府权力的更广泛努力的体现之一。谁统治着地球？我们必须这样反问自己的原因是，答案会随着时间的推移而改变——有时会变得更好，有时会变得更糟，有时是潜移默化的,有时则会有意想不到的创新。问题不仅是由谁来扮演决策者的角色——农民、法官、市长——而是谁界定了他们的决策权力的范围。当规则发生变化时,我们突然意识到,我们的劳动、我们的声音、我们的资源(如野生河流和税收等)都以新的方式向新的方向发展。这些问题是具有环保意识的公民所不能忽视的。

在这一章和下一章中,我们将集中讨论关于谁统治地球这个问题的正在发生的最重要的两项变化。首先是欧盟的诞生,这是一项国际合作实验,其规模和决心都是史无前例的。第二,是一种走向政治分权的全球趋势,在这种趋势中,中央政府正在给予地方政府和地方社区更大的权力来管理他们的事务。这两项发展都充斥着权力斗争和持续的争论,正如——从巴黎经验丰富的政治人物,到在津巴布韦农村勉强度日的家庭——每个人都在试图思考这些变化所预示着的他们的未来。

如果所有这些扩大和缩减的故事对于美国读者来说很耳熟,那是因为这是应有之义。当今世界正面临着许多同样的问题,这些问题在美国联邦体系的历史进程中遇到过。中央政府和地区之间应该分别拥有多少权力? 如何为了统一的目的,把相互猜忌的独立的政治单位团结起来? 世界各地决策权分配的变化也为美国公民带来了一系列的问题。如果一个住在纽约的妇女使用从欧洲进口的化妆品,那么她可以肯定,化妆品没有在动物身上试验,因为欧盟已经禁止了这种做法;如果化妆品产于美国,那么她甚至不能肯定化妆品的质量安全,因为它本质上不受管制。[3]希望在替代能源技术等领域取得竞争优势的美国企业必须面对这样一个事实,即欧洲的监管环境在许多方面更有利于绿色创新。分权的意义同样深远。任何希望与外界有更广泛接触的人——投资者、环保组织、研究人员、退休人员、外交官、人权倡导者——都将面临全球各地政府日益增长的自信力,因为他们正在试探他们的新权威的边界。

充电

国际条约在关于我们这个星球未来的政治讨论中占据了重要地位。诚然,各国克服分歧的想法令人振奋,即使是在一段时间内,他们也会思考世界需要什么,以及如何通过更紧密的国际合作来推进这一进程。历史记录表明,随着过去半个世纪中环境条约数量的迅速增长(图 7.1),环境合作将成为可能,而不仅停留在精神层面。

但是这些条约真的有什么意义吗? 简言之,有时候是肯定的,有时候是否定的。更长远的答案是,全球合作,以及支持它的法律体系,在与你和我理解的法律制定过程中,几乎是在没有相似之处的情况下发生的。一方面,没有国际政府来执行法律。这和你认为国际政府的缺位是好是坏大不一样(辩论的双方都可以提出合理的论点),这是一种现实,国际环境立法的各个方面都带有这一特征。[4]

以联合国为例,它体现了国际主义的理念。联合国似乎有一些我们称之为政府的特征。联合国的旗帜上有着著名的橄榄树花环。联合国设一名主席和一个大会,以及几十个专业的机构。但联合国不具有主权政府的基本特征,例如征税或组建军队的权力。其人道主义机构的预算完全由成员国自行决定。派遣维和部队也

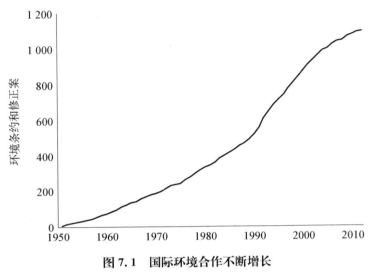

图 7.1   国际环境合作不断增长

数据来自罗纳德·B. 米切尔（Ronald B. Mitchell），2002—2013，国际环境协定数据库项目（版本 2013.1），见 http://iea. uoregon. edu/。

是如此。联合国网址以. org 为结尾。

就全球而言，在国际层面上几乎没有任何实用的法庭。很少有像国际刑事法庭或联合国国际法院这样的机构能够阻止一个国家或公司违反法律。一家跨国石油公司的污染活动侵害了尼日利亚家庭，而国际法院没有追索权。任何法庭的意愿最终都取决于警察权力，但没有与环境事项有关的全球警察部队，除了刑警组织为制止濒危物种和被禁化学品非法贸易而作出的有限努力之外。

简言之，国际治理体系的特点是无政府状态，在字面意义上的术语意为"没有政府"。这在政治科学家中并不是一个有争议的论断，在国际外交官中也不是一个秘密。但是，这一切对于保护地球意味着什么呢? 首先,如果一个国家希望不受条约约束,它完全有权退出协议。想象一下,如果人们可以无视任何他们不喜欢的法律,国内法会变成什么样子,你就能理解全球层面上立法面临的挑战。国际环境合作是在没有政府的情况下进行治理的尝试。[5]

在这样的背景下,今天欧洲发生的事情真的非常了不起。为了克服几个世纪以来的敌对状态,欧洲人联合起来,协调他们的经济增长方式、外交姿态、社会福利和可持续性。从 20 世纪 50 年代开始,有少数几个协调煤炭和钢铁生产的国家,到现在欧盟拥有 27 个成员国,超过 5 亿人口。各国总统和总理在欧洲理事会开会,共同决定欧洲大陆的日常事务。布鲁塞尔的欧盟委员会对他们的审议进行通报。在布鲁塞尔,有 3.3 万名工作人员发布法规,确保从西班牙到瑞士再到斯洛文尼亚的地区间的国家环保部门通力合作,根据同一套全局性规则进行工作。瑞士法郎和德国马克不再流通,取而代之的是欧元。欧洲公民无需国家护照或繁琐的边境检查就能在该地区自由旅行。在欧洲议会中,代表由投票选出。从小麦价格到气候变化,或是与美国和中国的谈判中,欧洲始终是一个统一的整体。欧盟的经济总量超过了美国。

欧洲的国家联盟是一种历史现象,当人们近距离、短时期地观察,它似乎就像糖浆一样移动。新闻标题给人留下的印象是,狭隘的经济议程和短期政治考量将永远压倒国际合作的宏伟目标。然而,从更广泛的角度来看,即使是短短几十年的时间——仅仅是一眨眼的功夫——以欧洲历史的标准来看——这一模式是确凿无误的:欧洲人已经稳步迈向有史以来最雄心勃勃的多民族规则制定体系,以管理地球上的这片土地。

如此重大的变化是如何发生的? 为了理解管理旧大陆的新规

则，我们需要走出一个纯粹的"环境"历史，放眼更广泛的事件，这些事件推动着我们走到了今天。揭开导致人类事务方向发生重大转变的因果关系绝非易事。但所有观察家都同意，如果不是一位名叫让·莫内、富于进取心的干邑白兰地商人的努力的话，欧盟不会以现在的形式存在，甚至很可能根本不存在。他在欧陆战场的废墟中看到了改变欧洲游戏规则的可能性。

一个破碎的大陆

在许多方面，欧洲是你最不可能指望找到有旨在促进国家政府间和谐的立法体系的地方。毕竟，这片大陆创造了"地方主义"和"封地"这样的词语，在这个地方，冲突被冠以"百年战争"之类的名称。今天散布在欧洲各地的塔楼城堡，见证了几个世纪的领土仇恨。回顾一下，国家主权——现代民族国家背后的基本概念——是典型的欧洲发明。在 1648 年的威斯特伐利亚和平会议上，交战派别聚集在一起，哈布斯堡、法国与荷兰，瑞典和西班牙，独立城市和神圣罗马帝国，他们都全副武装——并就各国按照各自国家的意志独立行使国家事务，不受他国干涉的原则达成一致。

回想起来，国家主权原则作为政治生活的核心原则，其产生显然不足以防止进一步的流血事件。在接下来的三个世纪中，人力的动员和反复的备战——总共有超过 100 场不同的欧洲战争——要求税收体系和有能力的政府管理，这进一步加强了各国实力。[6] 到了 20 世纪，古老的对抗、现代国家和致命的新科技的火药桶，两次点燃了主要矛盾。第一次的导火线是发生在萨拉热窝的刺杀弗朗茨·斐迪南大公（Archduke Franz Ferdinand）事件，引发了第一次世界大战，第二次是阿道夫·希特勒（Adolf hitlerer）的崛起。[7]到1945年，这块大陆成了废墟。用历史学家路易斯·斯奈德（Louis Snyder）的话来说，"在整个欧洲，土地就像被一把巨型镰刀摧毁过一样。"[8]仅在第二次世界大战期间，就有超过5 300万人死亡，其中三分之二是平民。[9]（我必须提及，即使顺便说一下，像其他欧洲血统的犹太人一样，这基本上也包括我在俄罗斯和波兰的所有亲戚）英格兰有50万个家庭房屋被夷为平地。在德国，有2 000座桥梁和三分之一的建筑物被损坏或摧毁。

战后，欧盟并不是立刻成立，而是逐步扩大合作的过程。就像一个谨慎的沐浴者进入一片寒冷的阿尔卑斯湖泊一样，每一小步都证明了这项事业的价值，并鼓励欧洲人采取下一步。让·莫内是这个过程的中心。[10]莫内于1888年出生于法国大西洋沿岸的干邑镇，同年，另一位蓄着胡子和画笔的莫奈在吉维尼完成了他著名的麦垛画。莫内的身材矮小结实，态度严肃，他的同龄人经常把他描述成农民。法国《世界报》的创始人于贝尔·伯夫-梅里（Hubert Beuve-Méry）对于莫内对欧洲统一的顽强追求表示了关注："他的固执，就像一个农民决定卖掉他的牛一样。"[11]尽管莫内深深地扎根在法国农村，但他骨子里更像商人而不是农民。他的父亲成功地经营了一家干邑酒品牌公司，作为长子，让最终将接管家族生意。干邑白兰地贸易需要广泛的国际旅行，来自世界各个角落的游客经常拜访莫内家族。在莫内作为现代欧洲建筑师的迅速崛起过程中，上等白兰地传遍五湖四海对其发展发挥了重要作用。他的成功来源于沟通全然不同的文化的非凡本领——在国际商贸和国内政治之间架设桥梁，就像沟通法国和英语世界一样。

莫内在16岁时离开学校，前往英国，在伦敦的南商业区定居，希望能流利地使用国际干邑贸易的术语。在接下来的几年里，他经常代表家族出访，去过北美、埃及、中国和俄罗斯。（根据莫内的传记作家弗朗索瓦·迪谢纳（François Duchêne）的说法，这位年轻的干邑白兰地推销员试图在泰坦尼克号的首航中占有一席，但没有成功。[12]这是对社会科学预言挑战的证明，假使年轻的莫内登上了这艘船，完全有可能不会产生欧盟，那么欧洲在诸如当今的气候变化议题上将不会形成共同政策。）随着1914年第一次世界大战的爆发，莫内的全球视野和作为国际谈判者的技术前沿技能将受到考验。

现在，如果你看到法国城镇上由混凝土和黄铜铸成的战争纪念碑，你将见到一长串第二次世界大战死者的名字，但在那之前，还有一个更长的名单，这个不幸的名字叫做"战争就是用来结束所有战争的工具"。第一次世界大战期间，法国失去了150万的人口。随着战争的延续，法国的主食即小麦面包越来越紧缺。沉浸在国际商业的细节中，年轻的莫内对英法很少达成经济合作而感到惊讶，尽管它们正式结盟打败了同盟国。莫内利用父亲在法国政府的人脉，向加拿大的哈得孙湾公司寻求帮助。他伪造了一项协议，在协议中，这家巨型贸易公司将把小麦从北美运往欧洲，并起草了一份关于盟国间供应物资的详细计划。在早期取得成功的基础上，莫内从法国和英国政府的高级官员那里得到了帮助，这些人分享了他们对经济合作的承诺。他们通过一个新的联盟——海运委员会扩大了战时贸易，这是欧洲一体化理念的早期试验场。

战争结束后，莫内为推动国际合作的不懈努力吸引了法国总理乔治·克莱蒙梭（Georges Clemenceau）的注意。1919年，在法国和英国的支持下，莫内在31岁时被任命为国际联盟的副秘书长，国际联盟是在第一次世界大战结束时创立的,目的是促进世界和平这个难以实现的目标。在国际联盟因第二次世界大战爆发而解散前,事实证明,莫内擅长代理协议和设计创新规则来应对战后的挑战,比如奥地利的重建。我们今天所理解的"环境"理念本来早几十年就会涌现,将诸如工业排放、自然评估和能源效率等不同的问题聚拢到同一面概念大旗下。但在早期,国际联盟展示了国际环境合作的潜在好处。为了回应卫生官员提出的担忧,联盟发起了一项条约,在该条约中,成员们同意禁止将铅用于房屋内部使用的涂料上,因为人可能会暴露在铅的神经毒害中。[13]这一措施很快被欧洲许多国家采纳。与此同时,美国政府选择无视新规定,允许在未来半个世纪内使用含铅油漆;因此,到目前为止,在美国老房子中,铅的暴露会对儿童造成重大的健康危害,孩子的健康最容易受到影响。父母们紧张地擦拭着窗户上的灰尘,害怕粉尘堆积,因此不对房屋进行修缮,他们的困境可以追溯到一个世纪前由美国官方所选择的规则制定之路。

1923 年,莫内从国际联盟的职位上退下来,他的轨迹在商业和政府之间曲折前进,但从未偏离加强国家间合作这一目标。其中包括担任欧洲布莱尔公司的副总裁,该美国投资公司专门向欧洲国家提供巨额贷款。正是在这一时期,莫内巩固了他作为欧洲和美国最高级别政治圈内人的地位。莫内学会了巧妙地平衡经济和政治目标的协议,在这个风险极大的举动中,莫内建立了人际关系网络,这对建立新联盟是至关重要的。他在投资公司的助理是法国未来的总理勒内·普莱文(René Pleven)。莫内也成为约翰·福斯特·杜勒斯(John Foster Dulles)的密友,杜勒斯后来成为艾森豪威尔(Eisenhower)时期的国务卿。1932 年 11 月,中国政府甚至接洽了莫内，寻求他的帮助，进行了一场复杂的谈判。蒋介石（Chiang Kai-shek）的财政部长聘请莫内作为他在欧洲和北美的代表，试图为中国铁路的现代化提供资金（这一倡议最终在日本的坚持下被废除）。蒋介石在见证了莫内在严峻考验中的创造力和毅力，认为他会成为一个优秀的中国总管。[14]

处理"欧洲问题"

随着第二次世界大战的爆发，莫内很快发现自己处于漩涡中心，因为欧洲领导人寻求能够在他的帮助下促成国际协议，以期击败希特勒。1938 年，纳粹分子开始行动。欧洲列强在德国吞并捷克斯洛伐克的同时，试图减缓希特勒的进攻。特别值得关注的是战机。20 世纪 20 年代末，法国一直统治着天空，但德国绕过了法国人，他们发明了一种飞得更快、负载更重的铝质飞机。1938 年 10 月，法国总理爱德华·达拉第（Edouard Daladier）安排莫内前往美国，向罗斯福总统请求帮助。这是美国孤立主义情绪泛滥的时代。华盛顿的官员（包括军事领导人）不愿意卷入外国的纠葛，这反映了公众的情绪。然而，罗斯福确信美国不能坐在边线上。他同意在海德公园的总统私人官邸与莫内会面。

莫内用他的数字图表向总统解释了大规模增加战机的必要性。罗斯福对国内的政治反应非常谨慎，提出了一个秘密计划。他们同意在加拿大建立制造厂，它在德国轰炸机的射程之外，也不在美国新闻记者的视线中。这些飞机将用美国零件组装，然后运到欧洲。[15]由于美国财政部长汉斯·摩根索（Hans Morgenthau）的反对，该计划后来被放弃。1940 年的春天，纳粹军队入侵并占领了法国北部的一半地区，以及沿大西洋的一条狭长地带，包括莫内的家乡干邑。[在一段离奇曲折的历史中，干邑工业只有通过该地区的纳粹管理人员古斯塔夫·克莱比施（Gustav Klaebisch）的努力才得以被拯救。克莱比施是一位出生在干邑的德国白兰地商人，致力于保护该地区免遭掠夺和毁坏。[16]]

在巴黎，马歇尔·菲利普·贝当（Marshal Philippe Pétain）元帅领导下的法国政府做出了一个臭名昭著的决定：接受纳粹的接管，他们下了赌注，认为与占领军的合作是唯一的救赎。随着巴黎不再反抗德国人，莫内转而求助于他在英国的联络人。他得到了温斯顿·丘吉尔（Winston Churchill）的帮助，丘吉尔知道莫内的努力，帮助他获得了英国护照，这样他就可以和家人一起迁居到美国。在那里，法国人将作为英国政府的雇员，与美国人达成协议，运送飞机到欧洲作为防御飞机。在本杰明·富兰克林（Benjamin Franklin）前往法国，为革命战争（法国赠送的自由女神像纪念）提供了关键性支持的一个半世纪后，莫内从另一个方向穿过大西洋，为数十万轰炸机的订购做努力。在这样的情况下，莫内帮助说服了美国在珍珠港事件前提高其战争产能，而当时很少有美国人支持战争。

1943 年，莫内短暂地加入了戴高乐将军和法国抵抗军所在的位于地中海对岸的阿尔及尔流亡政府。身高 6 英尺 5 英寸的戴高乐是一个超凡的人物，有着强烈的民族主义精神，坚定地追求其自由法兰西的野心。三年前，就在贝当政府向纳粹投降之后，戴高乐在伦敦的一个秘密广播公司里向法国人民发表了他著名的演讲，用他那令人着迷的声音告诫人们，要坚定地与纳粹分子保持距离。戴高乐和他的自由法国军队最终控制了法国的殖民地，包括阿尔及利亚在内的法国殖民地,将这些地区作为他们计划返回的基地。

在阿尔及尔,这位年轻的将军领导了一场横跨几大洲的抵抗运动,致力于恢复法国的荣耀。与此同时,莫内则一直在默默沉思。目睹了经济合作如何在战争时期提供帮助,莫内深信它也能成为持久和平的关键。1943 年 8 月 5 日,他在一张纸条上写了他的结论,并带有明显的直率。他写道:"如果各国在国家主权的基础上重新建立起来,并在威望政治和经济保护主义方面有所作为,那么欧洲就不会有和平。"然而,国家利益在他的计算中非常重要。"英国人、美国人、俄国人有他们自己的世界,他们可以暂时撤退。但是法国和欧洲是紧密相连的。法国不能选择退出,因为它的存在取决于欧洲问题的解决。"[17](见图 7.2)

图 7.2　欧盟之父让·莫内

欧洲联盟历史档案,欧盟研究所。

欧洲合众国？

战争结束后，纳粹战败，苏联在东部逐渐逼近，许多领导人都在讨论莫内提到的"欧洲问题"。西欧一体化的想法虽然尚不明确，但在最高水平上得到了提升。1946 年 9 月，在苏黎世大学的一次演讲中，丘吉尔宣布"建立一种欧洲合众国的必要性"。丘吉尔对美国联邦制机构的引用并不是一种反常现象。今天，欧洲领导人和分析人士将莫内奉为"开国元勋"之一，并援引了"一个更紧密的联盟"这句话，认为其反映了美国宪法序言中"一个更完美的联盟"的表述。在这一点上，没有一点讽刺意味，因为欧洲联盟的驱动力很大程度上是为了制衡美国的力量。但是在战后，美国在欧洲一体化中的作用是相当大的，而不仅仅是为政治联盟提供一个潜在的模式。杜鲁门政府坚持要求，欧洲国家之间的经济合作是接受马歇尔计划承诺的数十亿美元重建资金的先决条件，在 1947 年 6 月的哈佛，这一条件由国务卿乔治马歇尔在隆重的开幕致辞中宣布。[18]欧洲领导人对战争感到厌倦，对苏联心存警惕，并受到美国人的推动，他们很快就开始讨论是否要进行更紧密的一体化，而非是否要进行更紧密的整合。

让·莫内提供了答案。可以肯定的是，他并不是改变的唯一声音。1948 年 5 月，来自欧洲各地的近千名政治领袖和知识分子齐聚荷兰海牙，参加欧洲议会会议，旨在促进欧洲团结。与会代表们设想了一项宏大的计划，提出了旨在结束几个世纪敌对状态的一体化提议。但这是莫内更为狭小和实际的做法——强调在经济的特定领域逐步扩大合作——为当今欧洲奠定了国家自身利益和国际统一的胜利模式。

当时的大多数观察家都认为，在统一欧洲的任何新安排中，英国都将处于中心位置。根据莫内和他的英国军团所设计的早期协议，英国已经有了与法国合作的先例。在此期间，英格兰作为一个成功抵御纳粹进攻的西欧国家也享有一定的威望。但是，尽管丘吉尔主张泛欧洲的观点，英格兰仍然对这个地区的超权威的权威持有强烈的保留意见。另一方面，对于法国和德国来说，一个欧洲联盟为一些棘手的问题提供了一个潜在的解决方案。法国人担心他们的邻国会有敌意，他们信奉这样的智慧：靠近你的朋友、更要靠近你的敌人；他们认为法德合作是防止德国未来侵略的一种方式。在盟军占领下的德国领导人，眼看着苏联进驻那些从纳粹控制下解放出来的国家，然后又试图夺取柏林。1948 年 6 月 24 日凌晨 6 点，约瑟夫·斯大林（Joseph Stalin）在战胜纳粹后，对自己的意图毫不掩饰，他取消了所有前往西柏林的火车和汽车，试图使该市 250 万人口陷入饥荒。当美国将军柯蒂斯·勒梅（Curtis LeMay）领导西方盟国向柏林市民提供每天 5 000 吨的食物时，斯大林的策略就变得无效了。从这些经历中，以及在康拉德·阿登纳（Konrad Adenauer）的得力管理下，德国人得出结论，战后繁荣的关键在于与西方其他国家建立更紧密的联系。

作为第一步，莫内拟定了 1950 年 5 月 9 日由法国外交大臣罗伯特·舒曼（Robert Schuman）（他本人是法国和日耳曼背景的独特混合）宣布的欧洲煤钢共同体计划。《舒曼计划》将协调生产这些对全球经济至关重要的投入，并建立对德国鲁尔地区重要战略的共同控制。该计划对于法国政府早前完全吞并该地区的举动来说是一个更具政治意义的可选方案。回想起来，很难想象这样一个世俗的冠冕堂皇的协议,最终会改变欧洲历史的进程。但是,它的成功说明了莫内是一个对国际合作问题态度清醒的天才。协议的有限范围给一体化提供了一种实用主义的味道,让这个想法以一种零碎的方式前进,同时让那些对欧洲统一有更宏伟愿景的人抱有希望。1951 年 4 月 18 日,代表们齐聚巴黎,签署了《巴黎条约》,成立了新的共同体。在第二次世界大战结束后仅仅六年的时间里,意大利、比利时、荷兰和卢森堡公国决定组成一个联盟,这让人感到惊讶。新的欧洲诞生了。

绿色欧洲

这一切如何促使欧洲成为今天全球环境政策的领跑者? 是什么样历史的主线,将那些被战争蹂躏的欧洲的黑白模糊图像与今天的可替代能源、可持续农业和绿色制造工艺连接起来的?

让·莫内并不是环保主义者。[19]但是对于莫内和其他人来说,从一开始就明显地需要欧洲国家的监管机构,并从经济一体化的目标中实现逻辑的流动。为了促进商品的自由兑换,欧洲需要从一个国家到另一个国家合理一致的规则。协调社会政策应与经济一体化同步推进的观点在 1957 年得到了清晰的表述,当时六个创始国重新聚首,提出了一个超越煤炭和钢铁的共同市场。《罗马条约》阐述了新的欧洲经济共同体的规则,该条约要求"制定国家经济政策,制定共同政策,特别是农业政策"。就像它所取代的钢铁和煤炭共同体一样,新的结构包括一个欧洲委员会,该委员会将执行我们通常与国家官僚机构相关的日常职能。它还创造了现代欧洲的另外三个结构性支柱,包括一个部长理事会,在那里,国家首脑们就欧盟的政策方向达成一致,欧洲议会和欧洲法院也同样如此。

从 1950 年到 1973 年,欧洲经历了前所未有的经济增长,部分原因是在《罗马条约》下实现的经济政策的协调。[20] 但在此期间,欧洲几乎没有朝着统一的更大目标前进。最初的六国集团在 1973 年引入了丹麦、爱尔兰和英国;但是,如果没有明确的合作授权,这就无关紧要了。从 1959 年到 1969 年担任法国总统的欧洲政治家,尤其是极端民族主义者夏尔·戴高乐,对莫内的欧洲愿景没有兴趣。(事实上,莫内和戴高乐对彼此产生了众所周知的厌恶。莫内认为那高大的将军傲慢而心胸狭窄;戴高乐对小个的莫内和他的数字图表几乎没有耐心。)然而,20 世纪 80 年代发生的事件的速度和方向发生了变化,两项历史发展——绿化和统一——沿着平行的路线进行,就像河流的两个分支重新汇聚之前都加快了前进的步伐。

在环境保护方面,20 世纪 80 年代,整个欧洲都出现了绿色政党的崛起。绿党将对新联盟的优先事项产生决定性影响。自 1979 年第一批绿色国会议员在瑞士赢得席位以来,欧洲各地的绿色党派零星出现。[21] 但在 20 世纪 80 年代中期,绿党的概念才开始兴起。西德再次站在舞台中央。年轻且受过良好教育的德国绿党对国家政治不再抱幻想,传统政党忽视了许多公众关注的问题,从核裁军到酸雨,这些都不符合传统的左派和右派的区别。政治学家赫伯特·基奇特(Herbert Kitschelt)认为,绿党在这一领域的早期研究仍然是一个经典,他们认为绿党是"左派自由主义者",因为他们宣扬社会正义,但对任何形式的集中权力都心存怀疑。[22] 随着苏联的导弹向东瞄准、美国向西瞄准,以及纳粹政权遗留下来的问题和他们背后的大屠杀,德国的激进分子对政府的宏伟计划不信任,这一点也就不足为奇了。[23]在"不要左也不要右,只要进步"的口号下,绿党寻求的是重新定义政治。

要做到这一点,需要找到一种方法,将基层参与式民主与有效的选举策略结合起来,从而赢得绿党在政府的地位。这不是一件容易的事。20世纪70年代,工业化国家的环境运动在不同的政府中得到了不同的对待。正如约翰·德雷泽克(John Dryzek)和他的同事在《绿色国家和社会运动》(*Greer States and Social Movements*)一书中所写的那样,在美国相对开放和松散的政治体系中,环保运动的领导者们很快就受到了来自政府新机构的欢迎,而这是他们努力的结果。相反,在德国,环保主义者被排除在权力之外。由于他们的孤立,德国的基层运动越来越与绿党紧密结合,并对在政治机构内并肩参与者相互和解必要性这未能解决的现状提出了强烈的批评。[24]许多担忧集中在核能上,绿党认为这是一项危险的技术,因为它将权力集中在大公司和政府官员手中(无论是在身体上还是政治上)。

绿党在1983年首次将反建制的环保思想带进了议会,当时有5.6%的德国选民把票投给绿党。在议会的第一天,来自传统政党的政客们穿着三件套的西服参加了教堂的活动,而绿党则带着被酸雨破坏的松树,游行到联邦议院。在整个欧洲,绿党开始获得类似的选举胜利。1986年4月26日,在乌克兰基辅以北50英里,鲜为人知的"切尔诺贝利"核电站引发了一场大火。因爆炸产生了大量的放射性物质云,这些物质倾泻在整个大陆上。切尔诺贝利灾难发生时,我还是一名学生,当时在巴黎,尤记得乳制品是被禁止食用的,因为卫生官员担心牧场的放射性物质已经通过奶牛进入牛奶供应。切尔诺贝利在欧洲引起了公众的强烈谴责。这场灾难似证实了绿党发出的警告,他们指出了从技术系统中汲取能量的危险,这些技术系统需要可靠的政府和企业行为。绿党很快在法国、西班牙、英格兰和比利时取得了成功。在瑞典,环境党是 70 年来第一个进入议会的新政党。

尽管欧洲各地的选民在第一时间将绿党纳入了规则制定机构的位置,但 20 世纪 80 年代的一系列事件加快了欧洲统一的步伐。欧洲前领导人,如法国的弗朗索瓦·密特朗(Francois Mitterrand)和德国的赫尔穆特·科尔(Helmut Kohl)等亲欧洲领导人的当选为新举措打开了一扇机会之窗。欧盟委员会的活跃领袖雅克·德洛尔(Jacques Delors),毫不犹豫地利用了这个机会。他的专家们制订出了一份分析报告,设想了一个阵容更大、更有权力的欧洲联盟可能会是什么样子,并为扩大合作奠定了法律基础。尽管英国的玛格丽特·撒切尔夫人(Margaret Thatcher)反对,在 20 世纪 40 年代和 50 年代由莫内发起的谨慎和有限的合作形式,已成为 20 世纪 80 年代一个更大更复杂结构的基础、一个能够容纳更多成员和受到更广泛政策关注的机构。希腊于 1981 年加入了欧洲共同体,葡萄牙和西班牙在 1986 年也紧随其后。同年,各国领导人签署了《单一欧洲法案》,扩大合作范围,进入了包括环境保护在内的新领域。这在很大程度上要归功于新成立的绿党,他们在 1984 年迅速建立了跨国联盟并赢得了欧洲议会的席位。德国、丹麦、瑞典和荷兰等拥有强大环保组织的国家也推动了欧洲范围内的环保倡议。

《单一欧洲法案》解决了阻碍合作的最大障碍。在欧洲,阻挠联合决策的最棘手的问题不是那些只关心自己的领导人或地方公众、经济危机,或者冷战,而是一种规则。这个特定的规则属于一个我称为超级规则的类别(在第 10 章中讨论),它决定了其他规则的制定方式。根据欧洲经济共同体的旧规则,大多数在部长理事会(或今天所知的欧洲理事会)的投票都是以协商一致的方式进行的。它赋予任何一个国家权力去阻碍一项原本享有广泛支持的提议。根据《单一欧洲法案》,这被一项新规定取代,即合格的多数票。该规则的具体要求随着成员数量的增多而发生变化,但截至2014 年,其由双倍多数票组成:主要新政策必须获得至少55％的成员国(27 个中的 15 个)以及至少 65％的欧洲人口的支持。[25]

在这种程序上的僵局被清除之后,统一行动加快了步伐。当这两条河流相结合——形成一个更庞大的欧洲、更绿色的欧洲——其结果是在整个欧洲大陆和整个世界都产生一种力量。

到了 20 世纪 90 年代,欧洲官员们正在努力提高整个欧洲大陆的环保标准。这些努力是由三个优先事项推动的。首先是找出双赢的解决方案,这对经济和生态都有好处。1992 年推出的欧洲环保标签计划就是这种方法的例证。该项目提供了欧洲官方认可的绿色商业行为认证,证明了它们对消费者的真实性,从而奖励了那些进行环境管理的公司。第二项重点是采取一种更全面的可持续发展方式,不仅要考虑到管道的污染控制,还要考虑造成污染的更广泛的生产系统。例如,在"污染者付费"的原则下,有关包装标准的新规定,消费者和纳税人的责任不在于回收更多,而是生产者首先减少包装。第三个优先事项是以环境问题为契机,加强欧洲在世界舞台上的影响力,向其成员展示整个统一思想的好处。冷战结束后,外交政策协调尤其及时,这产生了新的不确定性,并将美国的出现视为唯一的超级大国。(正是在这段时间,法国外交部长休伯特·韦德里纳(Hubert Vedrine)将美国描绘成一个失控的"超级大国"),1992 年在巴西里约热内卢举行的地球峰会上,欧洲领导人对气候变化的态度与美国的不温不火的反应形成了鲜明的对比。在美国领导的真空和全世界的注视下，欧洲巧妙地把自己塑造成积极的社会变革力量。

一个不情愿的拥抱

这个新的、更强大的欧洲让大多数欧洲人大吃一惊。1992 年，《马斯特里赫特条约》(Maastricht Treaty)正式启动了欧盟，巩固了共同市场，创造了共同的欧元货币，就好像欧洲大陆突然从沉睡中醒来。一时间，政客们和公众对这个以他们的名义执政的新欧盟充满了热情。如果莫内的"慢走"策略的好处是使统一在政治上可以接受，那么它也只是推迟了清算的时间。比利时政治学家、政治家保罗·马涅特(Paul Magnette)总结了当时和现在围绕新规则制定结构的公众焦虑。[26]

> 它的约束似乎变得更重、更不合法，因为它们来自遥远的、匿名的权威机构：布鲁塞尔的欧盟委员会，其成员的面孔几乎无人知晓；部长们在理事会沉重的大门后开着秘密会议；坐落于卢森堡的欧洲法院所做的判决和基希贝格高原上的其他部分完全割裂。或者，欧洲中央银行的行长们在法兰克福的大楼里高高在上地细查欧洲货币、做出决策，更不用说一系列的机构和委员会，他们的确切职能和数量甚至对欧盟内部人士来说都是一个谜。

这些特点很难吸引绿党和其他认为权力应当分散的人意料之

中的是,欧盟各机构很快就成为来自各个政治派别的民粹主义领导人最喜欢的目标。许多欧盟成员国(包括英国和丹麦等国)拒绝采用欧元作为共同货币,这反映出许多国家对将自己的命运与新欧洲实验的命运挂钩的不安情绪。但是,形成欧洲联盟的优势是同样清晰的。很少有人会争论团结一致、达到共同目标的逻辑,而且很明显,欧盟有能力实现经济、外交和环境方面的成果,这是各国不可能实现的。1995 年,随着奥地利、芬兰和瑞典的加入,欧盟在逐渐壮大。统一的逻辑对中欧和东欧新近独立的国家具有特别的吸引力,这些国家刚刚摆脱了共产主义几十年的统治。从 2004 年到 2007 年,又有 12 个国家加入欧盟,成员国总数扩大到 27 个。在写这篇文章的过程中,还有 8 个国家正在排队等待加入欧盟,他们审查着各项要求,犹如将要试镜的演员提前练习台词一样。

东安格利亚大学的大卫·本森(David Benson)和安德鲁·乔丹(Andrew Jordan)认为:"欧洲现在几乎所有的环境政策都是由欧盟制定的,或者与欧盟密切相关。"[27]这包括超过 500 项指令、条例、条约、决定、法院裁决以及涉及广泛的环境议题的建议。但是欧盟的创造性并不是创造更多规则的问题;尽管令批评者担忧,但欧盟并不是官僚主义的雷雨,把官僚作风倾泻到欧洲人头上。多半来说,更大的协调将把几十个国家政策精简为一套更小、更连贯的指导方针。这一过程的一个关键部分——有抱负的欧盟成员国正在排演的那部分——是环境收购,这是整个欧洲项目核心的法律原则。收购方表示,任何希望加入欧盟的国家都必须修改本国法律,以采纳欧盟的整套政策。新成员没有选择他们倾向的政策的特权。对环境而言,收购包括大约 100 个不同的规则。[28]

其中一项规定,即对即将报废车辆的指令,要求汽车制造商在汽车寿命周期结束时,对其所生产的汽车的95％的重量进行回收或再利用。另一个规则是电子设备制造商负责回收或安全地处理其产品中的有害废物。2006年,欧盟采纳了一项名为 REACH 的重大新政策,改变了合成化学品的评估和管理方式。[29]这些规则不仅改变了欧洲内部的商业运作方式。阿姆斯特丹大学的卡特娅·比登科普夫(Katja Biedenkopf)还一直在记录这些规则如何在全球传播。她报告说,欧洲对电子有害垃圾的新规定已经被中国政府采纳,中国政府着力于跟上最新的设计标准,以便中国在电子行业保持竞争力。[30]

欧盟的许多环保规定都是首先在国家层面进行的。在一个国家证明了一项促进可持续性的特别战略的价值之后,国家联盟则是促进整个区域思想和专业知识转移的渠道。柏林自由大学的塔尼娅·博尔泽(Tanja Börzel)追踪了新环境政策运动,当它们从一个欧洲国家的首都连锁波及下一个首都的时候,她发现,欧盟关于城市污水的指令是受丹麦人开发的一个模型所启发的。控制小型汽车和卡车污染的规则是基于荷兰的远大标准。欧洲的综合污染预防措施是在英国开发的。在每一个案例中,这些先驱者都发现,他们可以通过大规模的变革在国内推行创新,然后推动他们在欧洲层面的创新。[31]他们以纵向思维进行思考。

欧盟的环境规则制定绝不是百分之百的成功。协调国家标准与欧洲规则是一个艰巨的过程,受到国家产业结构的广泛变化和成员国政治倾向的不同影响。[32]欧洲雄心勃勃的碳排放总量控制与排放交易计划已经搁浅,因为过量的排放许可导致碳市场崩溃。[33]欧盟制定的旨在"绿色"农业实践的规则,对生物多样性的益处甚微。[34]但毫无疑问,在诸多的成功和失败中,新的欧洲已经改变了谁统治地球的问题。

查伦特河上的新事物

今天，在莫内的家乡干邑，一块坚固的青铜牌匾标示着"让·莫内广场"的字样，这是这座城市对这位成为欧洲之父的爱子的致敬。如今，干邑的人口为 19 000 人，自从一个世纪前青年莫内第一次出发去伦敦以来，城市规模变化不大。但是，在干邑人的日常生活中，他们的口袋和钱包里装着欧元，他们的生活在很多方面都受到欧盟新规则的影响。欧洲范围内的食品标准现在控制着干邑的生产。在欧盟的帮助下，国际贸易规则确保了通用品牌不能盗用干邑的名称。欧盟的水质法规保护了流经小镇的夏朗特河的水流质量，这条河在 17 世纪第一次让干邑成为国际贸易的主要中心。

但是今天，干邑人的生活被第二个全球趋势所影响，它与欧洲统一在一起，为人民和他们的环境带来了平等的信号。虽然欧洲化正在扩大规模，但世界范围内的权力下放运动正将决策权推向相反的方向，它赋予当地社区新的权力，而这在一代人之前是不可想象的。我们将看到这些趋势并不矛盾，也没有削弱各国政府的力量。就像有的哈哈镜一样，这些新的发展正在重新分配全球力量，这些方式将对谁统治地球产生重要影响。与催生现代欧洲的规则不同，权力下放的本质更加分散，甚至难以追踪，因为在权力下放的旗帜下，新的法律和政策在世界各地的城市、省份和村庄里重新塑造了政治。为了阐明权力下放的过程，让我们从回到哥斯达黎加农村开始，那里的当地社区刚刚开始接受其在统治地球上的新角色。

8
缩小

天堂的碎片

多米尼加是一个太平洋海岸的小镇,坐落于哥斯达黎加,那里的热带森林蔓延到世界闻名的海边沙滩上。多米尼加有一种悠闲的氛围,有冲浪商店、露天餐馆和穿梭于水坑和岩石之间的身着校服去上课的孩子们,还有一些其他的事情正在发生。在穿过市中心的土路上,可以找到一条线索。21世纪房地产的广告牌上画着一对幸福的夫妇,他们俯瞰海滨豪宅,还配有英文字幕:"你的天堂!"这个标志让我们看到了在中美洲这个偏远的角落里,更大的力量在发挥作用。房地产开发热潮正在如火如荼地进行着,外国人在剩下的土地上争夺自己的一片天堂,这些土地都由当地农民出售,他们的家族世代居住在这片土地上。

胡安·卡洛斯·马德里加尔(Juan Carlos Madrigal)就是这样一个农民。我在2008年去哥斯达黎加的一次年度旅行中访问了胡安·卡洛斯,了解当地的土地所有者是如何应对这些压力的。[1]

这片土地在他的家族中已经有很长一段时间了，高耸的热带森林环绕着树木种植园、大豆、可可作物和广阔的海洋景观。徒步穿越这片土地后，我们在一个大瀑布下的游泳池里消暑，这样的景致这里还有许多，轰鸣声从上面茂密的丛林中发出，水量因季节性降雨而改变。用毛巾擦干水后，我们坐下开始了访谈，讨论马德里加尔对这片土地的未来展望。他为人谦逊且怀有尊严，在几十年的农业生活中，他的皱纹加深了，他谈到，最近有一群美国人向其提出了以百万美元购买他的房产。马德里加尔摇了摇头，说自己当然拒绝了。我从哥斯达黎加多年的研究中得知，"Ticos"（哥斯达黎加人自称）对自己的农业文化遗产感到自豪，并对环境保护有坚定的承诺。我很感动，并且会意地朝我的学生点点头。我想知道，像胡安·卡洛斯·马德里加尔这样的人所作的承诺是否能阻止该地区的土地投机潮，以及随之而来的社会动荡。

他补充说，"我坚持要 200 万。"

如果现在去衡量从哥斯达黎加人手中向北美和欧洲人转移土地的长期后果，还为时过早。一些外国买家正在努力保护森林，甚至在当地放牧多年后还林还草。还有一些人将数百英亩的森林夷为平地，建造迎合外国精英的豪华度假胜地。与此同时，像马德里加尔这样的土地所有者，在容易获得金钱的吸引力和看到他们的社区解体的前景之间徘徊不前。这些决定往往被笼罩在对即将到来的财富的极度幻想中。一名森林官员将这描述为"爱幻想的外国人"（Gringo Imaginario），他将带着充满现金的口袋来实现每个农民的梦想。

这一结果将取决于当地政府是否会拿出执行现行土地使用规划规则的意愿，以及他们是否有能力从国家政府那里寻求帮助，以对抗金钱利益。但是,其他的东西也在发生变化。作为全球趋势的一部分,哥斯达黎加地方政府获得的权力和资源比以往任何时候都多。从历史上看,哥斯达黎加是拉丁美洲政治中心,由于首都的原因,它拥有税收和规则制定权。[2]但是,今天的新规定允许地方政府征收财产税,将其在全国税收基础上的比例提高到 10％[3]——这算不上是一场革命,但足以让人们的生活发生真正的变化。这使得当地市政当局可以雇佣更多的规划师和房产督察,或许还可以为经济增长提供帮助。

多米尼加的命运反映了特定地方政治的更大的意义。威廉·克拉克(William Clark)是全球环境治理研究的先驱,他指出没有人真正生活在地球上。我们住在多米尼加,或者芝加哥的郊区,或者法国干邑地区。这些都是我们各自认同的地方,而且最容易施加影响。当地建造或拆除的规则决定了我们是保护绿地还是用人行道覆盖每一英寸土地,我们是拥有具有吸引力、令人向往的城市中心,还是在房地产开发商的短期产业上随意设计出来的荒凉购物中心。地方的状况也受到组织的更高尺度上规则的影响,例如国家政策;我们将会看到,当当地的变革拥护者纵向思考时,他们是最为成功的,他们在多个层次的治理中挖掘资源。但不可否认的是,当地的担忧意味着城镇、城市、州和省份是政治行动的逻辑焦点,这些人已经准备好超越自我感觉良好的地球日庆祝活动,并持续推动可持续发展。

放缓

今天,地方政治正变得比以往任何时候都更加重要,这是全球趋于权力下放的结果。这一历史性的转变以不同方式和不同步调发生在几十个国家，但在世界各地，对谁统治地球产生了深远的影响。那么，"分权"这个词到底意味着什么呢？

权力下放可以被看作是一个巨大的政治离心机，它将政治力量从中央政府——权力中心位于首都的国家政府——向外旋转至遥远的地区和城市。（为了将离心机的比喻延伸到政治现实主义，我们可以想象政客们在他们的生活中徘徊，试图抵抗各自的决策特权分散，但以后会更多。）在其更为谨慎的版本中，权力下放将决定权交给了国家官员，但更多地是在首都以外的地方设立办事处，承诺让政府更接近人民。威权政府统治的国家，这种权力下放的方式也确保了当地人更容易被监控。[4]

当权力下放的力度更强时，税收收入被重新分配，使得地方政府获得更多的收入。这意味着有更多人力投入社会服务。在其最强版本中，权力下放使当地社区负有管理森林、水和野生动物的前所未有的新责任。越来越多地是由当地决策者、市长、镇议会和村长、省长和省级官员来决定地球资源的用途。更重要的是，在决策制定过程中，新规则是如何制定的。随着民主改革的蔓延，权力下放使普通公民能够像以前一样参与管理事务。斯坦福大学的政治学家乔纳森·雷登（Jonathan Rodden）一直在追踪全球的这些发展动向，他总结道："治理的基本结构正在发生改变。"[5]结果是肯定的，但我们确信的是：在谁统治地球的问题上，正在发生变化。

强权行为

要掌握权力分散的起源，你可以合理地问一下，各国是如何在一开始就变得如此集权化的。[6]答案之一是,国家建设总是从内陆地区向首都推进。新国家的缔造者——从拿破仑到纳尔逊·曼德拉(Nelson Mandela)——使用说服、经济激励和强迫组合,试图将不同地区和民族融合成一个统一的整体。与大多数国家相比,美国的集中度要低得多,它在许多方面都是国家工艺历史上的一个例外。美国民主实验的奠基人在早期就得出结论:在英国王室的统治下,对防止暴政的最可靠方法就是打破权力,分散各地的权力。他们建立的联邦制度为各州保留了巨大的规则制定权。总统的特权在权力制衡的体系中被进一步稀释,这种制衡机制将权力分散到不同的政府部门。今天,世界上有几十个这样的联邦制国家,包括加拿大、巴西和德国,那里的各省、州和邦都拥有真正的影响力。[7]在其他任何地方,国家建设在历史上都随着权力和资源集中于首都而进行。

集中化的趋势在第二次世界大战后真正开始了。战时的动员使强大的中央政府有能力指挥巨大的经济和军事资源。今天,我们嘲笑共产主义的经济失败,但苏联在 20 世纪 50 年代和 60 年代的经济增长令人印象深刻,平均每年接近 4%。许多国家领导人,尤其是贫穷国家的领导人,都注意到了这一点。国家社会主义及其集中的经济规划方法似乎为实现繁荣提供了可行的战略;为那些寻找依据的人提供了一个将权力集中在少数人手中的理由。

但自上而下的规划不仅在左翼政权中很受欢迎,没有人比欧盟创始人让·莫内更能代表中央集权治理的气魄。莫内制定了贸易协定和其他规则的制定结构,以促进国际合作和调动经济资源。在美国,甚至在战前,富兰克林·德拉诺·罗斯福新政下的反贫困倡议证实了这样一种观点,即在实行资本主义的国家中,强大的中央政府最有能力提供至关重要的社会服务,并强化了自由市场的自我毁灭倾向。战后,艾森豪威尔建立了一个全国性的高速公路系统,把一个无序混乱的道路系统整合成横跨大陆的统一的交通网络,再一次表明中央政府可以完成较小的政治实体无法胜任的壮举。

中央计划的热情被转移到了欧洲殖民地——那些如今我们聚集的、有着冗长名称的、所谓"发展中国家"的地方。回顾第二次世界大战结束时,几乎所有的亚洲、非洲、中东、太平洋和加勒比地区仍然被殖民列强占领,最显著的是英国和法国。结果发现,殖民地比殖民者更加集权。殖民地的管理者建立了等级经济制度,使他们能够提取木材和橡胶等资源用于出口。这种经济控制的逻辑体现在殖民列强为确保当地居民的遵守而建立的自上而下的政治结构中。

20世纪中叶,随着殖民主义的道义和经济逻辑受到攻击,法国和英国作出了最后努力,通过对教育和农业等领域的投资促进殖民地的福祉。正是在这一时期,"发展"成为世界舞台上的一个明星概念,殖民地培养了一批专业发展干部队伍(农学家、工程师、经济学家、卫生专家等),从各国政府和私人捐助者那里筹集数十亿美元的海外援助。发展援助进一步加强了中央集权,因为捐助方更愿意把资源输送到首都的国家官员那里,而不是与无数的社区讨价还价。

从20世纪40年代开始,独立的革命运动席卷了殖民世界。民族主义领导人推翻了殖民统治者的集权统治,并直接用高度集权的独立政府取代了这些政权。在印度,圣雄甘地(Mahatma Gandhi)的大规模非暴力反抗运动引起了全世界的关注,并促成了

1947 年英国统治的终结。但是,甘地所倾向的小规模发展和自给自足的模式很快被抛弃,人们转而支持总理贾瓦哈拉尔·尼赫鲁(Jawaharlal Nehru)的自上而下的大规模现代化愿景。[8]在印度的带领下,数十个国家在 20 世纪 40 年代到 60 年代之间为争取独立而斗争。随着殖民势力的撤退,诸如牙买加、博茨瓦纳、孟加拉国、肯尼亚、摩洛哥和印尼等新国家面临着巨大的挑战,其中最重要的是如何整合偏远地区,促进经济增长。早期重点强调了水坝、港口、道路和其他大型基础设施项目,这些项目超出了当地行动者的能力,并使资源和决策权进一步集中于各国首都。印度对这些新领导人的思想产生了重要影响,他们仿效了尼赫鲁的国家社会主义发展模式。

20 世纪 60 年代,中央计划在西方仍然广受欢迎,而工业化国家的发展机构则鼓励集中趋势。我们不要忘记,这些新兴国家中大多数不是民主国家。像纳赛尔(Nasser)(埃及)、肯尼塔(Kenyatta)(肯尼亚)和苏哈托(Suharto)(印度尼西亚)这样有魅力的领导人,在他们的国家中灌输了民族自豪感,但没有扩大他们对独立的拥护,包括为本国人民争取投票权。中央政府扩大了他们的人员队伍,在世界各国首都设置了新的教育、规划、卫生和交通部门。与此同时,当地机构走向衰败。在殖民时期,地方政府和部落酋长是由殖民地政府任命或增选的;独立后,国家领导人以怀疑的眼光看待他们,几乎没有理由分享权力。新的国家建设项目是集中的、大规模的、有前途的经济现代化和政治自治。

在拉丁美洲,集权化的故事遵循了一条通往同一目的的不同道路。大多数拉丁美洲国家在发展中国家之前的一个世纪里获得了政治独立,在 19 世纪早期就把宗主国的军队赶回了西班牙和葡萄牙。然而,在经济上,该地区仍然严重依赖美国和欧洲市场。拉丁美洲的领导人迫切需要外国投资,但却对强大的跨国公司感到不满,这些公司控制着整个地区的大片土地,毫不犹豫地干预国内政治。[9]为了打破经济依赖的纽带,从 20 世纪 30 年代到 60 年代,拉丁美洲领导人采用了一种新的战略,叫做进口替代工业化,它要求用国内产品取代外国产品。其想法是在管理经济增长的同时大幅减少进口,以造福于国人。这一要求——你猜对了——促使政府参与经济决策,并进一步将权力集中到整个地区的民粹主义领导人手中。通常情况下,经济和政治结构互为镜像。为了激起民族主义情绪,领导人建立了精心设计的政治制度,以动员贫穷和弱势的农民和劳工,但这样做的目的是为了严格控制他们。[10]到 20 世纪 60 年代末,世界高度集中。

重组的政治甲板

如今,数十个国家开始改变路线,纠正了几个世纪以来中央集权的不平衡,赋予地方和地区政府规则制定权。什么可以解释这种彻底的逆转?有趣的是,在欧洲,第一个走向权力下放的行动开始了。权力转移很大程度上是对分离主义运动的回应,这些运动是由生活在文化和语言上截然不同的地区如巴斯克(西班牙和法国)、撒丁(意大利)和弗拉芒(比利时)的人所领导的。这些团体从来没有接受整个国家一体化的理念。20 世纪 70 年代开始,分离主义运动的声音越来越大,通过和平游行、恐怖爆炸等各种手段表达他们的不满。这些事件给国家领导人带来了巨大的压力,他们有时会以不断升级的暴力回应,有时则做出政治让步。在英国,新出台规定的立法机构包括苏格兰议会。这两个立法机构于 1979 年首次提出,并于 1998 年正式成立,被赋予了新的立法权,包括从渔业管理到保护历史建筑等一系列独立的立法事项。[11]

在西班牙,弗朗西斯科·佛朗哥(Francisco Franco)是西班牙内战的胜利者,也是欧洲在位时间最长的独裁者,他留下了高度集权的政治遗产。1977 年,当西班牙恢复民主时,区域自治的要求突然爆发。加泰罗尼亚、安达卢西亚、阿利沙和巴斯克地区呼吁制定新的规则,分散政治和经济权力。在巴斯克地区和纳瓦拉,现在所有的收入和企业税收都直接向地区政府征收,然后偿还中央政府所提供的服务。[12]从空气污染排放到城市发展,如今的西班牙是 17 个拥有广泛环境责任的自治区的集合。地方政府没有浪费时间来测试他们的新权力。安达卢西亚通过其区域气候变化战略促进森林保护;巴塞罗那需要所有新建筑的太阳能热水系统。[13]在意大利和比利时也发生了类似的事件。就连传统治理模式是自上而下的法国,也在 2004 年启动了一项重大的权力下放计划,将更多的权力交给了法国农村地区的 54 000 个地方政府。[14]

注意到西欧各国正在推进分权,就像在前一章讨论的新欧洲联盟内的权力集中一样,欧洲在扩大规模,同时也在缩减规模。我们也注意到,各国政府并没有受到这两种趋势的削弱。改变地球的规则不是简单的零和博弈,在这个博弈中,加强一个层次的治理会使另一个层次变得贫瘠。就像通过提高注意力和减少非专业投资来强化的公司一样,政府可以通过放弃一些责任来增强他们的行动能力,并允许权力向下和向上流动。[15]满足地方自治要求可以增强各国政府的合法性,加强公众的支持,同时让地方官员在民众不满社会服务的情况下采取措施。把权力交给像欧盟这样的国际组织，它的任务是促进成员国之间的贸易、促进经济增长，进而增加国家政策制定者的税收收入。通过新的联盟支持他们的努力，扩大国家政府的国际议价能力。

倾斜地球的政治轴心

一段时间以来，集中控制模式似乎能够促进发展中国家的繁荣。20 世纪 50 年代和 60 年代期间，富裕国家的经济增长促进了第三世界的出口经济，使得这些国家的领导人能够扩大政府计划，并且通过奖励政治支持者以工作，新建道路和学校，以及持续对利润丰厚行业的控制等手段来维持权力。由于 20 世纪 70 年代的石油危机和随后的全球经济衰退，这种在政府严厉措施指导下的经济快速增长突然结束。[16] 到 20 世纪 80 年代初再次出现经济衰退的时候，被资金匮乏和不负责任的政府统治着的公民很快对自上而下的现状感到焦躁。破败的政府机构被证明无法提供社会服务，而在仪式上，国家领导人的肖像则是对公众信任的嘲弄。除政治高压外，许多政府经历了一系列腐败丑闻和公然无能的表现，例如墨西哥政府对 1982 年墨西哥城地震的拙劣反应。在专制政权中，当国家领导人不顾一切追求权力，从事不可思议的侵犯人权行为时，将给执政的合法性带来危机。[17]

从 20 世纪 80 年代中期开始，推动地方权力在全球迅速蔓延。具有讽刺意味的是，这一倡议不是来自大规模起义，而是来自小型政治精英团体的自上而下的举措。你可能会问，为什么政治领导人愿意放弃权力？乍看之下，这似乎违背了我们对政客的印象。但是，研究令人激动之处在于，我们能够超越第一印象，仔细研究事物的内部运作。在政治学家梅尔里·格林德尔（Merilee Grindle）的著作《鲁莽的改革》中，就是这么做的。根据对拉丁美洲改革者的采访，格林德尔发现，权力下放是由国家领导人率先发起的，各国领导人可以看到，体制正处于危机之中，他们找到了从加强地方政府中获益的政治途径。在阿根廷，卡洛斯·梅内姆（Carlos Menem）总统同意与地区分享权力，以换取宪法改革，允许他再次任职。其他研究人员发现，在哥伦比亚和玻利维亚，掌权不稳定的总统认为，他们的政党可能在地区一级赢得更多的选举，并争取新的规则，以增强他们可能到任的职位的权力。[18]

　　一旦地方政府和基层组织尝到了新的权力，他们就要求更多。[19]十年之内，无论是在独裁政体还是在民主国家，无论左派还是右派政权，无论富国还是穷国，都在呼吁改变统治地球者。在工业化世界中，日本、韩国、澳大利亚和新西兰通过了权力下放法。今天，至少有六十个发展中国家已经下放了自然资源管理的某些方面的权力。[20]在菲律宾，1986 年推翻马科斯（Marcos）独裁政权之后，管理国家公园的责任被移交给地方当局。[21]墨西哥、巴西和哥斯达黎加的地方政府在水资源管理方面拥有比以往更大的发言权。[22]目前，对玻利维亚、洪都拉斯、危地马拉和尼加拉瓜森林的管理现在大部分交给了当地人。[23]

地方拥有权力是一件好事吗？

　　人们很容易被有关分权的民粹话术迷惑，并想象地方对于环境决策拥有更大的控制权必然是积极的发展。有什么能比权力接近人民更好呢？正如 E. F. 舒马赫（E. F. Schumacher）在他著名的书中所说的那样,"小的是美好的"——不是吗?

　　首先,请记住,美国的民权时代从根本上来说是通过集权决策权来促进社会正义——拒绝让城市和州决定是否和何时结束种族歧视,而是让联邦政府采取行动。[24]联邦的要求也是如此,妇女可以投票,要求儿童上学,而城市公交车则容纳残疾人。因此,即使在我们将环境引入等式之前,也让我们清楚地认识到赋予地方政府权力并不一定意味着更多的地方民主。

　　就像这些先前的情节一样,关于分权和环境的争论有千丝万缕的关系。比如,预计当地社区是否能够做到这一点呢? 村干部是否应该决定从周围的森林中采伐多少棵树? 市长和市议会应该设置可接受的空气污染水平吗? 社区真的有能力有效地管理当地的饮用水吗?

　　在关于当地环境治理的争论中,没有任何想法能比美国生态学家加勒特·哈丁(Garrett Hardin)在 1968 年出版的《科学》杂志上推广的"公地悲剧"隐喻产生更大的影响。[25]公地悲剧认为,社区共享的自然资源注定会被过度开发。在漫不经心的对话中,我发现即使是那些声称对环境知之甚少的人也经常听说过公地悲剧。如果一位自然科学家决定将一个社会概念融入到她的环境研究课程中,那这就是其中之一。鉴于其受欢迎程度,公地悲剧为我们提供了一个逻辑起点,以考虑地方控制是否是一件好事,因此分权预示着我们的未来。

　　真正的悲剧是,大多数人没有意识到哈丁错了,或者在这个问题上提出一个更好的观点,公地悲剧适用于比哈丁所声称的更为狭隘的情况。这已经在过去四分之一世纪出版的数百种书籍和研究文章中有记载。但是再一次地,在环境社会科学前线工作的人们没能把这个词传播到埋头研究的专业人员的圈子以外，难怪这么一种笨拙的理念能得以实现。那么首先，让我们仔细研究一下哈丁究竟在争论什么。

"想象一片对所有人都开放的草场，"哈丁写道，"可以预料，每个牧民都会尽量在公地上保留尽可能多的牲畜。"随着人口的增长，这种压力会增加。当它发生时，每个牧民都面临着是否要添加额外的动物来放牧的决定。当他思考这个问题时，牧民就会发现，他会从收获乳制品和肉类产品中获得好处；他不需要与其他牧民分享这些好处。另一方面，在土地上增添一头动物的成本——给土地带来压力、最终降低土地长出青草的能力——分布在整个群体。毕竟，牧民可以根据需要将他的牛只移动到共享资源内的绿色牧场。因此，他会加入一只又一只。其他牧民作出同样的决定，直到草原生态系统在不可持续的放牧压力下崩溃。"每个人都被锁在一个迫使他无限制地增加自己的牛群的系统中——在一个有限的世界里。"哈丁声称，这种情况发生在人们拥有共同资源的时候，从深海到大气，这带来了可怕的后果。"废墟是所有人都冲向的目的地，"他警告说，"每个人都追求自己对一个信仰公地自由的社会的最大利益。公地中的自由给所有人带来毁灭。"[26]

在某种程度上，哈丁的想法全凭直觉。如果你曾经和一群人共用一台冰箱，你就会知道——单凭气味——每个人都有责任关心共享资源，但往往没有人承担，导致冰箱中的食物发霉变质。这个想法有着悠久的历史。公元前 4 世纪，亚里士多德在他的名著《政治学》中对共同所有权问题进行了辩驳。"完美国家的公民应该拥有共同的财产吗？"他问。那个世纪初，苏格拉底提出了十分令人震惊的建议（正如苏格拉底所做的那样），即男性公民必须共同拥有妻子和孩子,以培养更强烈的社区意识。亚里士多德谴责这个提案的原因有很多(其中包括爱情会像"溶于大量水中的少许甜味剂"一样稀释)。但他对共同财产本身的想法进行了最严厉的批评。"拥有的人数越多,对财产的尊重就越少。人们对待自己的财产要比集体所有的要谨慎得多;他们只在私人财产受到人身影响的情况下对公共财产进行照看。"[27] 在亚里士多德提出该观点的 2304 年之后,哈丁著作发表前的 14 年,经济学家斯科特戈登(H. Scott Gordon)在《政治经济学杂志》上发表了一篇论文,提出了同样的观点。他写道:"看来,在保守的说法中,人人拥有财产等于没人拥有财产是有道理的。对所有人来说,免费的财富是没有价值的,因为他足够勇敢地等待适当的使用时间才会发现,它已被另一个人占用。"他认为,过度捕捞的结果是因为海洋是共有的,与主导现代农业的私有财产权相反。[28]

过劳隐喻的悲剧

那么哈丁的公地悲剧的缺陷在哪里呢?哈丁的论点中的基本错误是他混淆了两种不同的安排:开放获取和共同财产。随着开放获取,关于人类行为的社会规则将不存在——它确实是一种免费的行为。无论是谁利用了最大的渔船和伐木车、取得最大的收获,不可持续资源消耗的代价将由全体成员承担。(我的学生为了配合这本书而创建的丛林视频游戏中,玩家就是在这种情况下开始的。[29])开放获取情况通常证实哈丁的悲观预测。

但是哈丁忽略了另一种可能性:当社区成员制定规则来管理他们的资源时,共享所有权可以很好地工作——例如谁可以收获、允许他们拿多少，以及当用户违背规则时会面临什么惩罚等。渔业经济学家 H. 斯科特·戈登（H. Scott Gordon）指出，在"原始社区"中有一些例子，当地居民在那里生活的规则可以确保采用更加严谨的方法来挖掘自然界的财富。在第 4 章关于产权的讨论中，我们看到了当地社区可持续管理墨西哥和哥伦比亚共享森林资源的例子。这些社区精心制定了规则体系，保护栖息地，造福于农村家庭、候鸟和全球气候稳定——这种可持续安排使得工业资源提取听起来相当简单。可持续收获是通过规范获取、制裁罪犯的规则来确保的，并且在需要时指定修改规则的明确程序。但是，加勒特·哈丁似乎很欣赏自己直言不讳的反对派的身份，捍卫其在政治立场上不受欢迎（包括他后来在"救生艇道德规范"中高度争议的工作）的角色，但他没有提到管理共享资源的社区级机构。他建议，避免公地悲剧的唯一方法是追求以下两种选择之一：将公地分为私有财产或让中央政府掌控。[30]

正如伟大的进化生物学家斯蒂芬·杰伊·古尔德（Stephen Jay Gould）所指出的那样，光反对是不够的——你还必须正确。很快其他研究人员就发现了哈丁论证中的缺陷。1975 年，两位农业经济学家——加利福尼亚大学伯克利分校的西格弗里德·冯·西里亚奇-旺特鲁普（Sigfried von Ciriacy-Wantrup）和威斯康星大学的理查德·毕晓普（Richard Bishop）发表了一个刺耳的反驳。他们指出，"基于'共同财产'概念的制度在从经济史前到现在的自然资源管理中起到了有益社会的作用。"[31]"西里亚奇-旺特鲁普和毕晓普指出，即使是英国的放牧公用地，作为哈丁著名隐喻的主题，由于社区规则确立了配额和有限的过度放牧，因此可持续地管理数百年。他们写道："大量英国公地的历史减少在大量关于圈地的文献中有详细记载。"过度放牧不是原因。"在它们出版时,在英格兰和威尔士有 150 万英亩的放牧场所。

对哈丁悲剧的决定性批判来自印第安纳大学的政治经济学家埃莉诺·奥斯特罗姆(Elinor Ostrom),为表彰她在公共事务领域的研究,她在 2009 年被授予诺贝尔经济学奖,成为第一位获此殊荣的女性。直到 2012 年她不幸去世之前,作为社会科学界的巨匠,没有人比埃莉诺·奥斯特罗姆更进一步了解社会规则如何影响地球。

奥斯特罗姆的攻击沿两条战线进行。首先,她揭露了哈丁逻辑中的缺陷,依赖面对牧民和任何其他资源使用者的、过于简单化的决策图景。哈丁认为资源使用者不可能进行合作,忽略了签订相互约束合约、交换信息和监督行为的可能性。奥斯特罗姆使用博弈论——一种在电影《美丽心灵》中普及的数学模型,分析了人们如何作出决定——表明不合作只是自然资源用户面临的诸多可能性之一。当周边社区制定奖励合作和惩罚有害行为的规则时,人们对是否以可持续或鲁莽的方式获取资源做出的选择会发生变化。

奥斯特罗姆代表地方治理可持续发展的第二个也是最有说服力的论点来自研究记录现实世界的例子。[32]对于奥斯特罗姆来说,20 世纪 60 年代,她的博士研究期间出现了第一条线索,当时她正在家乡洛杉矶学习水管理。在 20 世纪 40 年代和 50 年代,该地区的地下水正在以惊人的速度降低。城市、县、区域水批发商和私营公司(最著名的是石油工业)都参与了免费的活动,从一个共享的水池中提取水,这个水池似乎具有哈丁世界末日场景的所有特征。"在一个机构中,个人将其他机构中的个人视为竞争对手,"她观察到,他们在提取可能的信息时故意隐瞒信息。显而易见的是,除非用水得到控制,否则邻近太平洋的盐水将被拉入含水层。该地区的利益相关者组成了西部流域水协会,该协会规定了用水量的区域上限,为当地用水者分配配额,并集中资源建立防止海水入侵的屏障。换句话说,该协会制定了促进使用共同资源的合作规则。[33]

1981年,当她在德国比勒费尔德大学举办的一次研讨会上展示她的研究成果时,奥斯特罗姆受到了著名政策科学家保罗萨巴蒂耶的挑战,审视她研究生论文中提到的规则制定体系是否仍然存在。奥斯特罗姆发现的确如此。在美国地质调查局的资助下,她和她的同事们将重点扩大到包括加州共享地下水流域的管理。他们想知道,在过去的半个世纪里当地社区是否以及如何保护稀缺的水资源。他们再次发现,有效的规则使得社区可持续地管理资源的能力发生了重大变化。

随着她的工作吸引了更多的注意力和更多的资金,奥斯特罗姆和全球越来越多的合作者发起了一项倡议,收集当地社区管理共有森林、湖泊、灌溉系统、海岸线和其他资源的所有已知案例研究。1989年,这些研究人员已经积累了5 000个案例进行研究。2013年,这个数字达到近9 000个——平均每周有五项新研究被发现。在他们的网上数字图书馆中,你会发现一系列令人惊叹的地方机构促进可持续发展的案例。在冰岛,称为赫雷帕尔的当地农业社区通过一个拥有1 000年历史的规则制定系统管理常见的山地牧场,该系统严格控制其使用,主要用于放牧绵羊。[34]希望使用牧场的外部人员必须首先获得整个社区的同意。社区成员可以要求评估放牧能力(考虑到环境条件变化很大,这是一个重要的问题),并在此基础上建立羊只配额;违反规定者将受到巨额罚款。

世界各地可以找到类似的地方环境治理案例。在菲律宾，称为"zanjeras"的公共灌溉系统已经成功管理至少 500 年。根据奥斯特罗姆的说法，数百个灌溉者社区"决定他们自己的规则、选择自己的官员、保护他们自己的系统，并维护他们的运河"。[35] 在印度喜马拉雅山脉，研究人员发现，当地社区在管理森林方面往往比国家机构做得更好。[36]

在所有这些情况下，由当地社区创建的规则至关重要。一些规则有助于通过创建地方争议解决论坛来解决资源使用者之间出现的不可避免的冲突。其他规则列出了监测和制裁战略，以抵制欺骗的诱惑并提高整个系统的信心。其他规则还规定了在举行修改规则的会议时应参加的人员。

这些研究人员发现许多其他情况下，结果不那么乐观。许多地方缺乏有效的规则制定体系，并且由于开放获取的悲剧而经历了资源退化。那么为什么每个社区都不会制定规则来长期解决问题和管理其资源？原因的很大一部分是有效的治理引发了成本问题。需要花费大量的时间和资源来确定边界、召集会议、监控行为、解决冲突以及对违反规则的人进行处罚。当地人可能会认为这些工作不值得去做，取而代之的是在资源还有剩余时全力利用。在面对木材和采矿等大宗商品国际贸易的市场压力时，之前长期运作良好的规则制定体系会面临崩溃。在其他情况下，中央政府有意破坏了这些古老的规则制定体系，他们认为这是一种潜在的威胁——对于那些当地的资源和依靠它们的人，会带来灾难性后果。

无论资源是被可持续利用还是被浪费，这些地方结果都会产生全球性后果。世界上大部分海洋鱼类每年捕捞量估计为 1 亿吨,由当地小型渔业社区承担。[37]在对 18 个国家进行的一项调查中,乔纳森·马布里(Jonathan Mabry)报告说,在所调查的国家中,灌溉工作平均 62％是通过当地的水资源管理系统完成的。[38]当地社区控制全球约 8 亿英亩的森林。[39]随着权力下放,这一趋势只会加速。

没有方向的公交车

奥斯特罗姆和其他人的研究消除了许多对当地社区是否有能力照顾地球的误解。但有关共同财产的研究只描绘了部分图景,一些重要的问题亟待解决。首先,关于地方环境管理这个大问题,对共有资源的研究实际上能给我们带来多大贡献?在实践中,自然资源受共同财产、政府和私有财产的复杂混合体的制约,每种财产都有具体的规则规定谁有权获得财产、财产如何转手,以及参与者的权利和责任。要理解分权将带来什么——实践中,将地球资源的控制权交给当地人意味着什么——我们首先要考虑人们居住在哪里。我们大多数人不是冰岛牧羊人,而是生活在城市及其周边郊区。2011 年,世界人口的一半以上居住在城市。到 2050 年,这一数字预计将达到 67％。工业化世界的人们倾向于对发展中国家的农村生活有相当浪漫的看法。当我以非洲和平队志愿者的身份工作时,我经常收到来自美国朋友的信,询问我所在"村庄"的生活情况,尽管我住在一个有 20 000 人口、位于丛林中的偏远城市。南美洲的城市化水平(83％)已经超过了欧洲和北美。到 2025 年,即使是世界上最主要的人口中心——亚洲南部,也将有一半的人口居住在城市。[40]

那么，这些我们称之为城市的地方是什么，当其获得更大的权力、承担统治地球的责任时，未来会带来什么呢？人口超过 1 000 万的特大城市受到了媒体关注。今天，在这个星球上有东京、开罗、墨西哥城和孟买等 29 个特大城市，市民们期待着城市生活带来的便利。但只有十分之一的城市居民生活在大都市中。全球有一半的城市人口居住在人口小于 50 万的城市定居点。基于城市规划者和庞大的税基，上海、圣保罗或芝加哥追求可持续发展是一回事，而中小城市则是另一回事。

许多城市政府没有准备好承担分权改革下预期的新环境责任。在较贫穷的国家，城市往往是人类生活的混杂的聚集地，财产权不安全，毫无法律可言。如果真的推行改革，社区自助组织就要去试图应对低效的政府服务和无计划的城市定居。这些城市的规模可能会具有迷惑性。作为我研究生课程的一部分，我住在玻利维亚的圣克鲁斯·德拉谢拉，这是一个令人愉快的城市，我在市中心附近租了一套公寓，居住了六个月。我知道圣克鲁斯·德拉谢拉的官方人口大约超过一百万，但只有主城区的一些地方会令人想起这是一座大都市。

然而，当我和妻子乘错公共汽车时，我开始明白蔓延的真正含义，并且很快就知道回家的唯一方法就是忍受去城市的外围和返回的旅程。数百辆这样的小型公共汽车在城市周围穿梭，乘客在吱吱作响的座位上蹦蹦跳跳，而驾驶员在穿过不易看清的十字路口前划着十字。在车上我多次醒来，车正在快速驶出市中心，窗外是一片又一片的街区，还有破碎的路面和流浪狗、狭窄的店面和小孩、街头摊贩和携带蔬菜袋的妇女，以及靠在墙上的年轻人。我确定我们一定在城市的外围，这一旅程持续了一个小时——一个永无止境的社区的全景,就像一些超现实的循环梦。这是一个我从来不知道的圣克鲁斯。这些经历让我们了解到,那些每天乘坐这样的班车上下班的人的生活应该是什么样子。

未来几十年,几乎所有的人口增长都会发生在发展中国家的城市,通常在像圣克鲁斯·德拉谢拉外围那样广阔的城市地区。随着权力下放,地方领导将决定公共交通是否安全便捷,以及是否投资于水和污水管道。所以如果我们想了解谁来统治地球,我们需要了解一些关于城市管理的事情。然而,我们对世界各地城市政府的运作方式知之甚少,包括他们是否愿意也能够承担分权下预期的新环境责任。在实践中,研究很像是将信息素喷洒在黑板上并释放一些蜜蜂。研究人员围绕那些能够吸引热门话题的问题展开讨论,而完全忽视其他问题。如果每一百本关于当地公地的出版物,对城市和州的环境规则制定至多有一项严格的研究,我也不会感到惊讶。[41]

我们确实知道,城市规则制定与公共研究中的小型农村社区几乎没有什么相似之处。[42]像森林或沿海渔业这样的共享资源可能会或可能不会受当地规则的约束。这对于能够解释说明一些资源是否会被成功地管理利用,或者是遭受加勒特·哈丁所描述的开放获取的悲剧还有很长一段距离。相比之下,几乎每个城市都有一个政府。它们可能是有远见或目光短浅的,它们的领导人是高尚的或腐败的。但即使是税基薄弱、公民参与程度较低的城镇,仍然存在某种决策结构。

当地政府的实际权力因所处地区的不同而有所不同。在美国,当地政府在土地使用规划方面拥有重要的权力,许多社区已经筹集到资金来永久保护农田,并为娱乐和野生动物栖息地开放空

间。在东北部,2000 年至 2004 年期间,395 个地方的选民全民公
决被批准致力于开放空间保护(图 8.1)。[43] 在瑞典,三分之一的税
收用于地方政府;在希腊,地方政府每年获取 1% 的税收。在澳大
利亚,约 8% 的公职人员为地方政府工作;在日本,这个数字是
60%。[44] 在比利时,地方领导人由国家政府任命,这种安排在美国的

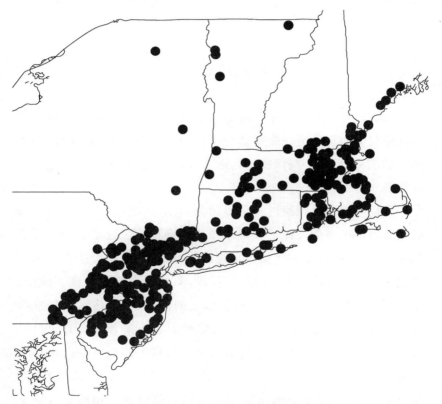

图 8.1 2000—2004 年美国东北部保护当地休憩用地的选民通过的公民投票

来自埃里克·纳尔逊(Erik Nelson),上须道德(Michinori Uwasu)和斯蒂芬·波拉斯基
(Stephen Polasky)(2006)关于《开放空间投票:什么解释了美国市级开放空间保护公投的出
现和支持?》,生态经济学 62: 580—93。

中央集权国家是不可想象的。在法国，如果你的政治野心太大，以至于无法决定是竞选市长还是竞选国会议员，你可以选择同时占有两个职位。[45]

尽管地方政府多样化，但它们有着共同点：几乎在任何地方，由于权力下放，其权力都在变化中。我们现在比以往任何时候都更需要关注地方管理机构在城乡地区的权力以及这些权力的使用方式。

向底线赛跑？

你的地方政府是否担负着照顾地球和人民的重任？为什么市长和市议会对待环境时要得体行事？为什么有些州和省份跑到了曲线的前头，而另一些国家却远远落后，随着它们的规则制定能力的提高，会发生什么？

我们可以通过观察过去从而预测未来，长期以来，美国地方政府在管理环境方面发挥了关键作用。华盛顿特区设定了基本污染标准，各州有权决定如何具体实施这些标准，以及是否能在此基础上制定更高的标准。20 世纪 70 年代，美国污染法案首次实施，观察家们担心各州将进行一场自下而上的监督竞赛，将污染标准降低到联邦法律规定的最低限度，以此吸引工人离开那些有更严格标准的州。2001 年，爱荷华州立大学的马修·波托斯基（Matthew Potoski）发表了一篇论文，对竞争到底的假说进行了测试。波托斯基发现，几乎三分之一的州采用了比联邦政府更严格的空气质量标准；三分之二的州对监测污染的要求比华盛顿要求的要高。他总结道："没有任何证据表明，这是一场势均力敌的竞赛。"[46]有什么可以解释这个结果，为什么有些州比其他州更环保？你可能会猜测，有些地方更多地依赖于污染行业，但波托斯基在他的统计分析中对此进行了控制。在把数字上下颠倒后，他最终得出结论：人的力量决定一切。"总体而言，结果表明，公民需求——尤其是各州的绿色组织的力量——在各州决策中扮演着最重要的角色。"[47]他还发现，拥有大型专业立法人员的州更有可能采取行动保护环境。其他研究似乎也证明了地方公民行动主义的重要性。图斯大学的肯特·波特尼（Kent Portney）和杰弗里·贝里（Jeffrey Berry）发现，美国城市对可持续发展的总体承诺是最高的，公民参与政治的程度最高。[48]

在一个富裕的工业化国家，自然而然会观察到地方政府有利于环境的行为。但是，在那些统治着地球大部分地区和大部分人民的贫穷国家呢？事实证明，贫穷国家的人们和富裕国家的人们一样关心环境质量。环境问题是一种"满胃"现象，人们只在满足了其他需要之后才会接受，这只是一个从未得到事实支持的刻板印象。民意调查显示，在富裕国家和贫穷国家，以及这些国家的收入水平，人们对环境问题的关注程度是一致的。在贫穷国家，成千上万的公民被动员起来进行环境保护，法律改革家们为了保护环境，一直在努力地克服各种困难。[49]在发展中国家，有积极的环境运动和无数的公民环保团体。但是，这种公众关注会转化为促进可持续发展的地方政策吗？

包括克里斯特·安德森（Krister Andersson）、克拉克·吉布森（Clark Gibson）和法布里斯·勒霍克（Fabrice Lehoucq）在内的一组研究人员，通过对危地马拉和玻利维亚的 200 个随机选择的社区的市长进行了长时间的采访和后续调查，探讨了这个问题。该小组想要找出哪些地方政府在保护附近森林方面做得更好，以及该工作做得好的原因。[50]他们的发现并不能激发人们对当地热带森林管理的信心。总的来说，市长们把林业排在他们的优先名单上，从他们的工作和预算上可以反映出这种态度。尽管如此，一些市长还是逆势而行，将森林管理列为优先事项。那么，为什么一些市长会把资源投入到当地的林业，而另一些市长却忽视这一点呢？

研究小组分析了一系列可能的解释，从市长的受教育水平到人口密度、政党关系、中央政府的监督，以及社区对木材销售收入的依赖。他们发现只有一个解释可以说明一个城镇到下一个城镇的变化，这三个措施都是当地对森林管理的承诺（人员配备、预算和市长的规定偏好）。这一解释与美国对当地环境结果的研究有很多共同点。这些热带地区的市长们响应着他们选民施加的压力。在那些很少感受到公民对森林使用的压力的市长中，只有11％的人实际上把它作为预算的重点。在那些感受到来自公民巨大压力的人当中，68％的人认为这是当务之急。从这些数据中走出来，简单地说：研究表明，当居民动员起来时，他们能够而且确实对环境质量有积极的影响。

增加传播

来自公民一方的压力的确重要，但决定地方政府是否保护或破坏地球的力量是诸多且复杂的。你越深入研究就会发现解释越多，很快就会明白，绿化地方政治的成功秘诀因地而异，并随着时间的推移发生变化。[51]我们可以肯定地说：当前的权力下放趋势将增加地方环境结果的范围和可变性。曾经的国家决策将会变成几十个，有时甚至上千个的地方决定。当这种情况发生时，当地社区所生活的规则将产生一系列结果，从对环境的漠视，到令人敬畏的努力，以促进当地的可持续发展。

两个世纪前，在许多方面，活跃的知识分子詹姆斯·麦迪逊（James Madison）对美国联邦体系的智囊们提出了警告，警告小政府的疯狂摇摆和极端主义倾向。麦迪逊在《联邦党人文集》中阐述了自己的观点，他和他的同事们用笔名"普布利乌斯"（Publius）撰写了一系列令人印象深刻的公开信，他们认为民主不仅在一个大国中是可能的，而且在小规模民主方面也具有明显的优势。麦迪逊指出，地方领导人可以召集大多数人来推进激进的议程，而这些激进的议程将永远无法在一个更大、更多样化的政治团体的缓和趋势中存活下来。麦迪逊关心的是防止"不当或邪恶的项目"的传播。[52]但他的观点也暗示了一些不那么邪恶的东西：当权力下放时，我们可以期望一些地方政府采取比他们的国家政府更有野心的政策。这对我们用来推进"可持续性计划"的战略有一些明确的影响。由于规则制定权力向下和向外扩散——亚马孙的命运交由数千个地方政府而不是一个总统掌控，埃及的水资源管理由无数当地城镇决定，而不是由少数中央计划者决定——我们必须寻找可持续发展最前沿的地方政府，支持他们的努力，并通过与其他地区的领导人进行点对点会议来展示他们的成就，而这些地区的领导者可能会受到他们行为的启发。[53]

中国套盒

游戏规则越来越多地在地方层面上决定。但地方政治从来都不是真正的地方政治。市长、农民和郊区通勤者的活动被嵌入到影响他们行为的更大力量中。著名地理学家皮尔斯·布莱基（Piers Blaikie）在他的著作《发展中国家土壤侵蚀的政治经济》中描述了这种现象。在多年观察全球各地的保护实践后，布莱基得出结论："可以在中国套盒框架内分析水土流失问题，每个框架都可以在另一个框架内进行分析。家庭中的个人、家庭本身、村庄或当地社区、当地官僚机构、官僚机构、政府和国家的性质以及国际关系都代表了影响水土流失和保护的行动的背景。"[54]对于波特兰的一名自行车骑手来说，情况也是如此，社会规则范围越来越广泛，从制定自行车道的地方分区条例到为此目的投入资金的全州政策，以及国家宪法授权国家作出这样的决定。

随着世界走向一个更本土化的决策模式，社区塑造自己命运的能力将继续受到这些更大力量的影响。这包括国家权力掮客的决定，他们可能或可能不是地方控制的支持者。这些都是政治斗争，这些竞赛是在长期专制统治的国家中与民主斗争的同时进行的。在世界上的许多地方，民主和权力下放齐头并进。在拉丁美洲，地方政府的规则权力已经在民主改革的沃土中成长起来。在与过去的尖锐决裂中，如今地方官员由人民直接选举产生（图8.2）。

没有民主，权力下放可能适得其反。伊利诺伊大学厄巴纳-香槟分校的杰西·里博（Jesse Ribot）花了很多年研究民主-分权联系。里博发现，在西非，公民参与决策的机会很少，分权化的森林

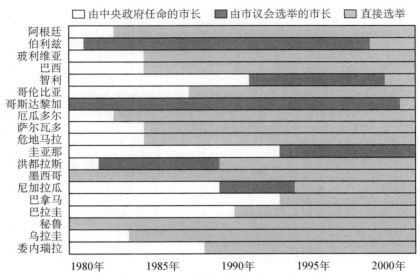

图8.2 拉丁美洲各国当地市长的选择

数据来源参阅注释 55。

管理仅仅增强了地方精英的力量。[56]国家对地方民主机构的支持是至关重要的。

那么，应该给当地社区多少权力呢？显然，国家官员必须制定和执行环境标准的监管下限，而不是允许地方自由竞争。但大多数研究人员发现，在发展中国家，天平仍然偏向于集中控制，而国家领导人往往不能履行其赋予当地社区权力的承诺。[57]这伤害了民主的事业，因为选举是不够的；地方社区的领导人也必须有权力分配税收，并做出影响他们社区的真正决定。里博总结了这一挑战："在没有负责任的情况下移交权力是危险的。建立没有权力的问责代表制是空洞的。"[58]

政治电梯

回到位于哥斯达黎加多明尼加镇的森林,从农场和外国豪华住宅,我们可以看到为什么当地的环境问题从来都不是真正的本地特色。多明尼加的土地投机不仅源于社区之外的经济力量,国家和国际一级的新规则也为统治阶级的农业家庭开辟了新的机会。正如我们在第 4 章中所看到的,今天的哥斯达黎加农民可以将他们的土地提供的"环境服务"出售给国家政府和外国投资者,每年支付费用以换取增长和保护森林、水和野生动物,并帮助避免全球变暖。[59]哥斯达黎加的生态系统服务付款计划无法与过热的房地产市场直接竞争;如果当地的土地所有者是为了暴利而出售农场,这无法阻止他。但是,新计划的收入来源使那些愿意将土地留在家中,并为了子孙后代的利益而持续管理的人们变得更容易。在哥斯达黎加,成千上万的当地土地所有者正在参与其中。

这个新计划是由规则转换者在政治层面的多层次治理中创建的——地方、国家和国际上工作的。在当地,非营利组织传播这个词,以便鼓励土地所有者参与。在全国范围内,哥斯达黎加对生态系统服务项目的支付是几十年来环保倡导者努力的成果,他们建立了国家公园体系、通过了环境法,并创建了一个有创新偏好的环境机构。[60]

该计划背后的国际故事也许是最有趣的一个。为什么当地的土地所有者现在可以通过保护树木获得外国公司和政府的补贴,进而减少二氧化碳? 正如市场普遍的情况一样,以森林为基础的碳储存的国际市场并不是凭空产生的。这是富有进取心的拉丁美洲政策改革家们努力工作的结果,他们明白,为了改善环境结果,我们必须改变制定这些结果的规则。这是一个很少有人知道的故事,也许是因为它背离了那些旧文本,在这个旧文本中,贫穷国家被认为比它在工业化世界中的开明同行更关心地球。

作为 1992 年地球首脑会议签署的气候变化公约的一部分,制定的新规则允许承担大部分减少温室气体责任的工业国,通过投资发展中国家和苏联的清洁工业来履行它们在条约下的一些承诺。但该条约从未允许工业化国家投资国外的森林保护产业。这是一个严重的缺点。森林通过光合作用储存了大量的碳——从大气中吸收二氧化碳,切断并释放它的两个氧原子(造福的是我们呼吸的人),并将碳原子吸收到我们所知的碳水化合物的循环和链中。每年排放的化石燃料中,森林吸收的数额高达惊人的三分之一;如今遭遇破坏的森林,主要在热带地区,该地区向大气中释放的二氧化碳比整个运输部门生产的还要多。[61]

在 20 世纪 90 年代后期,一些拉美政策制定者决定,是时候改变支持国际气候变化公约的规则,以促进森林保护。他们通过一个默默无闻、存续时间短的外交联盟,称为拉丁美洲倡议组织(或称格里拉)来完成这一任务。格里拉(GRILA)的故事由克里斯蒂安娜·菲格雷斯(Christiana Figueres)与我分享,克里斯蒂安娜·菲格雷斯曾在哥斯达黎加气候变化谈判小组任职十五年。2010 年,菲格雷斯被任命为《气候变化框架公约》执行秘书,这使她成为世界顶级气候政策官员。但是菲格雷斯在改变气候规则方面的努力早已开始。20 世纪 90 年代,她与拉美国家合作为碳信用国际贸易奠定了法律基础。利用她在整个半球的政治关系(菲格雷斯来自哥斯达黎加最著名的政治家族,其中包括两位前总统),她从一个国家奔赴另一个国家,分享经验、召开研讨会,并传播了森林保护基金——但仅限于那些将建立体制结构以利用新市场的国家。

20世纪90年代末,许多拉美国家都渴望将自己定位为全球碳市场的领导者,他们为农村土地所有者提供收入,同时也找到了拯救该地区正快速消失的森林的方法。创建一个森林保护市场需要乘坐政治电梯到国际层面,这些改革者希望修改《气候变化框架公约》的规则,包括森林。然而,在围绕国际公约制定的激烈争论中,77国集团的领导人代表131个发展中国家进行谈判。77国集团在国际论坛上发表了一种(而且只有一种)声音,并被包括巴西、印度和中国在内的少数强国所主导。这些国家担心森林保护项目会将外国投资从他们自己的项目中转移出去,以减少工业碳排放。

经济规模较小的贫穷国家在国际谈判中经常被边缘化,77国集团内的审议也不例外。外交官告诉我,77国集团在制定正式的谈判立场时,几乎没有容忍较小国家的异议。为了解决这个问题,除巴西和秘鲁以外的所有拉丁美洲国家联合起来组成了格里拉。菲格雷斯将格里拉比作"一堆站在对方肩上的小人物",来承担国际外交的重任。他们汇集了资源,聘请了华盛顿特区的一家律师事务所来帮助他们撰写实施国际条约所需的法律简报。来自哥伦比亚和危地马拉的代表告诉我,拉丁美洲将从复杂的气候变化谈判期间举行的诸多会议中分裂出来,以便代表地区利益。美国、加拿大、澳大利亚和日本也加入了它们,以推动森林保护。

当阿根廷外交部长察觉到这个离经叛道的环境同盟,以及它与常规外交关系协议的大胆背离时,他向整个西半球的同行发送传真,鼓励他们关闭它。格里拉很快就被解散了。但它启动了一项新规则,是全球前所未有的应对气候变化的努力。[62]虽然哥斯达黎加是第一个尝试支付森林碳储存费用的国家,但现在世界正以这种方式作为国际努力的中心,通过联合国一项名为减少森林砍伐和森林退化(REDD＋)的项目来对抗全球变暖。[63]

无论是扩大规模还是缩小规模,改变地球和我们生活的规则架构正在发生变化。通过对这些变化的观察,需要思考的是垂直移动,不是仅仅局限于"全球思考和本地行动",而是从战略角度思考促进多层次治理可持续发展所需的改革。在第 3 章中,我们考虑了甚至可能发生重大社会变革的问题。希望在本书的此处,答案会让你豁然开朗。变化不仅是可能的,而且是普遍的。唯一的问题是,这些变化会给谁带来利益,以及你和我是否参与了这个过程。考虑到这一点,下一章我们将进一步研究社会变革是如何起作用的。

9
不断变化

1980 年秋天的一个早晨,匹兹学院的新生乔治·索莫吉
(George Somogyi)走出他的宿舍,当他抬头看的时候,他愣住了。
映入眼帘的景象是如此不可思议,一座超过 10 000 英尺高的巨大
山峰由近处延伸至天空。而这座山之前并不在这里,是什么产生
了如此怪异的景象?乔治·索莫吉已经在大学待了三个月,但他
从未将目光投向鲍尔迪山,这是一座有五百万年历史的山峰,距离
洛杉矶县东部边缘的这个校园仅几英里。因为它被笼罩在过浓的
烟雾里,以至于被掩盖了几个月的风景。

空气污染是洛杉矶人众所周知的问题。在 20 世纪 70 年代,洛
杉矶市中心的褐色烟霾照片在世界各地流传,所以这座城市一度
成为城市空气污染的一个标志。当时空气污染极其严重,以至于
数千人因此住院。尽管现在洛杉矶周围的空气远未恢复至完美状
态,但改善还是十分显著的。即便人口数量增加了一倍,但自从 20
世纪 70 年代以来,烟雾的数量已经减半。更令人印象深刻的是,
颗粒状污染物的数量——那些可能沉积在人类肺部深处并且对人
体健康特别有害的小尘埃颗粒数——已经减少到 1955 年的五分

之一。

不禁要问，这种幅度的变化是怎样出现的？这种物理变化是通过政治变革实现的，比如洛杉矶人为了争取制定新的清洁空气规则（见图 9.1）而团结在一起。从 20 世纪 40 年代开始，市民要求市政府官员调查问题的根源，一开始效果并不明显。但他们的努力促成了 1945 年洛杉矶烟雾控制局的成立。很快，这一运动在整个加利福尼亚州蔓延开来，州议会议员于 1947 年通过了《空气污染控制法案》(the Air Pollution Control Act)，整整 25 年后，国家层面制定了相似的法律。到了二十世纪九十年代，数十年的研究以及越来越严厉的法规使汽车设计和工业实践产生了技术革新，这些变革有助于清洁洛杉矶人呼吸的空气。

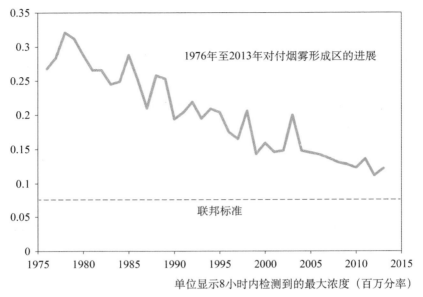

图 9.1　洛杉矶市民争取并赢得更清洁的空气

上图：洛杉矶时报收藏，加州大学洛杉矶分校图书馆。
下图：数据由南海岸空气质量管理区提供。

　　20 世纪 60 年代以来，国家对环境危机作出了更为广泛的调整，环境运动的规模也越来越大，受到当时抗议运动的鼓舞，关注的范围也逐步扩大，将人类福祉的生态基础涵盖其中。[1]1970 年 4 月 22 日，在全国各地大学生的带领下，大约有 2 000 万美国人加入了第一个地球日的活动，他们要求的不仅仅局限于寻找尊重这个星球的另一种文明方式。这个运动也促使我们生活的规则发生了实质性的变化（见图 9.2）。[2]新立法的混乱并不是某个狭隘选区的做法，而是由于民主党和共和党的领导人都努力在意识形态之前先解决实际问题。

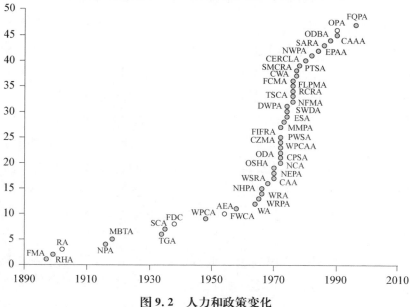

图9.2　人力和政策变化

上图：百老汇大道上挤满了纽约市民，市长约翰·林赛（John Lindsay）为了纪念1970年的第一个地球日而封锁了交通。由贝特曼/考比斯/AP供图。

下图：美国环境法律的增长。图由乔克利（1993）修改。缩略语是指特定的法律。详细信息见注释2。

从美国和少数欧洲国家开始的环境运动最终蔓延到世界的其他角落。在 20 世纪 70 年代早期,仅仅只有少数国家的政府致力于控制污染;然而在今天,几乎所有的国家都这样做。在 1900 年,你用一只手就可以数清这个世界上所有的国家公园。然而在今天,这个星球大约有 20 万个保护区,占据着地球大约 15% 的陆地面积。[3]"环境管理现在已经成为国家活动的重要组成部分",卡尔顿大学的政治学家詹姆斯·梅多克罗夫特(James Meadowcroft)指出,"这是公认的一个文明国家应该做的基础部分。"[4]

社会变革并不意味着创造出比以前更多的规则。为了确保每条新规则可以起到保护环境的作用,其他的规则必须被废止。美国的新《农药法案》将新的监管权力赋予环境保护局,同时因农业部的规则忽视了健康问题而从农业部收回此项权力。每个新的国家公园都有管理人们对待土地方式的配套规则,但是这些规则违背了旧规则,例如《住宅法案》要求农民砍伐森林以证明他们正在使用该财产。政府对行业所施加的规则也是如此。需要很多的规则才可以使数千人以协调一致的方式共同设计、组装、测试和销售汽车。技术规范和操作标准、专利和劳动合同、生产配额和供应商协议都是规则集合的一部分。当有关清洁空气的立法于 20 世纪70 年代出现的时候,法律要求使用催化转化装置,这致使汽车生产商用另一套规则取代了原有规则。

尽管我们仍然意识到还有很多事情需要去做,但我们必须承认并庆祝这些过去的成就。我认为,任何关心环境但不相信其间巨大变化的人都会被蒙蔽,因为它们的影响与那些首先否认环境问题的人的影响一样严重。但它实际上需要什么来实现变化?事实上,改变由哪几个部分组成?这是一个改变思想、改变法律、改变个人习惯或其他事情的问题吗？幸运的是，社会科学的一代又一代研究人员对社会变革的内部运行进行了深入的研究。虽然答案并不简单，尤其是当数十亿人之间以及与他们周围环境发生战略性互动时，这个答案将会很难，然而一些明确的经验教训却显现了。在从研究传统中吸取精华之前，让我们先谈谈对推动社会和改善环境的引擎的一些普遍误解。

无法改变世界的四个观点

几年前，我为了参加一个研究会议急匆匆赶往丹佛机场，在机场我看到一则广告："政治家们不会打破我们对石油的依赖，只有工程师才可以。"尽管我不得不佩服信息之后的敢为精神，它反映了一个关于科学技术进步本质的普遍神话。替代性能源、污水处理、谷物生产以及疾病预防等领域的重大突破并非是孤立发生的。发明家也不会在实验室里孤立地工作，而是大喊"我发现了！"才为社会利益带来新的创造。相反，发明家对社会信号作出了回应，这些信号来自投资者、消费者、专业同行、资助机构和社会运动，当然还有政治家们。

美国伦斯勒理工学院的科学历史学家以及科学、技术、社会多领域的先驱者兰登·温纳（Langdon Winner）创造了"自主技术"这个术语，用以形容科学进步起源于神秘和自发的发现过程并与政治和社会优先选项相分离的错觉。在实践中，科学并不会沿着从未知到已知这条直线前进。[5]科学研究更像是一颗有无限分支的大树，一些分支发育良好而且强壮，但是其他一些分支可能会枯弱，它们的生长可能缺乏需要专业人士提供的营养以及他们所需的时间和工具。科学是昂贵的，因此问题远比追求他们所需的资源多得多。我们必须做出选择，调查糖尿病的分子生物学家不会去研究疟疾疫苗，用于开发最新一代军用无人机的税收并不会投入风电行业。我更倾向于谈论科技是如何改变我们社会的，它的正确性是毋庸置疑的。但是政治变革是技术变革背后的主要推力。我们已经在第5章看到，随着净化技术的发展，来自工厂烟囱的空气污染也随之减少。这项技术维持了半个世纪，直到新的空气质量规则推动了一系列的创新。如果没有这种政治动员将创造性思维指向新的方向，那么许多有助于保护环境的发明根本就不会成为现实。政治创新往往是技术创新的先决条件。

　　第二个观点和第一个观点很相近，同样也不能拯救世界。它是一种假定，即随着社会变得富裕，环境条件也会随之自动改善。这一思想倡导者首推纽约时报的专栏作家约翰·蒂尔尼（John Tierney）。在他的"使用能源、致富并拯救世界"一文中，蒂尔尼指出"众人富，则天下长青"[6]。他的论点基于对一种被称为"环境库兹涅茨曲线"现象的错误理解。[7]1991年，来自普林斯顿大学的两位经济学家吉恩·格罗斯曼（Gene Grossman）和艾伦·克鲁格（Alan Krueger）撰写了一篇文章，文中比较了不同收入水平国家的环境成果。他们发现，就一些污染物而言，比如说二氧化硫，经济增长在早期似乎会损害而稍后又有助于环境。为了获得这种动态的直觉，可以想一下农业社会（津巴布韦）、一个快速发展并包含危害工业实践的国家（中国）、一个部署尖端技术的富裕国家（瑞士）。之后的研究揭示了环境库兹涅茨曲线仅仅适用于少数污染物，即便适用，这种关系也是极其含糊不清的。比如城市污水处理会随着经济增长而越来越完善，这并没有特殊的倾向；而二氧化碳排放却随着经济增长逐步恶化；还有其他一些问题，如森林砍伐和生物多样性丧失，并没有与国家经济发展状况的轨迹有直接联系。一些低收入国家是环保领导者（想一下哥斯达黎加和生物多样性保护），而一些富裕国家（想一下美国和气候变化）即便拥有可观的科技资源却依然表现不佳。即便在数据上呈现环境库兹涅茨曲线形状的罕见情况下，这种关系也只是一种统计上的好奇心。它并没有告诉我们是什么事情导致了环境结果的改善或恶化。随着国家越来越富裕，包括教育、科学投资以及政治参与度的增加、农业生产的转变、城市化和汽车使用量激增在内许多事情都会发生改变。我们更有可能通过直接针对那些看似让事情变得更好或更糟的因素来帮助世界，并不是为了一个更明媚的明天而等待经济增长走上正轨。

　　第三个不会改变世界的观点是一种理念，即解决环境问题仅仅是要求我们通过市场的运作释放人的创造力，而不是受环境监管的约束。这种变化模式多年来吸引了许多热爱者，其中包括那些对环境运动及其立法成就领头的批评者，比如比约恩·隆伯格（Bjørn Lomborg）。考虑到他们对经济运作的信心，支持这种变革模式的人对已发表的经济学研究却很少关注，这是奇怪的。正如我们在第 5 章中看到的那样，著名的经济学家进行的一代研究已经毫无疑问地确立了市场，虽然在提供某些类型的商品和服务方面表现突出，但在其他方面却极其不足，这不幸地包括环境质量和可持续性。经济学文献也很清楚地表明，私营部门在各种研究和开发方面长期处于投资不足的状态。[8]像隆伯格和其他在胡佛研究所和卡托研究所的无畏作家，他们不需要"高级研究员"这种冠冕堂皇的头衔，但从来没有表现出背离其就职机构思想路线的思想独立，他们继续发表着那些声称只要我们废除环境法规，市场将拯救地球的论文。

这个思想学派的信徒经常指出过去半个世纪全球农业产量的显著增长，而这反映了 20 世纪 60 年代一些主要环境发言人更危险的预测，因为证据表明环境稀缺论仅仅是一个短期现象，这可以通过私营企业来缓解。生物学家保罗·埃利希（Paul Erlich）在他的畅销书《人口炸弹》中警告说，不受限制的人口增长和有限的自然资源相结合构成了一颗定时炸弹，不久之后将产生一种普遍饥荒和人口崩溃的地狱般的世界。相反的是，实际上发生了一系列被称为绿色革命的科学突破，通过能在特定土地上生产更多食物的植物品种，促进了作物产量上前所未有的增长。

埃利希的预测显然是错误的。但是，市场激励措施是否避免全球粮食危机？让我们抛开世界饥饿是否是粮食生产不足的结果，而不是诸如不平等的土地分配、获得信贷的不足、战争和冲突以及农村社区的政治边缘化等因素的这个问题。让我们也撇开绿色革命对环境的影响，这大大扩大了化肥和农药的使用。毫无疑问，这一点很重要。但事实证明，即使我们接受了自由市场人士的叙事版本，即 20 世纪后期饥荒的近乎消失是由于绿色革命引发的农业生产力的提高，这也不是自由企业的功劳。仔细观察绿色革命的历史，你将可以发现一幅截然不同的景象。

在 1993 年的夏天，我学习了很多关于这段历史的知识，当时我是哈佛某个研究小组的成员，这个小组负责美国国会分配的任务，以协助确保气候变化科学与决策者的需求保持一致。我的工作是撰写一份关于农业创新的案例研究，用以作为使科学与发展中国家相关的模型。作为这项研究的一部分，我花了很长时间仔细阅读世界银行图书馆的档案资料,审查了发起绿色革命的组织的出版物和会议记录,最主要的是由所谓国际农业研究组织咨询小组通过的一些文件,该组织于 1971 年成立,它的宗旨是消除世界饥饿。这一努力背后的行动者和撼动者包括国家政府机构、联合国和世界银行等国际组织以及福特和洛克菲勒基金会等非营利基金会。当然个人的聪明才智也发挥了作用,尤其是著名的农业科学家诺曼·博洛格(Norman Borlaug)所做出的贡献,他游历世界各地以收集并杂交了由当地几代农民开发的植物品种,这一努力为他赢得了 1970 年的诺贝尔和平奖。但是那些借绿色革命证明仅靠自由企业就能预防环境灾难的人们忽略了这一点,并歪曲了历史。这些创新者并没有对市场信号做出反应。在决定如何进行时,他们没有咨询价格数据和季度利润表。受到终结世界饥饿这一愿望的启发,他们将政府、非营利组织和(以较少程度)私营部门举措组合起来创建全球研究的基础设施,这一直持续到今天,他们正在对热带森林保护和农业政策等主题进行尖端研究。

自顾自搞回收

在谈到社会变革如何实际运作的问题之前,让我们更多考虑一个不会改变世界的观点。如果我们都通过改变生活方式、更加环保的消费者选择来实现我们的目标,那么就可以拯救地球。正如我在本书中所讨论的那样,这些孤立的个人行为很好,但考虑到所面临的艰巨挑战,它们根本不够。如果今天我们可以更轻易呼吸,或者可以在不会得皮疹的情况下跳进凉爽的河流,或者有更多的自然空间让我们的孩子可以四处奔跑并探索,那是因为前几代人严肃对待了可持续发展的政治层面。他们不愿意不声不响地换掉洗衣皂或改变花园的构成，而是联合起来从而改变了规则。

　　哈佛大学政治学家罗伯特·普特南（Robert Putnam）在他的《一个人打保龄》（*Bowling Alone*）一书中报告说，趋向于社会性的孤立、避免参与团体活动是美国大趋势的一部分。普特南从普通社会调查中分析了二十五年的数据，其中包括五十万次与美国公民的访谈，内容涉及个人偏好和政治行为等问题。普特南发现了一个令人不安的趋势，即社会关系的弱化和参与公共生活的减少。[9]1973 年至 1994 年期间，参加美国公开会议的人数减少了近一半。在 20 世纪 60 年代初，超过一半的美国公民表示他们信任其他人；到 2010 年，这个数字还不到三分之一。[10]但还有一些令人鼓舞的迹象。年轻人比以往任何时候都对政治感兴趣，他们比 1960 年代的同行更频繁地讨论政治话题。普特南和其他作者的结论是，关于互联网的社交网络是否有助于扭转公民参与度的减少，或者是否会加剧社会孤立的任何判断，现在还言之过早。[11]

　　与大多数人表达他们对环境的关注方式相比，从公共生活中的撤退并没有那么明显，就像环保隐士孤立地工作，实质上是单独参与回收活动。对于研究如何实现有意义的变化的社会科学家来说，这是令人困惑的。阿勒格尼学院的迈克尔·玛尼爱特（Michael Maniates）在他的奇文"骑自行车、种植树木、拯救世界？"（*Ride a Bike*，*Plant a Tree*，*Save the World*？）中表达了这种沮丧，这已成为该领域研究人员的号角。"虽然公众对环境事务的支持从未如此之大，但这是因为公众越来越把环保主义理解为一种个人的、理性的、纯粹的非政治性过程，这可以创造一个不需要提高声音或动员选民的未来。"[12]

加利福尼亚大学圣克鲁斯分校的社会学家安德烈·萨斯（Andrew Szasz）在他的《购买我们的安全之路》（*Shopping Our Way to Safety*）一书中探讨了无政治环境主义的后果。萨斯观察到他称之为"反向检疫"的行为模式。人们购买有机农产品时，希望将自己和家庭从更大的环境威胁后果中分离出来。"他们处于危险之中的感觉减弱了。这种感觉无论正确与否，都使他们做了一些有效保护自己的事情，进而消减了做更多事情的迫切性。"结果是一种政治失忆症，忘记要通过积极参与政治和公民生活来改善环境质量。今天，一位关心环保的公民伸手去拿环保洗发水并且使用它。"当大部分公众认为他们已经成功地从集体问题中走出来时，可能会有什么后果？"[13]他们和我们都忽视了问题的根本原因，对制定规则的政治家和其他人提出了很少的要求，环境状况也因此恶化。

研究人员并不是说消费者的选择不重要，或者说我们应该停止回收我们的瓶子。而是认为这种回收是不够的。所以，你可能会问，什么是足够的？它到底需要什么？为了回答这些问题，让我们首先仔细看看社会变革和社会稳定之间那种令人惊讶的密切关系。

我们选择的老路

我们是习惯的造物，不止个人如此，而且各个文明也是如此。我们开展业务的方式、我们交通方式的选择，以及我们点亮街道所依赖的能源——这些并不是关于如何最好地实现目标的不断更新的计算结果。我们遵循这些规则，正如货车车轮在前人留下的坑坑洼洼的老路中颠簸前行。社会行为随着时间的推移会有一定的相似性，这种连续性在很大程度上是通过制度来实现的，这些规则模式化了我们如何与彼此以及如何与维持我们的自然系统之间的相互作用。经济史学家道格拉斯·诺思（Douglass North）写道："历史至关重要，不仅因为我们可以从过去学习，而且现在和未来是通过社会制度的延续性与过去联系在一起。"[14]

我们经常陷入这条老路里。例如，考虑一下美国在军事上花费的天文数额。美国人每年在防务上花费的金钱约 7 000 亿美元，这大约相当于排名随后的十五个国家的总和。在全球防务上的花费，每三美元中就有一美元多来自美国纳税人。对于一个数世纪以来都反感税收的民族来说，这似乎是一个非常不合理的行动过程。我们的税收收入比欧洲盟国少三分之一，大约占我们经济的百分之一，但我们花在军队上的百分比却增加了一倍。于是，留给高速列车或高等教育之类事项的资金就所剩无几了。这是一个令人清醒的计算：如果美国人将国防支出减少 20％，那么这将节省出足够的税收，为美国的每个全日制大学生提供免费的大学学费。[16]

当然，国家安全是一个严重的问题。但为什么其他富裕国家花费较少？当然，意大利人并没有更不关心家庭安全，英国人也没有更不在乎自由。但是欧洲领导人以及澳大利亚、日本、韩国、墨西哥和其他几十个国家的领导人都知道，如果需要的话，美国将会介入他们的国防。在担任全球保安角色时，美国不可避免地成为生活在其权力阴影下的人们的反感对象。那么，为什么美国不与富裕的民主国家中的盟友分享圆桌会议的角色，要求他们承担应当分担的责任，尤其是考虑到其中许多人对美国在世界事务中的权力和统治表示深刻的保留？目前的行动过程似乎并不符合美国自身的最佳利益。

任何试图改变这种状况的尝试都需要我们在挖掘数十年的痕迹中做出。这条老路本身会被许多力量所深挖。其中第一个是一个庞大的经济支柱，它依赖于源源不断的战争税收。在过去半个世纪的军事扩张期间，国防部有意分散了五十个州的工厂、船厂、军事基地和武器研究实验室，以获得政治上的支持。华盛顿大学政治学家瑞贝卡·索普（Rebecca Thorpe）详细分析联邦防务合同的地理分布情况，以确定谁得到了什么及其原因。她总结说："国防工业在多个［国会］选区展开其运作，以刺激对武器系统更大的政治需求。"[17]这个特殊的车辙在一个观点的帮助下也被深入挖掘，即美国必须始终是世界霸主，其他国家没有向外部署权力的能力。美国人开始相信，如果我们要改革北约，真正与法国、加拿大和澳大利亚等国家一起承担全球安全的责任，那将遏制我们在这个过程中对决策制定的垄断，进而将对我们的生活方式产生存在性的威胁。

关于我们为什么会陷入这种情况，还有另外一个原因，它更多地与美国之外的纠缠有关。无论好坏，整个世界秩序都是建立在美国士兵和纳税人会继续付出代价的假设上。如果美国要改变路线，那么全球的法律和预算以及经济体将需要效仿。并不是它不可能做出这样的改变，而是做出任何改变都会非常缓慢，并且充满了不确定性，这甚至是难以想象。

然而，老路并不全是坏事。想一下美国的国家公园。如果有人有意出售约塞米蒂和黄石等地方并将其转变为购物中心，那么这将会引起公众的强烈抗议。与国防开支情况一样，经济和政治选区将在防止这种逆转方面发挥核心作用；数以百计的社区和企业已经开始依靠数十亿美元的旅游收入来维持生计，并将持续捍卫这些公园。就像军事设施一样，国家公园的存在用纪录片制片人肯·伯恩斯（Ken Burns）的话来说就是"美国最好的理念"。这个公园标志着一个根深蒂固的关于自然保护重要性的文化规范。这个想法是在约翰·缪尔（John Muir）、亨利·戴维·索罗（Henry David Thoreau）、雷切尔·卡森（Rachel Carson）和大卫·布劳尔（David Brower）等人长达150多年的创作和倡导下形成的。正如历史学家罗德里克·纳什（Roderick Nash）在他的著作《荒野与美国思想》（*Wilderness and the America Mind*）中所记载的那样，在这个国家的早期历史中，广阔的北美荒野是自由和美丽的象征，新国家可以像欧洲宏伟的教堂和文化成就一样壮观。到19世纪中叶，荒野已经成为"一种文化和道德资源，它是民族自尊的基础"。[18]对野生区域的保护也已经成了美国人必不可少的一部分。

事实证明，社会变革带来了两件截然不同的事情。它既要求摆脱旧的规则，又要制定新的规则。这个过程比"告别旧的，融入新的"更加细致。它需要长周期，以便新的事物能够成长到一个成熟的阶段。主张同性恋权利的人并不是在争取只要几个月或几年就实现婚姻平权。同样，推动可持续发展也需要持续的过程。变化既包括切换和粘贴、截取一组旧的轨道，也包括铺设新的轨道。挑战在于推动自我增强的趋势，并创造正常性的新假设。永久性是变革机制的一部分。

长期性的需要对于任何把世界变得更好的努力都具有重要意义。如果你在半夜把一群研究环境的学生摇醒，他们会高呼"意识！我们要增强意识！"但是教育和增强意识的努力，尽管关键，却只是方程式的一部分。理念(通常侧重意识运动)和规则的关系也是重要的一环。社会规则是一种拴在锚上的理念。你不希望锚太轻以至于公共观点和社会事务大潮中最轻微的一点波动就能将其连根拔起。你也不希望锚太重以至于永远不能再次抬高,把你拴在你的前辈们认为偶然的随便什么地方。就像生活中那样,我们必须小心地选择承诺。把这点牢记在心,让我们仔细研究变化中的理念和将这些新理念投射到未来的政策和实践的改变间的关系。

集体性"应当"

20世纪90年代后期,当麻省理工学院的政治学家莉莉·蔡(Lily Tsai)在中国进行研究的时候,她发现了一个引人注目的模式:一些村庄可以获得自来水、道路和体面的小学设施,而另一些村庄则没有。虽然政府官员负责提供这些服务,但她发现,这种差距不能归因于哪个村庄具有高层次的政治关系,也并不是那些公共服务较好的村庄就特别叛逆(这种难控性可能会激发官方来努力安抚他们)。这导致蔡提出一个非常有趣的问题:为什么一些缺乏民主问责机制的政体,会提供比维持社会稳定所需最少数量更多的公共服务?[19]

蔡在接下来的四年中坚持不懈地追寻这个问题。她走遍了中国七个省份,然后对南部省份福建的316个村庄进行了系统研究。蔡发现,村庄之间的差异可以用一种同伴压力来解释。在政府官员深深扎根于当地社会网络的地方,如寺庙组织和家族血统组织,他们确保国家政府履行了承诺的货物与服务。这些地方官员沉浸在与村民的反复面对面交流中，这些村民是他们的社会同伴。由于他们的社会声誉可能受到威胁，这些政府官员很重视公众的认可，并且更容易受到社会孤立的刺痛。他们面临做正确事情的更大压力。

关于正确与错误的共同观点，可以像警察的大棒那样强大地影响我们的行动。其中包括关于什么是有价值的、适当的和真实的观点，以及一条充满垃圾的河流这样的物理状况是一个小的不便，还是需要迅速采取政府行动的大问题。当这些共同的想法发生改变时，它们会引起人类行为的深刻变化。大多数时候我们都将这些社会规范视为理所当然。但我们只需要踏出我们家庭文化的舒适界限，就可以看到我们的光秃秃假设。几年前，我想起了这件事，当时我和一位法国朋友及其家人在法国西南部巴约讷市附近度过了愉快的一天。当我们围坐在毯子上和野餐篮旁时，我朋友的十七岁妹妹停止了谈话，漫不经心地脱掉了身上的比基尼文胸。可以这么说，随后她的母亲效仿了。当然，我知道这是欧洲许多海滩的常态，在意味深长地眨了一下眼之后尽我所能地装作若无其事的样子。几分钟后，一对裸体主义夫妇在海岸线上悠闲地散步。母女的反应却是完全震惊的。"他们为什么这样做？"女儿若有所思地说。母亲避开了她的目光。"太恶心了"，她喃喃地说，半裸着身子半靠在篮子上，打开了奶酪。

观察社会观念之改变

与规范中跨文化的差异相比，或许更显著的是这些观念如何随着时间的推移而变化。不久之前，农业化学品在工业化世界被视为进步的象征，它代表着科学创造力对野蛮自然的胜利。这得益于化学公司赞助下积极举办的公共关系活动，这只是影响我们关于正确、真实和正常的观点的诸多竞争之一。（我个人最喜欢的是1947年宾夕法尼亚州的时代杂志上发表的一篇由宾夕法尼亚州化工公司刊载的广告，该创意的主题是一位家庭主妇被一群欢乐地唱着歌的农场动物所包围，它们唱到："滴滴涕对我有好处！"）今天，农药在世界上的许多地方都有着不同的含义。文化斗士雷切尔·卡森（Rachel Carson）在其1962年的畅销书《寂静的春天》中提高了公众对农药危害的认识，并促进了由农业工人联合会组织对加利福尼亚葡萄的抵制活动，以抗议工人接触农业有毒物。

由于两个截然不同的流程，社会价值的变化以不同的速度发生。第一个变化来源是代际转换。这一现象被密歇根大学的罗纳德·英格勒哈特（Ronald Inglehart）所发现，他运作着世界上最大的公众舆论跟进调查——世界价值观调查。这项雄心勃勃的努力征集了五十多个国家的研究人员，他们精心记录了不同文化和不同时期的社会优先事项。受益于这个庞大的数据库，英格勒哈特发现了有助于解释在工业化社会中文化规范是如何变化的统一模式。

每一代人在他们年轻的时候都会采用某些世界观。这些精神框架部分基于我们从长辈身上学到的东西，但也受到战争或相对和平与繁荣中经历的影响。这些心理态度一旦形成，就会在我们有生之年出人意料地抵制变化。例如，20世纪50年代以后出生的一代比20世纪20年代到40年代出生的人们更关心生活质量问题，包括环境保护。[20]当民意调查显示人们日益支持环境保护时，这不一定是因为所有人都改变了他们的想法。前几代人和他们顽固的观点正在消失,取而代之的是更新的、更环保的顽强态度。

高速变化

世代交替在社会优先事项中产生了一个非常缓慢的变化。但是社会变革往往比这发生得更快,这是由于个人实际上在第二个阶段中改变了他们的观点。我们看到美国公众对农药的态度翻转了 180 度。1965 年夏,宾夕法尼亚州立大学的农村社会学家罗伯特·比勒(Robert Bealer)和费恩·威利茨(Fern Willits)调查了 1 075位本州居民,以了解公众对农药的态度。1984 年,由卡罗琳·萨克斯(Carolyn Sachs)领导的一个研究小组决定重复同样的调查(再次在宾夕法尼亚州,但调查不同的受访者),让我们看看公众态度是否发生了变化。[21]当被问及"你个人有多么关注或担心农民使用农药的可能危险性",在 1965 年接受调查的人中只有 32% 表示他们有"一些"或"很多"的担忧,而在 1984 年的调查中,76% 的受访者表示担心。公众情绪的变化对农场工人的安全更为重要,这正是农业工人联合会抵制葡萄的焦点。当被问及"你认为接触和使用农药有多大的危险?"时,在 1965 年的调查中只有 15% 的受访者认为有"一些"或"很大"的危险;而在 1984 年,这个数字是 79%。

在《文化动态》(Culture Moves)一书中,政治学家托马斯·罗雄(Thomas Rochon)探讨了这些对与错的迅速重新排序,以便理解突然产生变化的原因,这种突然之迅猛甚至无法用世代交替来解释。例如,罗雄记录了美国人对性骚扰概念的熟悉,实际上是在一夜之间,这推动了关于恰当的办公场所行为的共同假设的转变。他发现,当主流以外的小型知识分子〔在这种情况下,像凯瑟琳·麦金农（Catherine McKinnon）这样的女权主义法律学者］为了适应更广泛的变革运动而采用新思想时，社会规范就会发生迅速变化。美国最高法院候选人克拉伦斯·托马斯（Clarence Thomas）的前雇员安妮塔·希尔（Anita Hil）的国会证词震惊了妇女运动，他们指责托马斯在工作场所的性骚扰行为。在提高公众意识的努力中，妇女运动中的领导组织利用麦金农的性骚扰新概念重塑了这种行为，认为这是对平等权利的根本侵犯。不久，这个想法成为美国公共话语的重要组成部分。

当我读研究生时，我有幸阅读了罗雄著作的早期草稿。他的工作激励我尝试着在公众对拉丁美洲环境的支持方面进行类似的改变。我从实地调查中了解到，如果你只是在那里的大学校园里呆一点时间，你就可以很快地感觉到中美洲和南美洲，尤其是年轻人对环境的关注度，但是这些环保态度何时产生以及从何而来？我们甚至可以去衡量这样的事情吗？

因为没有对拉丁美洲的环境态度做过调查，所以我们无法借此追溯到足以发现转变发生的时间。但是社会规范的改变留下了我们通过大众媒体、广告、信件以及其他被印刷的文字进行交流的痕迹。就像古生物学家通过研究存在于基岩中的线索来追踪生命进化一样，我们可以使用报纸和历史档案的文字化石来衡量社会优先事项的变化。我组建了一个由十几名拉丁美洲大学生组成的团队，他们搜索了哥斯达黎加和玻利维亚的主要日报所涵盖的1960 年至 1995 年期间的档案。值得注意的是，该团队在此期间发现了 3 000 多场环境新闻事件，比如公民抗议砍伐森林、高中环境艺术竞赛、环境科学会议、向编辑抱怨当地水源中工业污染的致函，以及政府采取措施保护濒危物种。但环境问题引起的关注程度并不稳定。我们发现这两个国家的环境问题迅速增加,速度之快甚至无法用世代交替来解释(见图 9.3)。[22]

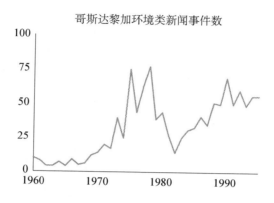

哥斯达黎加环境类新闻事件数

玻利维亚环境类新闻事件数

图9.3 拉丁美洲环境关注度变化

我们还发现这些社会环境理念的内容发生了变化——这意味着关心环境。在 20 世纪 60 年代初,你可以看到偶尔发生的新闻事件,反映了对森林砍伐或污染等问题的关注。但是,这些不同的话题几乎从未在同一个新闻故事中出现。一篇关注 20 世纪 60 年代地面核试验的放射性沉降物的报道，并没有提及水资源短缺或杀虫剂。没有人想过在同一个社交活动中并列讨论所谓的棕色问题（与污染有关）和绿色问题（物种保护、森林、国家公园）。这个想法还没有达到，这些问题是今天描述的相互关联的更大现象的不同部分，例如"环境""生态学"或"可持续性"。然而，随着时间的推移，这种情况发生了变化，这些问题越来越多地被捆绑在一起。20世纪60年代，大约5％的文章都将绿色和棕色主题融合在一起。20世纪90年代中期，所有文章的四分之一都这样做了。这种思维上的变化，强调环境问题之间的联系，导致了人们与地球互动规则的变化。这就是思想与社会制度之间的关系。每一项公共政策都在其中嵌入了具体的想法——关于我们重视什么观点、我们如何定义给定问题以及如何最好地解决问题。当这个想法与能源、水资源短缺和污染控制等问题存在联系时，拉丁美洲和世界各地的政府官员开始把之前独自工作的各个部门集中到一起，安排在有环保授权的新环境部门的"大伞"之下。公民社会也发生了类似的演变，因为活动家、教育者、慈善基金会和研究团体的议程扩大到了新的关注点。转变观点带来了新的参与者，排除其他人，并重新定向资金和工作人员——它改变了谁统治着地球。

头脑和肌肉

当创新思想被编码在用来协调我们活动的规则中——无论是法律、合同、城市规划、宪法还是工业设计标准，社会变革就会发生。它需要头脑和肌肉。如果没有赢得民心，新规则不太可能被遵守（当它们出现时，它可能是一个有效的暴君的标志，而不是开明的治理）。一些规则，比如自发地驾驶在正确的道路一侧上；人们不需要相信它的重要性。更常见的是，新规则必须得到积极执行，而与主流社会规范相冲突的规则很可能被忽视。即使在那些被暴徒和独裁者统治的社会里，公民不敢面对当局，人们也常常能想出聪明的办法来颠覆政府官员试图执行不受欢迎的提议的意愿，使用人类学家詹姆斯·斯科特（James Scott）所说的弱者的武器。[23]这些微妙的破坏行为可以采取的形式是在出租车上禁用污染控制装置，或者在狩猎之行中"不小心"射杀一种濒临灭绝的动物。

正如官方规则需要文化规范的支持一样，反过来也是正确的：如果你想在你的社区带来持久的改变，仅仅激励人们接受新观点是不够的。例如，尽管美国人对杀虫剂的看法发生了转变，但美国在这一问题上几乎没有取得任何进展，每年都要施用超过 10 亿磅的杀虫剂（占世界总量的五分之一）。[24]我们在这本书的开头部分看到，加拿大正在发生重大变化，数百个社区和整个省份禁止在家庭和公共场所使用非必要的杀虫剂。与此同时，在美国，农药行业游说者为制定新的规则而奋斗，这使得当地社区试图监管这些毒药变得违法。关于我们应该如何对待星球的新想法必须编入规则中，从而使这些想法具有力量和持久力。它需要挖掘新的规则来保护公众利益。

习惯的造物

挖掘过程的一个重要部分是创建新的惯例、习惯和标准的操作程序，以指导消费者、通勤者、公司和政府的日常活动。我们的常规做法是通过建立一种默认的操作模式来更容易地完成任务，这样就无须不断地重新思考和重新谈判我们的做事方式,比如如何系鞋带、何时上班,以及在高速公路上种植什么。这有点像呼吸,你可以有意识地控制任何你选择的时间、偏离正常呼吸模式、吹灭生日蜡烛或触碰池底。但是当你需要把注意力集中在其他任务上时,你不会感到窒息,因为你的身体有一个默认的程序来保持系统运行。简单地说,例程允许我们同时保持沉默和有效。当我们发现人们在这种半意识的、类似僵尸的状态中追求不合理的行为时,我们会感到沮丧,因为他们是"例行公事的奴隶",就像客户服务代表一样,他们拒绝离开公司的指令,把事情做好。但有一种聪明的方法可以让头脑麻木的日常生活变得疯狂。神经科学家发现,人类的智力依赖于大脑对注意力的选择性。我们屏蔽了一些感官数据(树上的叶子在闪烁),以便我们在其他事物上集中注意力(前方红绿灯)。规则和例程允许我们在一个复杂的世界中移动,而不会将我们的注意力转移到精神麻痹处。

　　举例来说,一家跨国公司决定在发展中国家设立工厂,我们经常听说,这些大公司是造成巨大伤害的源头,剥削当地劳工、破坏环境。现实情况要复杂得多,它揭示了很多关于习惯的力量,以及它如何影响我们的地球。在过去的 20 年里,研究人员追踪了跨国公司的活动,研究其是否放松了在发展中国家的环境标准。在发展中国家,环境法规的执行往往是零星的。[25]通常情况下,良好的研究结果与一些广为接受的假设相矛盾。确实有很多记录在案的跨国公司以极不负责任的方式开展业务,在摧毁马来西亚森林的同时侵犯了人权、污染了尼日尔河三角洲,或者在厄瓜多尔丛林中造成有毒垃圾堆。[26]但许多跨国公司仍维持其原产国的环境标准,尽管这些国家并不要求它们这样做。哥伦比亚大学的格伦·道尔

（Glen Dowell）和他的同事们对美国 89 家跨国制造业和矿业公司的环境标准进行了测量，以确定它们在最贫穷的发展中国家运营时是否降低了标准。他们发现"对当地环境标准的违约绝不是最常见的做法……"[27] 相反，在这个示例中，最常见的策略是采用一个严格的内部标准，并在全球范围内应用。

　　为什么一家公司要超越东道国要求的最低合规水平？研究表明，一些人这样做是为了与当地社区保持积极的关系，这与莉莉·蔡发现的对中国公民提供公共服务的推动力量类似。[28] 其他 28 家公司似乎也在回应那些急于宣传自己行为的国际维权组织的热议。[29] 但是，跨国公司的环保行为还有另一个原因：他们已经习惯了这种行为。和其他组织一样，他们也是习惯的产物。

　　在 1985 年发表的一篇颇具影响力的文章中，社会学家保罗·迪马乔（Paul DiMaggio）和沃尔特·鲍威尔（Walter Powell）指出，随着行业的成熟，他们发展出主流的经营方式，与理性计算或收益和成本的最新分析无关，更重要的是"这只是我们行业的工作方式"。这些常规会吸引新进入行业的人；如果要认真对待，新公司必须采用标准做法。[30] 换句话说，组织模仿他们互动，这进一步加强了共同的例程。对于跨国公司来说，它们原籍国新的环境实践，以及新的全行业环境标准，已经深深地嵌入到它们的操作程序中，因此，修改它们的实践，以利用在贫穷国家中发现的宽松的环境监管是要付出成本的。这些公司拥有他们的首选供应商和完善的设计标准。他们的机械师和工程师都接受过使用某些类型机器的培训。在化学工业中，环境标准已经深深扎根于其商业实践中，以至于跨国企业一直在推动发展中国家国内工业改善环境实践的传播。[31]

　　相互竞争组织之间的模仿行为，以及整个行业的例程，都可以在各种各样的设置中找到。考虑城市政府的环境行为。在早期阶段，一个城市可能会采取诸如自行车共享计划这样的创新，因为有远见的领导人会利用偶然的政治环境；在后来的阶段，其他城市采用这种做法，因为"每个人都在做"，这是作为一个具有前瞻性的都市中心的一部分。[32]

新惯例的发展是社会变革的重要组成部分。规则和惯例是不同的。当演唱会的小提琴手在表演前有条不紊地拉伸手指时，基本上每次都遵循相同的模式（拇指触摸小拇指，然后按下拇指……），这是一种惯例。当她上台之前，会把口香糖取出来，这是一个规则。不同之处很容易说明：如果你打破了社会规则，它会引起周围人的负面反应，根据犯罪的性质，这种惩罚从轻微的蔑视到终身监禁。实践中，随着规则和惯例的交织和扎根，人类行为出现了新模式。考虑任何专业实践的前线人员——木匠、园丁、房地产开发商、汽车车身机械师，以及其他日常工作以多种方式改造地球的人。如果你旁观一位有经验的木匠教导年轻的学徒，你会听到关于正确工作方式的官方与非官方建议。谈话内容包括建筑规范等正式规则的参考——我们必须在这里使用 16 英寸的层压支撑梁——但它也包含了关于最佳实践和经验法则的深刻见解。你可能想用这种锯片而不是那种。在附着之前，将一些胶带缠绕在管道上。不要将这种有毒溶剂倒入排水管中——我们在卡车上放置了一个处理桶。

嵌入式的关系

为了创造持久的变化，我们需要将可持续的实践嵌入到更广泛的涉及人类的关系中，这些关系的主要目标与可持续性几乎没有关系。考虑 LEED 认证，私人规则制定系统通过创建绿色建筑的新市场改变了建筑行业。当我在第 3 章讨论绿色建筑运动的时候，LEED 科学顾问委员会前任主席兼亲爱的朋友马尔科姆·刘易斯（Malcolm Lewis）发现他已是癌症晚期，几个月后他与世长辞。在得知他的病情后不久，我们进行了长时间的电话交谈，他对绿色建筑的未来表示担忧。他特别坚持需要提高环保绩效标准，认为比大多数人意识到更多的进展是可能的。但同样值得注意的事马尔科姆·刘易斯没有提到。他对绿色建筑运动是否会持续表示不担忧。采访中，我发现婴儿潮一代——推出现代环保运动的一代——正在考虑很多关于遗产的问题，以及他们的创新是否会持续下去。但是这并没有出现。马尔科姆·刘易斯知道这可能会告诉我们一些关于变革真正起作用的东西，从而导致新的模式超越他们的发明者？

如果你想测试一项新的社会发明的持久力，想象一下它将面临威胁的未来情景。如果成立 LEED 的美国绿色建筑委员会明天宣布，由于金融丑闻或其他事故，它将关闭商店，将不再可用来评估建筑对环境的影响。接下来会发生什么？一个庞大的社会群体已经开始依赖 LEED。近年来，美国大学校长和其他非营利组织的领导人一直在互相吹嘘他们新建筑的环保资质。LEED 标准已经被纳入美国几十个城市的建筑规范中，并且是联邦建筑标准的一部分。成千上万的公司开始专门从事绿色设计，以利用这个新市场。这些选区肯定会来拯救绿色建筑委员会，改造或快速取代能够拿起火炬的新组织。绿色建筑委员会的创始人采取了一些措施，以确保他们的创造力得到恢复。他们创建了一个专业的认证项目，培训了成千上万的工程师、建筑师和其他建筑行业的人。这些人已经开始把 LEED 认证作为他们行业工作的一部分。每当这些专业人士向潜在客户展示他们的绿色证书，并分享具有低冲击性设计的亮晶晶的项目组合时，他们就会深入挖掘通向更加可持续建筑环境的渠道。

持久性的危险

尽管社会变革必须坚持到底，但它有缺陷。以美国林务局为例，由特迪·罗斯福和美国国会于 1905 年创立的林务局承担着为美国人民永久管理超过 1.9 亿英亩土地的艰巨责任。如果有哪种社会结构是为了能够延续而被设计出来的，那就是林务局了。该机构成功地保护其最初的使命不受外部压力的影响，提供了一个给人以警示的故事，说明设计规则抵制变革的负面影响。

林务局在诞生之初就与过去的做法大相径庭。19 世纪末，美国的森林陷入了严重困境。伐木公司已经放弃了这片土地。大量木材被砍伐，以满足国家对木材日益增长的需求，从房屋、桥梁到蒸汽火车，再到穿越数千英里的木制铁路枕木的蒸汽火车，都需要木材。与欧洲的做法一样，木材公司没有种植新的树木和保护流域周围的森林，而是将土地上所有的树木覆盖起来，将贫瘠的土地卖给定居者，并迅速转移到下一个避免纳税的计划。政府的政策只会使情况更糟。众所周知，负责森林管理的土地管理局无能而腐败。1850 年到 1910 年之间，大约有 2 亿英亩的美洲森林被摧毁。[33]

新思想和新规则的融合提供了扭转局势的机会。1864 年，乔治·珀金斯·马什（George Perkins Marsh）的开创性著作《人与自然》问世了，它在知识分子圈里广为流传，提高了人们对美国森林遭到破坏的认识。在政治方面，特迪·罗斯福的进步运动试图铲除任人唯亲的现象，并在政府机构内部灌输更强的专业精神。进步派正在执行一项任务，以确保政府官僚机构以科学、效率和对公众利益的承诺为指导。[34]罗斯福对户外运动的热爱为他提供了改变的机会。在罗斯福的推动下，国会将联邦政府拥有的森林的保护责任移交给了吉福德·平肖（Gifford Pinchot）领导下的美国新林务局。平肖是一个充满魅力和孜孜不倦的改革者，他制定了新规则，无论好坏，其指导了美国的林业实践，直到今天。

平肖带来了一个新想法。旧土地管理总局的任务是迅速处置联邦土地，作为帮助人们解决边境问题的更广泛努力的一部分。新林务局有更大的图景，借用英国功利主义哲学家的观点，他们认为政府的正确目标是确保"最多数人的最大利益"。平肖将此作为他的指导原则，并赋予它一个可持续的转折，赋予林务局以新的使命，为"从长远来看，最大的利益"提供"最大的好处"。"第一个接受可持续发展的美国政府机构是有关树木的，这并非偶然。"正如任何一个园丁所知，种植树木需要长远的眼光。历史学家查尔·米勒（Char Miller）解释说："这就是森林工作者所做的。""他们一直在思考。"[35]在北美的森林中，生长和收获周期通常是 100 年或更长。但是平肖的指导思想同样值得注意，因为它不包括：荒野。平肖的同时代人，留着白胡子的户外运动家和散文家约翰·翰缪尔（John Muir），提倡保护野生环境，在那里自然过程可以顺其自然，人类的精神可以从城市生活的压力中得到缓解。另一方面，平肖信奉持续经济生产的价值观。由于强调木材和对重要水资源的保护，平肖开始在规则和组织结构中强化他的新想法，这将使坚韧的老松树能够在不断变化的政治季节中生存下来。

历史学家詹姆斯·刘易斯写道："平肖拥有先知的热情和目的。"他仔细地选择了特派员，并集结人员和机器来传递信息。[36] 在他做出改变的努力中，他面临两个截然不同的问题。首先，他必须确保林务局能够抵抗政治和短期利益的力量，他知道这将对该机构施加无情的压力，迫使其改变路线。他的预言被证明是准确的；从牧场和采矿利益到试图将公共土地私有化的政客，林务局成了未来几年不断被政治攻击的目标。第二，平肖需要确保在偏远农村地区工作的林务局人员执行新规则时是忠实的，要将一般政策和原则转化为新的管理实践。这包括从适当的土地恢复技术到在审查申请采伐许可证时的尽职调查。

在 1960 年出版的《森林游侠》(*The Forest Ranger*)一书中，政治学家赫伯特·考夫曼(Herbert Kaufmann)描述了林务局用来促进实地工作人员之间的一致性的方法，使他们忠实于任务。首先是备受尊敬的《林务手册》，号称"林务员的圣经"，它详细地规定了每一个护林员要遵循的理念和实践。通过激烈的社会化进程，其与使命的一致性得到进一步加强，以确保林务人员与该机构一致并按照其意愿采取行动。这种社会化的第一个阶段是"招募合适的人"——不腐败的角色，他们可以忍受偏远地区工作的孤独和艰苦，但他们自己却像绅士一样。然后，新员工会与主管和同事一起参加广泛的培训，以建立一个强大的团队。晋升完全是在队伍内部进行的。该机构的领导人毕业于平肖自己创建的林业学校，确保该机构对可持续木材生产的创始理念保持清醒。

运作过程。在该机构创建半个世纪后，考夫曼对其进行研究时,他报告说:"很少有人听说过护林员的行为与林务局政策不一致;相反,他们有时被描述为过于热心于一致性。"[37]但是,新制定的森林规章制度的持久性不仅来自组织内部的战略。*1908 年《25％基金法案》*(*the Twenty Five Percent Fund Act of 1908*)使得森林服务深深扎根于政治土壤,该法案保证,当木材和其他自然资源被出售时,国家会从附近森林获得四分之一的收益。农村社区开始依靠木材销售的收益来作为学校和道路的生命线。实际上,这条规则锁定在一个选区,以便继续从国家森林中开采木材。

20 世纪的最后几十年里,一系列新的关注点出现了:生态系统的健康和生物多样性的保护,这将使平肖在设计持久性方面的成功成为改革的主要障碍。[38]从 20 世纪 40 年代到 80 年代,森林服务部门批准了不断增加的收成,响应国家要求"削减"以实现创造就业和木材收入的要求。林务局青睐的收割方法是将土地清理干净,彻底摧毁所有地面上的植被,形成一种类似绗缝的图案,与一块块的木架交替使用。与 19 世纪的做法不同,木材公司被要求在收获后种植树苗,因此这些清理工作与该机构"保存永久木材供应"的初衷是一致的。[39]

到 20 世纪 60 年代,随着研究生态学家的关注与日益强硬的环保运动相结合,林务局的实践受到了公众的关注。这些批评家指出,森林不仅仅为市场供应木材;森林还是植物、动物和真菌的复杂生态系统。森林景观也为人们提供了娱乐的机会,让人们重新认识到野外的壮丽景色。随着公众的怨恨情绪的滋长,约翰·缪尔的精神已经从坟墓中恢复过来,与平肖的遗产作斗争。

20 世纪 80 年代和 90 年代,随着全球灭绝危机的爆发,这些担忧加剧。森林只覆盖了地球表面的 6％,但却拥有地球上 90％的物种。当一个古老而多样的森林生态系统被砍伐并重新种上一些具有商业价值的树种时，新森林只能维持其前身生物多样性的一部分。在太平洋西北部的国家森林中，这种砍伐和种植的日常活动威胁着有价值的鲑鱼渔场，这些鱼被土壤沉积物破坏，而这些沉积物在经过清理后流入溪流。提取更多木材的压力也导致了北方斑点猫头鹰数量的惊人下降，这被认为是一种"指示物种"，它为生态系统的整体健康提供了预警信号。广泛分布的"清晰"的照片象征着美国土地管理机构的所有错误——它们将工业利润置于生态活力之上。

在美国发展的头两个世纪，大约 94% 的原始森林被砍伐。伐木公司想要获得剩余的资源。在这场被称为"木材战争"的事件中，成千上万的美国人参与了抗议和非暴力反抗，希望保护残存的森林（图 9.4）。各州的立法者推动了持续的收成，而木材依赖的社区在伐木工人和环保主义者之间经历了痛苦的划分。林务局被各方起诉。为了解决冲突，1993 年 4 月 2 日，克林顿总统和副总统戈尔主持了在俄勒冈州波特兰市举行的木材峰会，召集了来自伐木业、环保组织和地方政府的 50 名代表。克林顿没有邀请林务局官员在会议上发言，这明显表明了他的不满。但是，即使有这样的政治风暴，林务局也拒绝屈服。因此，为了使该机构摆脱毁灭之路，克林顿任命野生动物学家杰克·沃德·托马斯（Jack Ward Thomas）为新主任。托马斯是第一个领导该机构的非林务人员，许多人希望他能赋予该机构一种新的生态责任感。但平肖的创造仍由林务人员主导，他们装备简陋，没有能力承担木材峰会达成的妥协协议所要求的物种调查。这导致了长时间的拖延，产生的木材比原先预想的要少，让依赖木材的社区感到沮丧。

图 9.4 美国林务局的设计是为了抵制变革

左：护林员，是对永恒使命的管理和顺从的象征。照片来自北卡罗来纳州达勒姆的森林历史学会

右：经过 30 年的社会动员，说服林务局将生态健康纳入其使命。（照片来自埃文·约翰逊）

林务局仍在运转中。今天，平肖的创造更加强调生态健康，但这也使该机构内外的许多人感到愤怒，他们认为，在保护的方向上，这支钟摆已经偏离了太远，以牺牲持续使用为代价。不管正确的平衡在哪里，森林服务的故事说明了永久的危险。在比生态学和保护生物学等学科的兴起更早的哲学盐水中浸泡了一个世纪后，森林服务以巨大的自然环境代价使自己对新思想免疫。

聚四氟乙烯和焦油坑

那么，我们的社会规则应该有多棘手呢？美国林务局的故事表明，如果规则很难被打破，就没有学习和适应的空间，在民主社会处理复杂的长期问题时，这是非常必要的。条件改变了，偏好进化了，新的信息也随之产生了。最初的规则甚至可能没有它们的预期效果。但是，如果我们的规则适应性太大，公共舆论、市场环境或执政联盟每发生一次短暂的转变，规则就被扔进垃圾桶，那么进步就变得不可能了。投资者将缺乏信心，污染者将会等待，而评级机构将缺乏诊断和解决具有挑战性的社会问题所需的长期经验的积累。

　　耐久性与变化的问题被美国的开国元勋们热烈讨论，他们创造了世界上最持久的政治制度之一。在 1788 年，亚历山大·汉密尔顿（Alexander Hamilton）认为宪法应该只包含非常普遍的条款，因为它们"必须是永久性的，而且它们无法为事物可能发生的变化做出计算。"[40]而托马斯·佩因（Thomas Paine）在他著名的著作和战斗檄文《人的权利》中提出了反对永久的理由。"在所有的情况下，每一个时代和每一代人都必须像之前的世代一样自由地为自己行动。在所有专制国家中，从坟墓里统治的虚荣和狂妄是一切暴政中最荒谬、最傲慢的。[41]在 1789 年写给詹姆斯·麦迪逊的一封信中，杰弗逊提出了一个类似的观点："一代人是否有权利约束他人。"杰弗逊得出的结论是："没有哪个社会可以制定一部永远适用的宪法，甚至一部永远适用的法律。"大地永远属于在世的一代人。[42]最终，创始人设计了一套兼具两种特征的制度：一部适应性强的宪法，受制于不违反公民"不可剥夺的权利"的约束。

　　在弹性范围内的适应性——这是建立能够引导社会走向新方向的有活力的社会机构的核心挑战。韧性是实现持久社会变革的先决条件。一个有弹性的规则体系必须建立一个永久性的等级制度：一些规则促进人们深信不疑的理念，以至于不允许任何人修改它们。（那些希望这样做的人必须推翻整个体系。）其他的规则只有在很大的困难下才能被推翻；还有一些规则处理微小的细节，以至于可以被一个中层官员的笔端所挑战。哪些思想是永恒的原则，哪些是一次性的便利，这显然是一个非常重要的问题。无论我们谈论的是国家宪法、城市条例，还是非营利组织的章程，都是如此。

设计永久性的挑战之一在于，我们永远无法真正预测未来会带来什么变化。我们可没有水晶球，承诺任何特定的道路都有风险。为了降低这些风险，规则制定者可以在他们的原始设计中包含新规则被定期审查的要求，并有机会进行修改（例如绩效评估和合同更新期）。规则还可以包括日落条款，明确规则失效的时间，除非被重新授权。我们所生活的规则的相对持久性也应该被调整，以适应它们所解决的问题的严重性和不可逆转性。举例来说，考虑到物种灭绝的不可逆转性，制定一些自下而上地保护栖息地的规则（例如，通过总统或立法机构的行动），比撤回这一名称（要求获得两者的批准）更容易，这是有道理的。虽然不排除未来的变化，那些较难被推翻的规则为未来的世代提出了一项温和的请求：在一头扎进一条不同的道路之前请停下来想一想。

不要仅仅打破规则——要创造规则

特立独行的人喜欢把规则描绘成人类创造力的对立面。他们告诫我们，要打破墨守成规这一习惯，比如"扔掉规则手册"，或者引用商业畅销书的标题"首先，打破所有规则"。所以当我恳请大家关注统治着星球的规则之时，我知道，和那些流行的变化大师们相比，我就像个不思进取之辈，像一个鼻梁上架着眼睛的校长，挥舞着木头教鞭、对着黑板上潦草的规则指指点点。但规则和创意放一起并不奇怪——事实上，它们是亲密的盟友。我们最伟大的体育竞赛和最崇高的音乐表演都依赖于指导创造性精神的规则。同样，我们最大的环境成就（洛杉矶的空气污染减少了80％）和最糟糕的失败（美国失去了94％的原始森林）可以归因于那些促使人类主动沿着一条或另一条道路前进的规则。

　　我们不经常赞美规则本身，而且有充分的理由。你不会听到体育播音员兴奋地描述一名运动员在比赛中如何出色地遵守比赛规则。相反，我们赞美那些为了实现伟大目标而创造性地利用规则边界的行为。但是，当我们把对个人创造力的重视扩大到保护地球的努力上的时候，我们却正在失去森林。我们赞扬个人的环保行为，比如在冬天调低恒温器，却不去考虑那些决定个人行为是否转化为大规模改进的规则（比如国家能源政策）。今天，绿色能源发展前沿的发明家和企业家正在玩一种游戏，游戏规则对他们不利，对化石燃料行业有利。新的思想家可能有两倍的头脑和勇气。他们可能是一流的毕业生，也可能是杰出的商业战略家。但是他们在竞争中不能赢，除非我们的社会创造出公平竞争的规则。

第四部分
杠杆

10
超级规则

　　如果你看到一群孩子在一个不成结构的环境中玩耍，不久，你将看到社会如何制定规则的缩影，它归纳了其中的精要。随着一些随机、零星规则的运行，这些孩子将会试图在这类游戏中建立一个社会性结构。这一过程的推进将很迅疾，且充满了显著的可预测性。[1]根据定义，每一个游戏都需要规则，规则制定之初的主题便是各方的讨价还价。**你必须触摸大树才可以保证安全；任何人都不许跨过那些石头。**参与游戏的规则被极其小心地谈判着，因为每个孩子都本能地知道，这些规则将直接影响结果。**你们那边人多，所以这个大孩子得是我们这边的。**

　　除此之外，观察是谁制定了游戏规则，同样是引人入胜的。无数种想法竞相涌现，虽说规则制定者往往是年龄较大的或者最有主见的孩子，但并非总是如此。一些孩子可能动用他们自身的资源和权力对其他孩子造成无可置疑的威胁。**这是我的球，我不想玩这个游戏。**或者，她可能借用其他伙伴公认的道德权威——**这是在我家，这是在我的生日派对上。**游戏规则一旦制定，这个微型社会中的所有参与者都必须了解与遵守这些规则。那些打破规则的人将会遭受到群体的集体抗议，甚至是来自第三方的惩罚：**妈妈，理查德一直作弊！**

这种情况并没有与我们整个文明的内部协作有多大不同，后者同样建立于一个由规则搭建而成的基础设施。每一所企业和每一个社区、每一种宗教和每一家非营利性组织，甚至是每一个恐怖组织，每一个卷饼小贩和每一所艺术博物馆都基于社会规则去实现它的目标。通过本书，我们可以看见我们的生活和周围的一切是如何通过这些规则而被定型的，无论是说政策或财产权利，还是安全码或共享的文化规范。现在，我们准备近距离观察一下这类特殊且非常强大的规则——我称呼这些规则为超级规则——也就是决定其他规则是如何被制定出来的规则。

那么究竟什么是超级规则？在任何给定的规则制定的设置中，无论是在公司会议室、社区园林协会，还是美国国会，我们都必须区分这两类规则。[2]第一类规则是那些被设计出来用于影响这个世界实质性结果的规则。《美国濒危物种法案》(*The U. S Endangered Species Act*)就是一个典型例子。该法案于 1973 年在国会被通过，它的立法目的就是通过禁止人们去"骚扰、伤害、追捕、猎杀、射击、割伤、杀死、陷杀、捕获或收集"任何存在灭绝风险的物种，来保护这个国家的生态多样性；第二类规则，即超级规则——用于管控规则制定过程本身。它包括《美国宪法》第一条第七款，大意是：如果你想制定一部像《美国濒危物种法案》这样的法律，你需要获得美国总统和国会参、众两院多数的批准。如果说规则是移动世界的操纵杆，超级规则就是杠杆制造工厂。超级规则决定了我们改变世界时所采取的处理方法。

　　在超级规则所管控的每个领域，人们可以一起制定具有相互约束力的决定。在之前所举的孩子玩耍的例子中，有一个**"这是在我的生日派对上"**的规则，该规则就是授权一个专横的孩子选择何种游戏以及如何进行游戏。与此相比，全球渔业管理所设置的赌注更高，比如超级规则的设计显得更为重要。决定应该由一小群的科学专家还是普通公众制定，商业性渔业和沿海性捕鱼团体应该在这次规则制定过程中扮演怎样的角色？

　　如果你想要了解我们的环境是如何达到其目前的状况的，以及将采用怎样的矫正措施？那么这里有一些问题必须被解答。当市政委员会计划保留一些公用土地用于保护开放空间时，他是否应该获得其成员的一致或简单多数投票通过？谁应当担负起关于规制你食物和服饰中新引进化学化合物的举证责任，工厂应该证明它们是安全的，抑或执法官员必须证明它们是有害的？他们又是依据什么标准得出结论的？这些决定所产生的结果必须公之于众吗？如果对结果有异议，应该由谁并且通过怎样的机制提出？

　　在前面的章节中，我们看到社会规则是思想的载体，比如理念，它就不应该因人类活动而消亡。但规则作用更大：它们锁定群体间的权力关系，并通过几代人来巩固这些关系。这就是为什么关注管控规则制定的规则是如此重要。当这些超级规则发生变化之时，比如为了确保公众对政府决定的监督而修改市镇章程，它的影响将震动整个体系，这一修改过程将影响到之前基于此制定的大量政策与规则标准。

由谁来决定？

参与是行使权力的根本。就像政治上的业内人士都喜欢说的："你要么在餐桌上，要么在菜单上。"如果你试图去改变那些塑造你的世界的规则，你首先遭遇的便是超级规则，由它来决定你是否被允许加入到对话中。比如说你想要针对联合国的决策机关发表一些观点。或许是你感觉到气候变化讨论忽视了一些重要的考虑，而这将影响到你的社区。但在管控联合国程序的现有超级规则中，并没有为个人提供向联合国官员请求处理你的要求的机会。取而代之的是，你将不得不说服一个主权国家的政府并借此传达你的观点。或者你必须加入一个由联合国官方认证的非政府间组织，这样你才会被允许出席联合国的职能部门，在那里他们有权利监控谈判以及给外交官分发信息。管控联合国程序的超级规则禁止公民以自己名义、通过发言的方式直接参与联合国事务。

超级规则也确定了谁的声音在国家政策讨论中将被倾听。试想一下德国和美国绿党的命运吧。在这两个国家，大多数的公民表达了对环境的高度关注。两个国家都是富裕的工业化民主国家，两个国家的每个主要城市几乎都有活跃的环境保护团体。当德国绿党（德文名称为"DieGrünen"）挤进德国的国家立法机关时，美国绿党却从未设法获取在国会的哪怕一个席位。[3] 1983 年，德国绿党已首次入选德国联邦议院，而美国有过 7 000 次参议院和众议院席位的投票选举，但最终绿党候选人在那些竞选中完全落败。为什么有着相近水平环保关注度的两个民主国家却有着如此不同的参政结果？

两国绿党迥然不同的命运使我们思考超级规则在两国的运行变得更为有意义，特别是在决定谁将可以参加立法过程的选举法领域。在美国，其他政党在国会占有较大比重的席位在现实上不可能，因使用"赢家通吃"（winner-takes-all）的投票选举方法，可以说美国规则保障两党制。

表10.1   不同投票规则所形成的政治结果

"赢家通吃"制

选区	获票率			当选政党
	民主党	共和党	绿党	
A	50	40	10	民主党
B	40	50	10	共和党
C	40	50	10	共和党
D	50	40	10	民主党
E	40	50	10	共和党
F	40	50	10	共和党
G	50	40	10	民主党
H	40	50	10	共和党
I	50	40	10	民主党
J	40	50	10	共和党

最终竞选结果：民主党4，共和党6，绿党0。

比例代表制

获票率			
选区	左派党	右派党	绿党
A	40	50	10

名单	**Ruddy**	**Kidwell**	**Muir**
	Nicholson	**Perez**	Pinchot
	Smith	**Spears**	Brower
	Obonki	**Yee**	Erwin
	Barney	**Rose**	Chavez
	Oliver	Mullen	Carter
	Donghi	Martinez	Newman
	Morrisey	Fein	Moore
	Goldman	Maina	Jenks
	Sanchez	Gerrigold	Kelly

最终竞选结果：左派党4，右派党5，绿党1。

　　为了看清楚它是怎么运作的，我们思索出一个故意过度简化的例子用以说明。我们假设百分之十的美国人愿意在众议院选举中把选票投给绿党候选人，在现有的"赢家通吃"投票体系下，无论哪个候选人，他只要在给定的选区内获得最多票数，都将当选。通过阅读表10.1的上半部分可知，我们所称的选区A，民主党候选人赢得百分之五十的选票，共和党候选人赢得百分之四十的选票，绿党候选人赢得百分之十的选票，最终结果是民主党当选。在美国投票规则之下,一旦在一个选区内的选举结果被确定,那么投给失败候选人的任何选票基本上均被清零;这些选票并不能加到其他选区的绿党或共和党的票数当中。在选区 B,共和党当选,那么绿党和民主党的票数将会被清零。选区 C 至选区 J 依次类推,这就导致一个奇怪的结果:尽管绿党拥有百分之十的票数,但是他们并没有获得国会席位。[4]

德国和其他大多数欧洲国家一样,使用一套非常不同的投票系统,谓之为"比例代表制"(proportional representation)。与各个政党有关的候选人代表德国选民,只要某个政党获得更多的选票,该政党就有更多候选人赢得在立法机关的席位。但这里存在扭曲:在这种投票系统之下,全国各地的大区域票数相加,从而使该党在立法机关的份额反映为其在全国范围内的票数份额。(德国的投票系统比这略为复杂,即在两轮投票中结合适用"赢家通吃"和"比例代表制"的投票方法;但总体而言,德国的选举规则确保议会的组成大致和所获票数成正比。[5])从我们在表 10.1 所假设的例子中看出,德国绿党获得与美国绿党相同的获票率,但前者获得立法机关百分之十的席位,而后者一无所获。

在写这本书的时候,绿党其实刚刚占据超过德国立法机关席位的百分之十,而美国绿党在国会一个席位也没有。随便哪个观察者都可据此得出结论说:相比美国公民,德国公民将环保事业放在更高的位置,所以给予绿党很大的支持。但这正是初学者常犯的错误,即假设社会结果是社会利益的直接反映,好比说我们的生理特征映射了其潜在的基因密码。规则是将个人欲望传递为集体结果的堤道,以上例子中规则管控了选举活动。

规则确保两党的绝对统治,这就很容易使两党的领导人安于现状而忽视任何来自他们团队之外的创新性建议。好在他们意识到了这一点，越来越多的美国城市正在修订它们的选举法，以使小党可以更容易存在。2002 年，旧金山市通过了一项新的超级规则称为排序复选制（instant-runoffvoting），也被称为替代性投票制（alternative voting），其选取选区票数前三位的候选人，而并非仅仅第一个。在这种制度下，如果你最喜欢的候选人争取不到足够的票数使其胜出，那么这个候选人将从竞选中落败，然后你的票将重新累积到你次喜欢的候选人的票数中。这将使你可以看到你所支持的候选人及其政党当选并从政，而无须担心把投票浪费在支持弱势者身上。

每个投票系统均有弊端，比例代表制和排序复选制也没有例外。[6]比如，这两种投票规则使小选区的候选人可以参政，不仅给政府带入新的见解，还有基于自身利益的自私想法。拥护新纳粹主义（neo-Nazi）的法西斯政党已在最近几年的欧洲议会选举中获胜，比如在希腊、匈牙利分别获得百分之七和百分之十七的立法机关席位，他们信奉种族主义和反犹太主义的观点，从而影响到这些国家的移民政策。[7]重点是管控政府参与的规则将很大程度上影响到谁统治我们的星球。

倾斜的设计

当我们考虑到来自独裁政府统治下国家的环保人士所面临的挑战时，这种参与规则的影响将变得昭然若揭。来自基尔大学的政治学家蒂莫西·多伊尔（Timothy Doyle）和来自南澳大学的政治学家亚当·辛普森（Adam Simpson）提供了一份令人不寒而栗的报告,该报告是关于缅甸和伊朗如何推行环保政策。在 19 世纪 90 年代期间,来自缅甸克伦族的环保人士就试图去阻止亚纳达天然气管道的施工,因为政府曾决定将管道修建在他们世世代代的土地上。缅甸的军队,也被称为塔玛都(tatmadaw),通过"对克伦族村民进行强迫劳动、强制搬迁、掠夺甚至就地正法"的方式以保证天然气管道的建设顺利完工,比如说"烧毁村庄以及周围的一切,包括农田和林地"。[8]缅甸正在慢慢向专制形式政府过渡,民主和可持续发展支持者的第一要务就是如何改变确定谁决定的超级规则。

在伊朗,镇压的架构已经呈现出不同形式。根据多伊尔和辛普森的说法,伊朗政府允许甚至是鼓励环保团体的形成,但是他们必须去内政部取得官方登记,且须非常谨慎以避免批评政府。这将给伊朗政府的转变造成巨大的阻碍,因为给予了政府在经济规划以及管控无数个影响到人民及其环境的政策决策上极为广泛的权力。比如被称为防止环境污染妇女协会(the Women's Society Against Environmental Pollution)的伊朗组织,它致力于提高公民对这个国家所面临环境风险的意识。但他们必须把这些问题描述为有待解决的技术问题,而不是要面对的政治问题。在这种既定的民主政体中,即便是剥离政治意义的环保主义也依然被控制在那些掌权者手中。那些环保组织必须暗中采取未获政府允许的行动,甚至隐蔽办公地点或借助非官方渠道表达意见,如建站在荷兰的反对电台"zamaneh"。那些少数公然反抗政府的环境抗议者将面临逮捕甚至是酷刑。[9]

你不需要生活在一个独裁国家下,但是需要去看参与规则是如何倾斜于有利一方。英国的城市规划过程可能以提高开发商获取公众利益的方式运作。美国大学董事会在决定是否将校园基金投资于承担社会责任和环境管理的公司时，可能只为自己的利益打算。无论政治设定如何，当外界的观点被排除在决策过程之外时，该过程甚至不会发生冲突，因为所有类别的问题都不会被提上日程。彼得·巴克拉克（Peter Bachrach）和莫顿·巴拉茨（Morton Baratz）在《美国政治学评论》（*American Political Science Review*）于1962年刊发的一篇著名文章中称，如果我们想要理解政治权力，那么我们就不能仅仅观察谁在可见的政治斗争中占优势，而且还必须考虑到那些从未发生过的争论，因为那些有权力的人已经把辩论限定在某些问题根本就不会出现的范围上。[10] 为理解谁统治我们的星球，这些作者认为，你必须考虑那些从现状中受益的人如何"将实际决策的范围限制在'安全'问题上"。[11]

当你拒绝访问规则制定的过程中，你可能会缺乏挑战现状的信息。作为局外人，你不了解谈话和内部备忘录，也可能没有自己的专业分析师可以提供针对城市规划部门、开发商或政府卫生专家发布的官方报告进行的权威性批评。你出席由内部人士在选定的时间和地点举行的会议的机会也有可能是有限的。因此，有权力的人很容易通过声称你缺乏对问题的真正理解，来消除对他们权威的挑战。把这个论点作为合乎逻辑的结论，那些掌握权力的人会争辩说，你根本没有资格加入决策小组，从而导致排斥的恶性循环。

塑造与购买

你怎么能获得影响环境的规则制定权专用仓？实际上你可以选择许多选项，包括场地塑造和场地购买。随着场地的塑造，你将推动改变那些决定谁来参加的超级规则。在最基本的层面上,你和你的盟友可以尝试修改一个理事机构的章程,以便为其他利益相关者预留位置,例如,向校园物理规划委员会增加学生。在参与预算编制中可以找到一个更为雄心勃勃的场地塑造实例,如参与预算已经在明尼苏达州的圣保罗市等一些城市实施。在圣保罗,有一个由十八个社区协会代表组成的委员会,用以保证预算优先符合当地需要,而不是将每一项预算决策委托给市政府官员。这些代表在影响到他们社区的区域性决策中也有发言权。"以这些系统为基础的社区协会拥有实权",来自塔夫茨大学专门研究城市民主创新的肯特·波特尼(Kent Portney)与杰弗里·贝里(Jeffrey Berry)写道:"他们不是咨询机构,他们有实质性的权力,使他们成为城市政治的重要参与者。"[12]社区协会和参与预算编制已经开始在美国和全世界越来越多的城市中推行。[13]

如果场地塑造被证明太困难,那么可以选择场地购买。这个术语是由北卡罗来纳大学教堂山分校的政治学家弗兰克·鲍姆加特纳(Frank Baumgartner)和得克萨斯大学奥斯汀分校的布莱恩·琼斯(Bryan Jones)创立的,目的是解释拥护变革的人如何绕过根深蒂固的决策者群体。在场地购买时,你会选择一个不同的且更为欢迎你参与的决策场所,并以此来影响目前较为独特的群体垄断的结果。鲍姆加特纳和琼斯表明,超级规则的改变不仅是可能的,而且是司空见惯的。决策制定领域含有的长期稳定性被新的游戏规则以惊人的速度颠覆和替换。这个过程超乎你的想象。"确定社会中的哪些机构将被授予对特定事项管辖权的规则不是一成不变的,"他们写道,"取决于这个事项本身以及它将如何被潜在参与者理解,它可以被分配给联邦政府的机构、私人市场机制、州或地方当局、家庭或任何一个机构。"[14] 你可以利用这种流动性，通过把决策制定权的支点转移到一个新的地点来塑造公共议程。

场地购买是可持续建筑运动领导人所使用战略的一个组成部分。在第3章，我们看到大卫·戈特弗里德不得不依照由美国材料与试验协会（the American Society for Testing and Materials, ASTM）制定的传统规则行事，如此，他试图创造一个绿色建筑标准的努力都将毫无进展。ASTM 的超级规则欢迎行业协会的加入，因为行业协会经常抵制他们积极成员所拥护的改革。这个过程是不可能减速的，并且由于需要一致同意的投票规则而变得更加糟糕。并非挑战 ASTM 的超级规则（而是被遍布全球数百家的 ASTM 委员会所制度化），戈特弗里德和他的同事们创造了一个新的地点——美国绿色建筑委员会（the U. S Green Building Council），该委员会被不同的规则制定程序所管控，旨在促进新建筑标准的快速发展，从而在不久的将来实现产业革命。

一些超级规则决定谁可以参加，其他规则确定实际作出的决定是否以及如何得到执行，从而产生实际的效果。为了领会执行规则的重要性，我们需要简要回顾一下美国现代环境运动时期的起源。

使其重要

那是 1970 年 9 月，缅因州州参议员埃德蒙·马斯基（Edmund Muskie）行动最快。此时美国环境运动正处于其影响力的最高点，而对政府的信心由于越南战争的失败而降至历史最低水平。处于十九世纪六十年代与七十年代早期的巨大政治压力之下,选民之间被撕开了如此多社会裂痕,几乎每个人都会支持环境保护。马斯基和其他在议会的同事在强烈压力之下采取行动,表明他们基于选民的权利可以做一些事情。

马斯基参议员在其担任缅因州州长期间(1955—1959年)就已经有相当丰富的关于处理污染和自然资源政策的经验。1970年,他为环境保护建立了一个全面的法律框架,在此之前无论在美国甚至是全世界都未曾尝试过。作为参议院空气和水污染小组委员会的主席,马斯基不久便成为一个有说服力的环境发言人。他与密歇根州参议员菲利普·哈特(Philip Hart)联手,努力改变国家经济与生态之间关系的规则。但参议员们面临一个难题,他们知道努力改变美国的行业惯例并不是随着国会随随便便签署几张纸就会奇迹般实现。他们正确地预测到新颁布的反污染法将会受到所影响行业的顽强抵制。负责执行的机构将缺乏一次积极应对如此多方面环境问题所需要的资源。参议员们的自觉是正确的;四十年之后,一项由经济学家韦恩·格雷(Wayne Gray)与杰伊·希姆沙克(Jay Shimshack)共同作出的研究报告显示:"美国环境保护署(EPA)和委派州负责监督十四部主要环境法律规制下的五十八个项目所包含的四千一百万多个实体。"[15]

"我认为这有太多假设",马斯基在参议院关于清洁空气立法的讨论中指出,"只要给执法机关配备良好的职员或者出于好的动机,他们将能监控潜在的违法行为。"[16]"需要更多的工具,"他说。参议员马斯基的委员会最终设计出的工具是如此强大,以至于对整个美国政治体系具有深远而持久的影响。《1970年清洁空气法案》(*1970 Clean Air Act*)第304节包含了一种新的超级规则,称为公民诉讼。这一规则授予任何美国公民权利充当"私人检察总长"协助执行该部法律。[17]与以前的法律不同,该部法律允许受环境污染侵害的人以个人损害而起诉,这项新规定鼓励公民代表公众行动,起诉违反新的空气污染法的任何人、公司或政府机构。来自这部新超级规则中的语言随后被复制并粘贴到美国之后的十几部环境基本立法中,从《清洁水法案》(*Clean Water Act*)到关于濒危物种的立法。

环保团体并没有长远地注意到新超级规则的革命性潜力。在公民诉讼的首次使用中,自然资源保护委员会成功地起诉了环境保护署,因为他们没有将铅列入其优先空气污染物清单中。在接下来的几十年里,公民诉讼被广泛的团体使用,以确保新的环境法得以实施。在1995年至2002年,社区组织、公司、州和其他团体每年平均提交550份意向起诉通知书。在一个诉讼几乎和快餐一样受欢迎的社会里,你自然而然地会问这个超级规则是否开启了愚蠢的法庭诉讼程序的潘多拉盒子。实际上,申请公民诉讼的标准相当严格。原告必须提出一个无懈可击的案例以证明屡次违法的模式。在实践中,通过对环境保护职能机关的责任追究,公民诉讼成为美国环境法发展的动力。根据威得恩大学法学院的吉姆·梅(Jim May)所统计,环境法中所有的司法裁决中有75%涉及公民诉讼。"试验奏效了,"梅总结道,"公民诉讼确保了无数机构和数千个污染设施遵守法律,同时减少了数十亿美元的污染,保护了数以百计的稀有物种和数千英亩的生态重点区域。"[18]

美国不是唯一一个通过试验超级规则从而改变环境法如何生效的国家。在巴西,公共部是一个独立的政府单位,即便在其他政府机构均未能履行其职责情况下,该部都能积极控告污染行业。

该部职员须通过一个极其激烈的竞争过程方能入选(不到1％的申请者被录取),他们不仅将获得高薪水,还会被巴西宪法授予广泛的权力。圣地亚哥大学法学院的莱斯莉·麦卡利斯特(Lesley McAllister)在其著作《使法律变得重要》(*Making Law Matter*)中指出,在世界的一部分地方,文本上的法律与现实中的法律往往有很大的差距,但是巴西公共部却改变了这个游戏规则。[19]

在南非,《国家环境管理法》(*the National Environmental Management Act*)鼓励社区参与执行环境法,赋予他们代表国家起诉污染者的权利,鼓励政府机构与社区签订合作协议,以帮助监测和执法。这条超级规则为非洲的第二繁忙港口德班的地方团体提供了至关重要的支持,那里的公民试图要求炼油厂对其生产所造成的污染负责。来自英国哥伦比亚大学的研究生亚历克斯·艾利特(Alex Aylett)一直在从事这项研究。他报告说,那里的政府官员和当地的活动家基于某种需要而结盟,一个地方政府官员吐露说:"你需要环保运动,你知道吗?政府可以通过环境法规,但现在这些法规太虚弱了。大型企业和社团组织都在合法范围内行事。"[20]但关键是就怕遇到强大的污染者,南非的地方活动家不是单独行动;南非政府颁布的超级规则赋予他们帮助执行污染法的权力。

回归主流

第二次创新起步于环境政策成形阶段,指的是需要将主流的环境观点引入决策的整个制定过程,而不是将环境作为与整体关系不大的专业看待。这一开创性方法的核心是政治学家林顿·考德威尔(Lynton Caldwell),他于 1913 年出生于美国爱荷华州的蒙特祖玛,其非凡的职业生涯横跨研究和行动领域超过半个世纪。1963 年,考德威尔在《公共行政评论》杂志上发表了一篇小有名气的论文,题为《环境:公共政策的一个新热点?》,这将为现代环境政策奠定基础。在这篇充满哲理性的文章中,考德威尔强调了环境问题的关联性,新创了生态科学的概念(可以追溯到许多东方和原始宇宙学传统)并将其应用于公共行政事务。"一边思考,一边决策,这是解决实际问题的'实用'方法",考德威尔写道,"这已一次又一次地产生不切实际的结果。"他指出,"这意味着我们必须更有效地关联或者整合公共机关的职责,比如他们承担环境保护的职能"。[21]

　　1968 年,考德威尔终于有机会把他的全盘观点付诸实践,他受时任参议院内政与岛屿委员会主席的参议员杰克逊(Jackson)的邀请,协助起草《国家环境政策法案》(*the National Environmental Policy Act*)。考德威尔提出了一个被称为"环境影响评价"的新的超级规则。任何被预期可能会明显危害环境的政府行为需要先进行一次评估以确定潜在的影响,这给决策者提供了选择的余地。政府的"行动"需要从广义上解释,包括从建筑许可批准到修建新公路的一切内容。当《国家环境政策法》于 1970 年生效时,从海军指挥官到房地产开发商的每个人,突然间都必须认真考虑他们的决定及其所带来的环境后果。考德威尔的想法最终有超过五十个国家选择适用。

　　一些国家特别是欧洲国家,在环境问题主流化方面比美国更进一步。这个想法始于 20 世纪 80 年代末的荷兰,荷兰的领导人实施了国家环境战略,以推动整体的、多部门的方法进一步处于规则制定过程中的上游。[22]在美国,环境评估大多发生在特定项目如公路扩建以及修建新的大学校园,这往往是在大的政策问题已经解决很久之后。例如,美国农业政策没有全面和强制性地关注生物多样性等问题。农业科技部最近才准备(最近的一个例子)对首蓿的基因工程进行影响评估,其中包括考虑其对生物多样性的潜在影响。事实上,美国没有国家生物多样性的保护战略,超出了《濒危物种法案》的紧急规定,只有在一个物种已经处于危险之中时才生效。相反,战略环境规划将可持续性作为决策的最高层次的主流。

一丝阳光

如果你搜索联邦纪事(Federal Register)——美国政府制定规则的官方记录的在线目录,你会遇到一个无数的法律、法规、决定草案以及征求公众意见的意见稿。比如编号为"78FR48628"的文件规定:"在一定的条件下,从秘鲁进口木瓜商品到美国大陆的行为将被允许。"如果木瓜难以激起你的兴趣,这里还有编号为"78FR48608"的文件,弗吉尼亚州切萨皮克市的海岸警卫队通过了"关于伊丽莎白河南岸的吊桥偏离7.1英里"的通告。虽然很难不去嘲笑政府规则的细节,以及官僚主义颇浓的语言表达,如果你碰巧在伊丽莎白河上航行,或者为你的家庭进口热带产品,那么这些规则的后果就不那么严重了。实际上,你可以在联邦纪事中找到有力管控这个星球以及美国人口的规则,从高速公路的安全性到保护湿地免受工业污染。但是当我们涉足这条从华盛顿发源至联邦纪事汇流的规则之河时,很容易忽略这样一个事实,即这里有一个更深层次的超级规则——要求美国政府公布其提出的决定并征求公众意见。

联邦纪事最初是因为政府很难掌握自己的规则而创建的。（这个问题达到了如此荒谬的程度，以至于在 1935 年，有一项法律挑战被一路呈送至最高法院，直至那时才有人意识到原告所认为的令人厌恶的规定实际上已经不复存在。[23] 1946 年的《行政程序法案》(the Administrative Procedure Act)是一个强大的超级规则集合，它规范了美国联邦机构的行为，提高了联邦纪事的重要性，要求所有机构都使用它来宣传他们提出的规则，并听取人们对这些规则的看法。随着所谓阳光法的出台，政府的透明度也将在未来数十年逐步扩大。其中包括 1966 年的《信息自由法案》(the Freedom of Information Act)，就规定了政府须向任何需要它的公民提供有关该项决定的文件。另外还有于 1976 年颁布实施的《阳光政府法案》(Government in the Sunshine Act)要求（存在例外情况）"机构的每一次会议的每一部分都应该向公众公开"。[24]

我们倾向于认为，我们生活的规则是理所当然的，而不承认这些是政治斗争中的易受影响的产物。这显然体现在我们对政府透明度的态度上。没有什么比政府机构为他们的公民提供决定记录更自然、更合适的了。然而，大多数国家的政府并没有这样做；事实上，除了在 1766 年通过《信息获取法》的瑞典之外，直到 20 世纪中期芬兰和美国通过相关法律之前，世界上没有一个政府允许公民审查其信息。包括澳大利亚、加拿大和荷兰在内的少数几个高度完善的民主国家，是在 20 世纪 70 年代和 80 年代才迅速实现了透明度，大多数欧洲国家最近开始政府信息公开，德国和英国的透明度规则直到 2005 年才生效。[25]

在世界范围内,透明化正流行起来。四十六个欧洲国家签署了一项关于透明度的国际条约,即《奥尔胡斯公约》(*Aarhus Convention*)——包括信息获取、公众参与决策和环境问题的司法程序三部分。在像透明国际这样的倡导团体的敦促下,从墨西哥到牙买加到阿尔巴尼亚的几十个国家,已经制定了新的规则,允许公民比以往任何时候更容易获得政府信息。[26]这些努力都取得了不同程度的成功,但是仍有不足之处值得讥讽。在政府决策总是闭门造车的地方,这些改革代表了一种在政治环境中全新的办事方式。[27]结果将在几十年,而不是几个星期或几个月的时间尺度范围内显现出来。

尽管探索国家政府信息公开的努力吸引了最多的关注,但你可以在当地政府、工作场所政策和实践,或大学校园管理中倡导提高透明度,从而影响你的周围环境。即使在那些掌权者有限制公众参与的详细理由情况下,他们也很少能够为拒绝公开有关他们活动的信息提供可靠的辩护。当然,如果每一个决定和讨论都能让所有人看到,那么这会削弱组织的有效性。完全的透明度可能会扼杀那些关于新想法的冒险而坦率的讨论,因为他们担心会被公众所误解而导致过早破灭。但很少有规则制定的过程过于开放和透明。此外,"阳光法"通常将一些类别的信息从公众审查中排除,例如雇员的人事决定、涉及国家安全的事项和专有信息。在设计透明度规则时,重要的一点是要将公开性视为默认立场,使决策者有责任向第三方仲裁者(如法院或独立监察机构)展示令人信服的信息,即不应该公之于众。

系统效应

你可能认为规则中最深刻的变化伴随着历史上最戏剧性的政治动荡。但情况往往不是这样。一个伟大的社会运动，如果它的要求没有被编写入规则中，并嵌入到维系其未来的生动构想的社会结构中，就不会产生什么变化。相反，一个相对较小的努力可能产生一次大爆炸。考虑到在 2010 年至 2014 年年间，美国最高法院采取了几项措施，制定了新的规则，将美国的竞选捐款与言论自由等同起来，从而使美国的贿赂合法化。[28] 而在大多数国家，为了优先成为规则制定者而付钱将被视为腐败。然而，"腐败"一词意味着腐蚀或扭曲系统的完整性。在美国，腐败日益成为制度。在这样一个通过将公共马车拴在民主和资本主义之兽身上而如此快速发展的国家，后者终将以披着言论自由外衣的争论而吞噬前者，这是多么令人痛苦的讽刺。当污染者和其他腰缠万贯者可以像购买公司商务机一样以极低的价格购买立法机关，追求可持续性就显得更具挑战性了。[29]

然而在本章中，我们已经看到超级规则——支配其他规则的规则，也可能是强大的力量。1993 年，两位社会变革内部首席专家托马斯·罗尚（Thomas Rochon）和丹尼尔·马兹曼尼安（Daniel Mazmanian）联手评估社会运动的影响。当有关的公民动员试图改变他们的世界时，这真的会产生什么不同吗？为了回答这个问题，他们重点关注了在整个 20 世纪 80 年代激发了成千上万人参与的两个运动。首先是环境运动的一个分支：由当地公民组织推动控制其社区内的工业危险废物运动。其次是核冻结运动，在冷战升级的呼声中,呼吁美国和苏联停止发展新的核武器。

两个都是大众社会运动,得到了民众的大力支持。20 世纪 80 年代初,核冻结运动有 1 400 至 2 000 个地方组织参与。1982 年 6 月 12 日,估计有 750 000 人聚集在纽约中央公园支持核冻结,这是美国历史上最大的一次政治抗议。但是,尽管危险废物运动成功地影响了工业惯例和政府政策,但核冻结对美国外交政策基本上没有影响,"冻结运动很快就消失了。"[30]这两场大众运动对变革的影响有何显著差异呢?

罗尚和马兹曼尼安认为,反危险废物活动人士取得了更大的成功,因为他们改变了制定规则的过程,也就是说他们改变了超级规则。具体来说,反毒物组织说服官员建立地方论坛,就危险废物设施的位置和设计进行公民咨询和纠纷解决。随着时间的推移,这些地方论坛为普通人提供了参与制定影响他们生活的决定的例行机会。相反,核冻结运动将其精力集中在通过影响众议院决议以支持核冻结。最后,众议院通过了一项削减决议,但该决议对里根时代扩大美国核打击能力的政策影响不大。罗尚和马兹曼尼安认为,激进主义者可能反而试图恢复参议院在制定美国外交政策时的宪法性角色,为白宫采取的目光短浅的做法提供了平衡。

根据其性质,超级规则波及整个政治体系,长期影响很多决定。在你改变世界的工具包中,超级规则好比是大锤子。尽管影响力很深,但超级规则并不一定是最难改变的规则。当你主张改革规则制定过程时,比如增加参与度和透明度,这就为与强大的支持者建立联盟提供了机会,这些支持者可能对可持续性不太在意,但他们共享民主改革的更广泛目标。此外,罗尚和马兹曼尼安观察到，当决策者面临公众对变革的强烈抗议时，他们通常更愿意扩大参与，而不是修改这个或那个特定政策。但那些已经在规则制定过程中站稳脚跟的团体，则将他们的关切确定为谈话中合法和持续的一部分，所以往往会看到他们的影响力随着时间推移而增长，最终导致具体的改革。

11
纸、塑料,还是政治?

皇帝和活动家

人们期望在一本书的标题中就提出问题的作者可以直截了当地作出回答,这似乎很公平。那么谁统治地球呢?答案是拿破仑。毕竟,他留下了一部法典,正如我们在第 1 章中看到的,它继续指导着全世界数十亿人的行为。然后还有一名乡村医生琼·欧文,他说服加拿大哈德森镇制定禁止非必需杀虫剂的规则,并催生了一场全国性的变革运动。我们不要忘记她在杀虫剂行业的敌视者,他们在美国各州四处奔走,通过了州政府的优先权规则以否认当地社区有权管制这些毒药。罗马皇帝查士丁尼曾统治大地,他创设了公众进入海滩的法律先例(详见第 2 章),以及房地产开发商大卫·戈特弗里德(详见第 3 章),他是绿色建筑规则制定系统被称为 LEED 的联合发明人。名单当然包括参议员埃德蒙·马斯基和菲利普·哈尔特,他们在 70 年代初率先通过了美国的《清洁空气法案》和《清洁水法案》。但它也包括若泽·德尔芬·杜阿尔特（José Delfín Duarte），他的地方水协会有权决定如何在哥斯达黎加的一个小角落管理水资源，而这需要修改地方和国家层面的规则。无论是像欧洲联盟创始人让·莫内这样的著名人物，还是像波特兰自行车交通联盟这样顽强的公民团体，无论是在帝国还是在社区层面工作，统治地球的人都是那些留下塑造了几代人的行动和机会的规则遗产的人。或许我们可以这样选择——如果我们能暂时搁置我们为地球所做的"小事"，并且思考当人们聚在一起并重写他们生活的规则时产生的更大的持久变化，那么规则制定者也包括你和我。反过来，这又要求我们作为公民需要行使我们的权利，并从被动的观察者转变成积极的政治参与者。

花之力

种植花卉可能是一种政治行为吗？在加利福尼亚州长滩市的一个花园里，屋主吉姆·布罗菲（Jim Brophy）知道了政治它是怎样的。布罗菲计划用一些本地植物代替他的草坪，那些本地植物是在美国西南部的干燥气候中通过自身巧妙设计保留水分而生长数千年的物种，同时通过为当地的虫子和鸟类提供食物，以传播花粉和种子。于是布罗菲平整了他的草坪，种植了包括红皮灌木、香紫色鼠尾草等在内的各色本地植物。但是不仅蜂鸟对他的新生态景观感兴趣，当地物业协会的官员也联系了他，命令他在自家房产之前应该保留一定的草坪。吉姆·布罗菲所为的景观"反叛"行为，被一些邻居称为一片风平浪静的绿色海洋中突兀的不规则绿岛，并且需定期的杀虫与施肥以保持一致。更重要的是，物业协会的法律支持他们。根据加利福尼亚州现行规定，该协会有权要求会员在自己的景观中摆放适合东海岸的干草，而不是南加利福尼亚州的半干旱景观。[1]

要改变周围的环境，就需要更改规则。这项运动始于州一级，在 2009 年也就是在布罗菲经历磨难一年之后，加利福尼亚州的立法机关推出了一项禁止物业协会强迫其成员保留草坪的新法律。[2]另一项法律要求所有加利福尼亚州的城市在 2010 年之前适用节水景观法令。长滩水务部门的官员们已经意识到了这个理念。他们需要找到一个长期的解决办法来解答有限水资源这一严峻的数学难题（平均每年降雨量约 12 英寸），加上作为世界上主要港口城市之一其所面临的经济增长和人口膨胀。2010 年，水务署推出了一项新的"草坪换花园"激励计划。根据新规定，居民将获得每平方英尺 2.50 美元的回扣以移除所有的草坪并用水性植物和可渗透的地面覆盖材料代替，从而使水可以渗入土壤而不是流入城市下水道。仅在前七个月，就有五百个房主利用了该计划，以至于水务机构自豪地宣布他们的"草坪换花园"计划是"加州最成功的草皮去除计划"。[3]

如果你深入研究环境运动成功和失败的根源，你会发现政治从来没有远远落后于表面。几年前，我在哈维马德学院办公室附近的星巴克咖啡店购买咖啡时，体验了政治的直观感。这让我感到奇怪，因为店里没有回收箱。为什么会有这么多公众曝光的公司，自豪地吹嘘与国际保护组织的伙伴关系，而不是为客户提供回收箱呢？这家店里的员工都很了解我，所以当年轻的咖啡师按铃之后，我漫不经心地向她提出了这个问题。她向后台的方向偷偷摸摸的瞥了一眼后，身子向前倾斜："这很疯狂，不是吗？我们希望我们也有回收利用。"我了解到，她和她的同事们实际上在轮班结束时会将空的牛奶罐子塞满了各自的汽车，并由他们将这些罐子运回自家的回收箱里。我问为什么有这个必要，她回答说，咖啡店经理禁止回收利用。我对此事变得越来越感兴趣，并提出要求见经理，后者从后台出来，礼貌地解释说，她巴不得提供回收再利用服务，但出租这家咖啡店的业主不允许。在追踪之后，我问了业主的电话号码并给他打了电话。该建筑物的业主解释说，他也巴不得提供该项服务，但克莱尔蒙特市却不愿意这样做，因为他的建筑物太小，不足以获得大型回收垃圾箱。他实际上是告诉我，回收需要通过政治推动去改变城市的规则。（在我的小调查后不久，一个城市回收垃圾箱神秘地出现在商店后面。）

关于保护环境的努力是如何迅速将我们引向政治的？仅仅轻描淡写地宣称"政治影响一切"是不够的。我们做了很多事情，比如锻炼，可以提高我们生活的质量，而不需要我们召开社区会议，并通过国会大厦台阶上的扩音器大喊大叫。但是我们的物理环境——这个词源自古法语词"environs"，意思是环绕着我们的东西。它就像一个巨大的网络，它将我们身体和社会结合在一起。一个人的决定（比如如何种植植物、如何处置废弃物）会对他人产生影响，因此，如果没有像污染控制这样的协调行动，追求个人健康和繁荣往往是不可能的。这就是为什么可持续发展不仅仅是一种个人选择，而且是一种社会选择，并往往是一种政治选择，这就需要人们一起努力向政治家和其他有影响力的人施压从而推动公共利益的实现。从欧洲法院到你最喜欢的餐馆这些所有形式的社会组织，都是通过人际关系的其他模式运作的：而这就是社会规则。

对于任何试图解释它的研究者来说，这是一个奇迹，也是一个巨大的挑战，像社会规则一样强大的东西可能完全看不见，这只是我们思想中的一个概念，记录在法律文本中的一个符号。然而正如我们在第 4 章中所看到的那样，采矿规则导致了整个阿巴拉契亚山脉山顶的移除。如果我在强调我的观点方面取得了成功，现在你会发现这个世界看起来与以前有所不同。（或者我的一个学生在课程评价中抱怨说："你毁了我，现在我到处都看到社会规则。"）在我看来，摆在我们面前的任务是揭示和修复。其一是揭示社会规则。这塑造了我们的世界并且我们有能力制定它们。为了便于揭示，我的学生创建了各种多媒体教育资源，可以在 *www.rulechangers.org.* 这个网站上免费获得。第二个挑战是修复，需要我们去民主地修补塑造我们生活的规则，以确保它们可以长期地促进共同利益。这是作家的笔停下来的地方，由参与公民的创造性智慧接管了。我并不认为你有任何特定的层次或类型的政治参与，也不会把自己当成一个模仿的榜样。无论政治是你每天做的事，或者每月的例会，还是在一场围绕着你内心且使你一生难忘的活动，这纯粹是你的事。但我希望提出并且想表明，如果我们追求可持续发展目标而忽视其政治维度，那么我们将永远不会达到该目标。

　　为了有效地走向这个世界，就需要一种介于自信和谦卑两者间不稳定的平衡；每个人都必须受到控制，以避免极端的自大或自我怀疑。当我转向行动建议时，我发现我的谦卑表盘需要向上倾斜。原因是社会科学涉及概括，而社会变革的前提条件却非常具体。化学家可以非常自信地宣称大气中的二氧化碳会阻碍热量，无论是在芝加哥或上海上空漂移。但是在这两个环境中公民所期望采取减少碳排放的适当行动是完全不同的，需要牢牢把握这个特定的地方。所面临的挑战有点像面对一本园艺书的作者，他为散布在不同生态区的读者提供景观美化建议。在某些环境中蓬勃生长的植物可能会在其他地方枯萎；在特定区域内，园丁必须利用他们对微气候和特定地点土壤条件的了解。即便如此，弄清楚什么是有效的，也需要大量的试验和经历大量的错误。还有一个时间维度。当成熟的橡树在第二十年开始主导整个景观时，适当的行动方式与一开始就有的选择截然不同；在社会变革的过程中，改革者也必须考虑到利益和组织的既定系统。就像手握书卷又亲身实践的熟练园丁，通常他是与学术界有一定的距离却偏向行动导向为主的思想家，他们处于能够将一般的理论知识与实地的技能相结合的最佳位置，所以更加知道如何才能产生实际的结果。

考虑到这些限定符，这里有八个行动原则，这些原则在其计划中是足够普遍的，它们可以应用于不同的政治环境中，但都具体到足以使其对本书中讨论的一些更普遍的主题提供实用的韵味。

1. 统治地球

实际上，成为一个规则变更者并不意味着狂热地专注于每一次创造新的规则。也不意味着你必须采取皇帝式的傲慢，自上而下地发布法令。它采用的形式可以是鼓励你的自行车俱乐部问一些探索性的问题，比如为什么自行车车道这么少。您可能会推动您的专业协会开展对话并就影响您职业的长期利益的环境政策问题选择立场，反过来为那些反对环境法规的行业参与者提供平衡。在确定了一个或多个优先考虑事项之后，进行一次诊断练习，就像我在当地星巴克咖啡店中发现的回收障碍一样。用蹒跚学步的方式武装自己，然后无情地问为什么？直到你找到导致公共交通不足或过度捕捞等后果的根本原因。

　　对于已经参与倡导的团体而言，本书出现的观点首先是要做长远的考虑。如果你没有把新实践和新观点制度化，那么今天所出席的社区会议以及随之而来的志愿精神和满脑子的创意可能会很少落入实地，甚至会停滞不前。重新起草采购合同，重新审视能源买卖的规则。审查指导专业最佳做法的技术标准。设计规则要灵活考虑到不断变化的需求，但不要过于灵活。正如我们在第9章讨论中所见到的美国森林服务公司，它的诀窍在于持久的平衡。这是社会变革的一个基本部分，并且我们又不得不承认我们从来没有得到所有的答案。

　　在规则制定的这个和其他方面，要特别注意超级规则，也就是管理规则制定过程本身的规则。这些是基本法和宪法、选举制度和投票要求、证据标准和决策标准，这些标准决定了修改我们赖以生存的规则的必要性。一位富有同情心的城市官员能帮助你获得社区花园的许可证，这是可以听到的一回事。将城市规划指南引入到保护当地粮食生产系统的新观念中，这是另一回事，它将影响到未来的各种规则。注意管控参与其中的超级规则。谁可以决定我们的孩子在学校食堂吃什么？是远在千里的政府官员，还是由家长、营养学家、厨师以及当地农民甚至孩子自己组成的委员会？请记住，更多的规则不必然代表更好的规则。有时候我们可能需要挑拣和抛弃一些当时很符合情况的旧规则，因为现在它们正在阻止人们行使其创造性的裁量权及做正确的事情。

2. 连接研究与行动

　　智慧是一项社交活动。我们喜欢庆祝智慧个体的成就，但事实上，像太空旅行或碳中和建筑这样的重大进步来自丰富的知识聚合,并且这些知识在大量具有不同技能和专业知识的人群之间分享。不幸的是,关于环境问题根本原因的知识流动被一英里高的分割所阻断,把生产者和潜在的研究消费者分离开来。我们这些研究社会制度基础的人(包括我在"笔记"中引用的数百名研究人员)而言,这个"笔记"有点像在苏斯博士(Dr. Seuss)所著的《霍顿与无名氏》(*Horton Hearsa Who!*)一书中营造的微观村庄,他们喊道:"我们来了! 我们在这里!"(这个比喻不是那么牵强;在最近一本解释为什么一些国家富有而其他国家贫穷的书中,一个著名的研究小组把章节名标为"机构、机构、机构"。[4])对于那些花时间来了解推动世界的力量的社会科学家来说,他们经常但并不总是通过明显的方式和那些有共同关心问题的人们分享他们的研究发现,以及和他们合作。尽管研究人员正淡出公众的视线,那些深切关注可持续发展并渴望学到更多知识的人,却被拒绝接触最好的研究领域。在互联网上检索理论观点的公民必须支付阅读专业研究期刊的费用,除非他们能获得大学图书馆的账户;与此同时,各种各样的废话都是丰富而免费的。

由于两种趋势,这种情况现在开始发生变化,但这两种趋势均未减少废话的数量。首先是谷歌学术搜索,它提供了一种简单的方法来搜索与您所关心的问题相关的研究文章和书籍。第二个趋势是向所有人免费提供开放获取出版物的转变。开放获取仍然是例外而非规则,但在环境问题社会层面的高质量研究正在迅速向公众提供,这是前所未有的。[5]在参与公开辩论并选择适当的行动方案时,赋予你自己的这些知识将使你走上正路。在互联网时代,你在社交问题上所带来的智慧不会来自你的先天智商,更多地来自你获得的 QI 或高质量的信息。公众对研究成果更大程度上的获取是否会激励研究人员以不同方式表达我们的结果？例如用非专业术语的语言撰写摘要,或者将包括附录或视频链接在内提供公众消费,这仍有待观察。

除了阅读研究报告之外,我们需要更多的常规(我敢说,就是制度化)的机会,让研究人员和变革推动者进行有意义的合作。尽管我们工作的大学校园拥有丰富的资源和雄厚的实力,但教授通常在没有实质性的人员支持或其他组织能力的情况下作为"孤独的狼群"工作。因此,我们很难在互联网引发的拥挤市场中竞争,无法创建一个引人入胜的网站,更不用说一个致力于将新想法付诸实践的组织。研究人员和实践者之间的合作带给他们自己挑战,但是可以带来丰厚的回报。[6]我怀疑那些致力于研究世界起因和走向的研究人员,他们将有机会与那些需要信息的社区团体或其他组织合作。

3. 建立非常规的联盟

根据对政治参与的研究,我们知道那些在政治上最活跃,并积极参与其社区公民生活的人也更有可能将自己牢牢地附属于某个或另一个政党。[7]某种程度上说,这是可以理解的;如果你关心,那么你将作出承诺。然而政治党派也给为改变管控地球之规则所做的任何努力增加了风险。基于社会规则的重要性,他们必须忍受足够长的时间才能有所作为。说服农民去改变他们的土地使用习惯,修改工业的生产流程以消除有毒废物,创建一个行人友善的大都市区,然而这些都可能是需要跨越几个选举周期以及经济增长、衰减期所做出的长期承诺。长远看来,新的规则必须得到来自多个政党和不同社会团体的支持,他们能够捍卫新的安排,并防止政治和经济变化时期的逆转。

在美国，政治话语已经变得越来越分化，专家们通过妖魔化对手的手段来煽动他们的支持者（并提高他们的媒体曝光率）。这违背了持久改变所需的联盟建立精神。短视的党派偏见并不仅局限于美国。我在 2001 年与全国最高环境决策者之一进行访谈时，遇到了一个南非版本。在被新民主主义的愉悦气氛笼罩的南非，他们——他和他的同事都很年轻且聪慧——渴望用前瞻性的社会政策取代种族隔离时代的结构。在我的采访主题中，尤其令人兴奋的是，姆贝基总统（President Mbeki）创立了一个新委员会，该委员会定期召集广泛的机构领导人，以协调可持续发展和外交事务方面的政策。在采访结束时，我问他这个新的环保计划能否持续下去，特别是在被非洲人国民大会党投票否决的情况下。"我甚至都没有想过它不会继续存在的可能性，"他坦言道。他乐观地预测认为，由于非洲人国民大会党在可预见的将来可能继续掌权，结构将保持原状。这种"此时此刻主义"占据和主宰了许多不耐烦的变革者的思想。然而正如我们在第 6 章中所看到的那样，促进可持续性的创新规则往往随着机构领导人或执政联盟的变更而被扫除。如果规则想要持续下去，而不是在最初的支持迹象中夭折，那么新规则必须得到不同选区的支持。

诊断新体制创新耐久性的一种方法是设想未来的情景，并提出一系列"假设"问题，比如我们在第 9 章中关于绿色建筑行业所考虑的问题。[8]如果之前由社区小组带头努力行动，现在却不再继续了呢？如果另一个政党占领了市政厅呢？如果经济衰退袭来，或者联邦政府为这种举措提供的资金减少，该怎么办？一旦发现漏洞，您可以邀请那些有能力帮助您主动应对风暴的人参与。培养这些不同的观点也可以使得规则本身设计得更好以及考虑到大局的可能性更大，而不是强加可能以更高远见避免的社会成本，或者以牺牲另一个环境目标为代价推进一个环境目标。要建立可持续发展联盟，需要超越我们舒适的社交圈和志同道合的民众网络，以拓展其包含有那些持不同观点和优先选项的人。

4. 创造公共价值

在第 3 章中，我们考虑了为什么我们没有生活在所有可行世界的最好状态里。寻找我们需要做出正确决策的信息往往是昂贵的；大多数企业都不知道他们如何使用能源，更不用说在哪里寻找到既可以帮助环境同时又可以节省资金的成熟技术。搭便车行为无处不在，这是导致人们避开产生共同利益的原因，即使合作会让每个人都过得更好。过去几年，组织承担着巨大的承诺；但是员工雇用、地理位置和签名策略等根深蒂固的选择妨碍了组织解决新问题的能力。

这听起来很可悲。但对于曾经想知道他们是否能在世界上有所作为的人来说，这实际上是值得庆祝的。这是给进取者的机会，他们可以分享信息，可以将买家和卖家联系起来，或者提供会员专享的利益（建立一个政党！）。这些都是为了使合作顺利进行，进而建立一个摆脱之前建立的旧组织的新组织。这种姿态是企业家的姿态，用 18 世纪经济学家让-巴蒂斯特萨伊（Jean-Baptiste）的话来说，"把经济资源从一个较低生产率的地区转移到一个更高的生产率地区"。但是这样做是为了推动公共福利，而不是私人利润。

有时候价值创造会同时为我们的经济和生态带来好处。通过其污染预防支付计划，3M 公司减少了 38 亿英镑的污染排放，节省近 20 亿美元的成本。我们在第 5 章看到，当 1990 年"限容和交易规则"引入《清洁空气法案》时，美国的二氧化硫排放量下降了三分之二，与传统的单尺寸排放法相比，工业节约了大约 10 亿美元。同样，当社区采用可以更容易节约开放空间的规则时，这样既可以保护野生动物、增加娱乐机会、改善公共健康，又可以增加房主的财产价值。哥斯达黎加的生态系统服务支付计划增加了森林栖息地，为种植树木的农民创造收入，将二氧化碳排除在空气之外，并为工业化国家的投资者提供了应对全球变暖的更便宜的方法。

当然，并不是每一场满含远见的社会变革都可以保证一个双赢的解决方案，以至于大家可以手拉手围坐在篝火旁边唱着圣歌。有时改变需要去除那些根深蒂固地盘踞在权力位置上的人，无论是一个残暴的独裁者还是固执的学校董事会。当马丁·路德金（Martin Luther King Jr）说："我对权力感兴趣，这是道德的。"他不仅呼吁更人性化的方法来行使权力，而且提倡以权利为基础的方式来推进人权，从而认识到权力转移对改善人类状况是必要的。环境的每一次胜利也不会为经济赢得胜利。虽然研究人员已经表明，环境法规经常会增加竞争力并加强创新，但情况并非总是如此。双绿色解决方案，即那些既有助于你的星球又有助于你的钱包的解决方案，更像是在我们的规则中包括了明确和野心勃勃的标准，可预测的监管环境、企业走向绿色的激励机制、允许企业有时间进行转型的阶段性时期以及用于实现环境目标的方法的灵活性。[9]

价值创造是努力协调贫穷国家生物多样性保护和经济发展的核心。在一些国家，国家公园被一些明确保护当地社区权利的规则所管控，使之与更大的保护目标相平衡。例如，玻利维亚的大查科卡-伊亚（Kaa-Iya del GranChaco）国家公园保护土著瓜拉尼人的土地权利，同时为科学家们所估计1 000多只美洲虎提供了栖息地。[10]在其他情况下，中央政府只强调公园，而很少考虑到人权和当地人的生计。[11]经济发展和环境最好是相互重叠的圈子，想当然地认为保护环境总是促进繁荣，或者经济增长必然对环境有利，那就太天真了。可持续发展的核心挑战就是把这两个圈子拉近，而这就是价值创造的全部意义。

5. 乞求、借用还是偷窃

规则制定的实验正在全球范围内进行：关于管控非洲采矿实践的新企业法典、税收优惠将废弃土地变成费城的社区花园、城市"黑暗天空"倡议在夜间保护亚利桑那州弗拉格斯塔夫等地的星空景观、关于保护大湖共享水资源的多国协议。我的学生已经确定了超过1 000种用于保护生物多样性的独特政策工具，有这么多的经验可供借鉴，还有一种聪明的方式来处理重塑制定地球规则的任务，那就是从别人的成功和失败中学习。

格拉斯哥市斯特拉斯克莱德大学的政治学家理查德·罗斯（Richard Rose）指出："一个国家独有的问题，比如德国的统一，是反常的。使得普通人求助于政府的关切——教育、社会保障、医疗保健、街头安全、情结环境和经济繁荣——在各大洲是共同的。"[12]借鉴和适用其他地方首先制定好的规则可能会带来一些实际优势。首先，环境结果的原因往往极其复杂，涉及众多行为者和利益，不可预测的市场趋势以及意料之外的技术突破。再加上关于自然系统本身的不确定性，这些自然系统本身是广泛的而且只有部分被理解，并且很难预测计划中哪些方法可行、哪些会失败。体制创新包含大量的试验和错误，并有充分的理由向他人学习经验。

借鉴其他地方的想法也可以整合示范效应的力量，它可以解除反对者的反感，并为可能采用创新的人提供灵感。告诉某个市长她可以通过创新性城市规划而振兴她的城市中心，这是一回事；而邀请她在一个已经完成振兴的迷人海滨城市的走廊漫步，这是另一回事。除了提供一个理念证明之外，这些早期的创新与专业人员的领导相关联，他们必须弄清楚如何完成工作——具有样本合同的律师事务所、了解哪些树种适合公共人行道的工匠，以及工程公司和建筑经理们了解到这种冷却系统在这类建筑中的最佳工作方式。

引入观点可以让你充分利用点对点的学习。埃弗里特·罗杰斯（Everett Rogers）的开创性工作启动了的沟通理论领域，在他的著作《创新的扩散》（*Diffusion of Innovations*）中表明，人们更倾向于采用来自那些分享其社会背景之人的新实践。[13]一个废水处理厂的高级经理可能对你的团队的变革愿景（其中可能包括在公共景观中使用回收的"灰水"）不以为然，认为它是天真和不切实际的。如果您将该人员介绍给已经实施此系统的另一个处理工厂的高级经理，则可能会产生完全不同类型的对话，而这可以为有意义的变更创造机会。

6. 培养运行专长

如果你想改变统治你所在世界的规则，你需要让具有运行专长的人员参与其中，也就是对在特定的社会环境中如何带来变化需要有一个深入的了解。这类知识很少被记录下来，而是存在于在特定组织或政治场所花费多年时间观察和参与规则制定的人们的头脑中。[14]尽早寻求他们的建议并经常了解"事情是如何工作的"的决策权在哪里，无论是官方权力还是有影响力的利益相关者，他们都有权力推翻他们认为令人反感的建议？主要参与者之间的冲突的联盟和历史是什么？谁控制着实现变革的资源（预算、土地、员工、技术专业人员）？什么类型的论据最有可能被发现？哪些选区应该被咨询，以什么顺序？在一个给定的群体中，谁最有可能接受你的新想法，谁应该接近他们？过去曾经尝试过什么，成功的历史记录是什么？时机正确吗？

　　与海洋科学或纳米技术等更广受赞誉的知识形式相比，程序的专业知识很少受到公众的赞扬或认可，至少有两个原因。首先，与大多数专家不同，部署政治头脑的人通常宁愿以安静的方式应用他们的技能。你不会看到一位教授发表题为"我如何运作这个系统，并说服大学管理部门支付我的新实验室的费用"的论文。你也不会看到某个市长骄傲地向媒体宣布她必须在幕后做出政治承诺以支持她的计划。程序的专业知识为什么得不到应有的重视，其原因之二是它在不同的社会背景中会发生癌变。在一个地方有效的东西不能简单地照搬到另一个地方。科学家（关于社会或其他）喜欢那些能够被广泛应用的发现；而我们倾向于抛弃那些随着地方而不同以及（但愿不要如此！）随着时间而迅速改变的现实的部分。这足以让任何满怀自尊的研究者心痛。

　　考虑到濒危蓝莺所飞越的不同的政治地理情况，正如我们在第 4 章中讨论过的，它从秘鲁安第斯山脉的山麓，向上穿越中美洲和加勒比地区然后迁移到美国东部和加拿大的季节性家园。沿着鸟类迁徙路线，森林栖息地正在迅速消失，需要美洲各保护团体之间协调一致的响应。然而，世界上没有人深入了解如何改变影响每个蓝莺着陆点森林的规则,更不用说为实现这些变化所需的当地信誉。那些了解哥伦比亚北部山坡上科吉印第安人的规则制定规范的人类学家和土著酋长,他们不会知道如何改变西弗吉尼亚州土地使用规则的当务之急。几十年来,这位危地马拉议员一直在全国范围内培养政治关系,如果她在邻国墨西哥尝试的话,她将无所适从,甚至与激烈的民族主义情绪相冲突。保护候鸟的努力表明超越国界的统一目标。但任何协调一致拯救濒危蓝莺的努力,都需要挖掘数百名懂得如何在特定地点带来变化的深谙运行专长的个人。

面对这种复杂性,我们可以对这样的事实感到安慰,即社会问题(如本节开头的问题)往往比它们的答案传播得更好。也就是说,即使由此产生的结论因地而异,我们也可以在许多环境中应用类似的调查策略。那么,在哪里找到能够在给定语言环境中提供可靠答案的流程专家? 如果你想在大学校园里带来变化,要与那些掌握这个地方脉搏并且知道如何完成任务的教职员和管理人员进行交流。要改革城市的做法,要找有经验的记者、以前当选的官员(他们可能比现任官员更坦率),以及其他多年来在地方政治和决策中处于困境的官员。请记住,你所依赖的个人解释他们的"部落"(不管是工会、政府机构还是公司销售部门)的工作方式,可能只提供部分情况,并有自己的议程。一定要使你的来源变得多样化。

7. 纵向思考

纵向思维的习惯养成并不容易。我们经常假设,如果你想提高城市的能源效率,你需要在城市层面上为改变而努力,对吧? 答案是错误。可能你应该把注意力集中在州和省的层面，说服那里的规则制定者，通过一个补助计划或者把他们的基础设施资金与能源规划的新要求联系起来，从而激励城市变革。纵向思维也适用于相反的方向。如果你想改变你所在国家的气候政策，看起来实际的事情应该是穿上西装，拿一个公文包，然后前往国家首都。然而，最需要的是有成功的地方示范项目，以说服国家决策者，让他们认为你所提出的改变是可行的，并且需要将试点推广开来。

　　因此纵向思考的首要原则是，厘清问题所在与影响该问题最大力量所在这两者的不同。我们在第8章中看到，分权化的全球运动正在提高地方政府和社区的规则制定能力，这从一开始就是一个多层次的事件，并不是由来自下层的领导者发起的，而是由国家层面的决策者发起的，随后由欧盟等组织在国际上推动。同样，在保护原住民的土地权利方面也取得了进展，这些群体的领导人利用玛格丽特·凯克（Margaret Keck）和凯瑟琳·锡金克（Kathryn Sikkink）称之为"回旋镖效应"（boomerang effect）的方式进行垂直工作。面对顽固的国家领导人，原住民群体及其在西方世界的盟友转向国际组织寻求帮助。他们说服国际劳工组织和其他联合国机构向国家政府施加压力，国家政府为了承认原住民的公民权和传统土地权，于20世纪90年代和21世纪00年代实行了重大改革。[15]这促使统治地球的人们发生了重大变化，包括自从西班牙征服者在五百年前实行新的财产规则以来，数百万英亩土地首次重归原住民控制。

　　纵向思维的第二个原则就是我们所说的权力分享悖论。权力分享悖论如下：如果你想改变两级治理之间的权力平衡（例如一个城镇和它所在的大县或州），作出这种改变的权力属于已经拥有大部分权力的水平。矛盾的是拥有权力的人可能不愿意放弃权力。然而,我们已经看到,权力分享悖论的影响并不是绝对的。政府实体不会不惜任何代价最大限度地控制决策制定;通常成本太高,他们会急于分派责任以获得公众的支持。[16]

通常,规则制定者将环境管理的责任移交给另一级政府,而不赋予履行这些责任所需的权力和财政资源。这就是政治斗争。国家政府在缩小规模(与当地社区分享权力)和扩大规模(扩展到国际组织)方面的情况确实如此。然而在这里,权力分享悖论并非无法克服。国家的规则制定者往往会错误估计到,认为他们可以引入标志性改革,同时防止更有意义的改变。当新获得授权的社群要求更多或者当权力有限的新国际组织(如欧盟在其形成阶段期间)发展成为主要变革力量时,他们常常感到惊讶。

8. 是的,保持循环利用

如果你接受环保问题上的一个新观点,它揭示了更深层次的社会体制,形成了你所关心的结果,那么这绝不意味着你应该停止做一些小事,比如循环利用、自己生产食物或者野餐时购买可降解的杯子。这是一个平衡的问题,通过促进社会变革的更大行动来补充这些个人良知的日常行为。

现在看来,将如此之多的环境保护主义融入进个人主义,源于一种审美的渴望——一种与土壤和天空建立基本联系的渴望,这将提供有形和直接的回报,就像咬向多汁有机桃的第一口。自然界的物质性使得环保主义在政治事业中独树一帜,为那些打开感官的人提供了一种强大的生理、思想和精神的灵丹妙药,所有这些行动都像在日落时分安静地坐在茂密的田野里那样简单。正如诗人温德尔·贝里（Wendell Berry）所说的那样："我们需要的是这里。"另一方面，社会规则提供的机会很少能满足这种审美渴望。他们占据着一种阴影世界，往昔政治的幽灵正用这种方式推动我们，但最终是不可触及，甚至是不被注意。

　　对社区花园的照料提供了一次迥然不同地接触地球的方式。比方说，一个当地的工厂正在把汞排放到你的花园，然后你游行到市政厅去要求改变。然而，政治行动本身就能让人深感满足，它满足另一个原始人类的需求：与他人有意义的联系。当我们通过培养人际关系和建立共同关心的社区而联合时，当我们为我们正在做一些事情而兴奋激昂时，我们的努力可能会引发变革，我们不仅要关心我们身体的健康和周围环境的优美，还要关心内在自我的健康和福祉。心系地球和心系他人，是现代公民在寻求参与统治地球的创造性方式中两项重要的和补充性的活动。

注　释

1

1. Michael F. Maniates（2001）Individualization: Plant a Tree, Buy a Bike, Save the World?, Global Environmental Politics 1(3): 31-52. Quote p. 33.

2. Chris Wilkins, Hudson Town Councilor, 1991, quoted in the film A Chemical Reaction (2009), directed by Brett Plymale.

3. 关于北美地区的禁毒历史主要来源于: Sarah B. Pralle (2006) Timing and Sequence in Agenda-setting and Policy Change: A Comparative Study of Lawn Care Pesticide Politics in Canada and the US, Journal of European Public Policy 13(7): 987-1005; and Plymale, op. cit.

4. 研究基于菲利普·格朗让(Philippe Grandjean)和菲利普·J. 兰德里根(Philip J. Landrigan)2006 年在"工业化学品的发育神经毒性"一文中对儿童、对农药和其他合成化学品易感性的概述, Lancet 368: 2167-78。

5. See Aaron K. Todd, Changes in Urban Stream Water Pesticide Concentrations One Year after a Cosmetic Pesticides Ban, Environmental Monitoring and Reporting Branch, Ontario Ministry of the Environment, November 2010. 关于市政对草坪养护实践的农药禁令, 参见 Donald C. Cole et al. (2011) Municipal Bylaw to Reduce Cosmetic/Non-essential Pesticide Use on Household Lawns—A Policy Implementation Evaluation, Environmental Health 10(1): 1-17.

6. Mike Christie, Private Property Pesticide By-laws in Canada: Population

Statistics by Municipality, Ottawa, December 31, 2010.

7. Marty Whitford, It's in da BAG, Landscape Management, September 16, 2008.

8. 另外五个州(俄亥俄州、西弗吉尼亚州、犹他州、怀俄明州和南卡罗来纳州)都有优先购买法,但是采用的年份不从州立法记录列入图 1.1。关于优先购买法的数据来自 1993 年 6 月 22 日在华盛顿特区联邦农业部国家农业部联邦农药管制优先购买协会;Pralle, op. cit.; Elena S. Rutrick (1993) Local Pesticide Regulation Since Wisconsin Public Intervenor v. Mortier, Boston College Environmental Affairs Law Review 20(1): 65 - 97; the Lexis-Nexis State Capital Database; and the websites of state agencies.

9. 关于美国各地草坪所使用的农药数量数据来自美国环境保护署的图表 5. 8, Pesticides Industry Sales and Usage 2006 and 2007—Market Estimates, Washington, DC, 2011. 该数字偏低报道了草坪的实际用量,因为它只包括家庭使用(省略公园和高速公路中间带等公共场所),并排除所有家庭专业应用。美国环保局的数据也只报告使用的"活性成分"的磅数,不包括农药配方中的其他化学品(如溶剂和稳定剂)。

10. 在整本书中,我将互换地使用"社会规则"和"制度"两个术语,但有两个原因使我更偏向于前者。首先,当大多数人遇到"机构"这个词时,他们会想到像雪佛龙或环境保护局这样的组织。虽然组织创造和包含社会规则,但它们并不是一回事。其次,研究人员在学科中使用术语"机构"。对于经济学家来说,制度是纯粹而简单的社会规则。在政治科学中,"制度"标签通常适用于规则和组织。当社会学家使用这个术语时,他们指的是所有持久的社会结构,包括家庭、种姓、宗教和社会阶层。所以我选择了使用社会规则的词汇,而不是在各种社会科学的制度中使用各种方法。有关制度分析的研究传统概述,请参阅:Peter A. Hall and Rosemary C. R. Taylor (1996) Political Science and the Three New Institutionalisms, Political Studies 44(5): 936 - 57.

11. 巴内特(Barnett)和芬尼莫尔(Finnemore)指出,规则制定机构的力量不仅在于遵守规则的制裁和奖励,还在于他们通过自己的行为和声明来界定正常、正确和适当的事情的能力。见:Michael Barnett and Martha Finnemore, Rules for the World: International Organizations in Global Politics, Cornell University Press, Ithaca, NY, 2004.

12. 热带森林损失的速度来自 2000 年至 2005 年收集的数据,详见联合国粮食及农业组织第 19 页报告,Global Forest Land Use Change 1990 - 2005, FAO Forestry Paper 169,Rome,2012.

13. Elinor Ostrom et al. , The Drama of the Commons, National Academies Press,Washington, DC,2002.

14. Tanja A. Borzel (2000) Why There is No "Southern Problem": On Environmental Leaders and Laggards in the European Union, Journal of European Public Policy 7(1): 141 - 62.

15. 研究产权对环境质量影响的范例包括:Daniel H. Cole, Pollution and Property: Comparing Ownership Institutions for Environmental Protection, Cambridge University Press, New York, 2002; and Claudio Araujoa et al. (2009) Property Rights and Deforestation in the Brazilian Amazon, Ecological Economics 68(8 - 9): 2461 - 68.

16. Kate O'Neill, The Comparative Study of Environmental Movements, pp. 115 - 42 in Paul F. Steinberg and Stacy D. VanDeveer, Comparative Environmental Politics: Theory, Practice, and Prospects, MIT Press, Cambridge, MA, 2012.

17. Melinda Herrold (2001) Which Truth? Cultural Politics and Vodka in Rural Russia, Geographical Review 91(1 - 2): 295 - 303.

18. 1991 年,萨根(Sagan)参加了科学杂志上发表的一篇关于研究与行动之间关系的非凡辩论。萨根给编辑写了一封关于他的发现的信,一位知名科学记者曾公开嘲笑萨根和其他参与倡导的科学家。"假设你发现核战争的全球后果比人们普遍理解的要糟糕得多,而且全球的军事机构忽略了这些后果,"他写道,"你认为你有责任对此保持沉默,因为结果不是绝对确定的,还是因为尚未得到全面的实验验证? 或者你认为你有义务让你的孩子和其他人的孩子说出来吗? 在这种情况下保持安静似乎对我来说是离奇和受谴责的。"记者攻击的另一个目标是哈佛大学生物学家 E. O. 威尔逊,他比任何人都更多地宣传全球物种灭绝问题。"这是合理的,"威尔逊在与萨根一起出现的一封信中写道,"要问科学家在遇到严重的环境问题时期望做什么。在记者耳边窃窃私语? 完全和纯粹地避免出版外部技术期刊,希望结果能被非科学家发现?"(Carl Sagan, Edward O. Wilson 和 Daniel E. Koshland, Jr. (1993)Speaking Out, Science 260(5116): 1861)

2

1. 关于苏格兰土地改革倡议的重要概述,请参阅 John Bryden and Charles

Geisler（2007）Community-based Land Reform: Lessons from Scotland, Land Use Policy 24: 24 - 34. Cross-national differences in the rules governing coastal access are described in Peter Scott, ed. , Coastal Access in Selected European Countries: Report Prepared for The Countryside Agency, Peter Scott Planning Services Ltd. , Edinburgh, 2006.

2. Rachel Carson, The Sea Around Us, Oxford University Press, New York, 1951.

3. Daniel Summerlin（1996）Improving Public Access to Coastal Beaches: The Effect of Statutory Management and the Public Trust Doctrine, William and Mary Environmental Law & Policy Review 20: 425 - 44; and Katherine Niven（1978）Beach Access: An Historical Overview, New York Sea Grant Law and Policy Journal 2: 161 - 99.

4. 伊利诺斯中央铁路公司诉伊利诺伊州一案（Illinois Central Railroad Co. v. State of Illinois）。146 U. S. 387(1892)。最高法院所援引的是新泽西州关于罗伯特·阿诺德诉贝纳贾·蒙迪一案（Robert Arnold v. Benajah Mundy)的裁判。Supreme Court of New Jersey. 6 N. J. L. 1(1821).

5. Pamela Pogue and Virginia Lee（1999）Providing Public Access to the Shore: The Role of Coastal Zone Management Programs, Coastal Management 27: 219 - 37.

6. 有关沿海通道运动的例子，请参阅 Marc R. Poirier（1996）Environmental Justice and the Beach Access Movements of the 1970s in Connecticut and New Jersey: Stories of Property and Civil Rights, Connecticut Law Review 28: 719 - 812.

7. 冲浪者基金会（Surfrider Foundation)处于努力防止私人土地所有者非法封锁美国海岸线的最前沿。加州的马里布市是其中一分子。

8. 关于努力隔离海滩的个人记录，见 Gilbert R. Mason with James Patterson Smith, Beaches, Blood, and Ballots: A Black Doctor's Civil Rights Struggle, University Press of Mississippi, Jackson, 2000.

9. Ronald B. Mitchell, Intentional Oil Pollution at Sea: Environmental Policy and Treaty Compliance, MIT Press, Cambridge, MA, 1994.

10. 有关逐州清洁空气之战的概述，请参阅 Scott H. Dewey, Don't Breathe the Air: Air Pollution and U. S. Environmental Politics, 1945 - 1970, Texas A&M University Press, College Station, 2000.

11. James M. Acheson, Capturing the Commons: Devising Institutions to Manage the Maine Lobster Industry, University Press of New England, Lebanon, NH, 2003.

12. Jonathan Roughgarden and Fraser Smith (1996) Why Fisheries Collapse and What to Do About It, Proceedings of the National Academy of Sciences 93 (10): 5078 - 83.

13. Edward A. Parson, Protecting the Ozone Layer: Science and Strategy, Oxford University Press, New York, 2003.

14. James J. Corbett et al. (2007) Mortality from Ship Emissions: A Global Assessment, Environmental Science & Technology 41(24): 8512 - 18.

15. 在法语原文中,拿破仑的助手引用了他的话:"我真正的荣耀不在于赢得了四十来场战役,滑铁卢战役抹掉了所谓的胜利,那真正不能被从记忆中擦去的、将永存于世的,是我的民法典。"("Ma vraie gloire n'est pas d'avoir gagné quarante batailles; Waterloo effacera le souvenir de tant de victoires; ce que rien n'effacera, ce qui vivra éternellement, c'est mon Code Civil.")

3

1. Christopher P. Hood (2006) From Polling Station to Political Station? Politics and the Shinkansen, Japan Forum 18(1): 45 - 63; Henrik Selin and Stacy D. VanDeveer(2006) Raising Global Standards: Hazardous Substances and E-Waste Management in the European Union, Environment 48(10): 7 - 18; and Martin E. Halstuk and Bill F. Chamberlin (2006) The Freedom of Information Act 1966 - 2006: A Retrospective on the Rise of Privacy Protection Over the Public Interest in Knowing What the Government's Up To, Communication Law and Policy 11(4): 511 - 64.

2. David Gottfried, Greed to Green: The Transformation of an Industry and a Life, WorldBuild Publishing, Berkeley, 2004. Quote p. 5.

3. 有大量关于认证规则制定体系评估和宣传环境对商品服务影响的著作。比如,请参阅:Benjamin Cashore, Graeme Auld, and Deanna Newsom, Governing Through Markets: Forest Certification and the Emergence of Non-state Authority, Yale University Press, New Haven, CT, 2004; Matthew Potoski and Aseem Prakash (2005) Green Clubs and Voluntary Governance: ISO 14001 and Firms' Regulatory Compliance, American Journal of Political

Science 49（2）：235 – 48；and Mrill Ingram and Helen Ingram，Creating Credible Edibles：The Organic Agriculture Movement and the Emergence of U. S. Federal Organic Standards，pp. 121 – 48 in David S. Meyer，Valerie Jenness，and Helen Ingram（eds.），Routing the Opposition：Social Movements，Public Policy，and Democracy，University of Minnesota Press，Minneapolis，2005.

4. 关于 LEED 的拓展数据来自美国绿色建筑委员会。其他行业的估计来自麦格劳-希尔建筑信息公司（McGraw-Hill Construction）出版的 2013 年绿色展望（Green Outlook 2013），总结参见网址：http://www. construction. com/aboutus/press/green-building-outlookstrong-for-both-non-residential-and-residential. asp.

5. Daniel C. Matisoff，Douglas S. Noonan，and Anna M. Mazzolini（2014）Performance or Marketing Benefits? The Case of LEED Certification，Environmental Science & Technology 48（3）：2001 – 07.

6. H. L. Jelks et al.（2008）Conservation Status of Imperiled North American Freshwater and Diadromous Fishes，Fisheries 33（8）：372 – 407.

7. Andreé Nel（2005）Air Pollution-Related Illness：Effects of Particles，Science 308：804 – 06. On the health impact of particulates in the United States，see also C. Arden Pope III，Majid Ezzati，and Douglas W. Dockery（2009）Fine-Particulate Air Pollution and Life Expectancy in the United States，New England Journal of Medicine 360：376 – 86. War fatality data are from Ziad Obermeyer，Christopher J. L. Murray，and Emmanuela Gakidou（2008）Fifty Years of Violent War Deaths from Vietnam to Bosnia：Analysis of Data from the World Health Survey Programme，British Medical Journal 336（7659）：1482 – 86.

8. Jos G. J. Oliver et al.，Long-term Trends in Global CO2 Emissions：2011 Report. PBL Netherlands Environmental Assessment Agency，The Hague，2011.

9. Kathleen Reytar，Mark Spalding，and Allison Perry，Reefs at Risk Revisited，World Resources Institute，Washington，DC，2011.

10. World Health Organization and UNICEF，Progress on Drinking Water and Sanitation：2013 Update，Geneva，2013. 。

11. 基于恐惧的策略促进或阻碍环境行为的可能性在以下著作的第 526 页进

行了讨论。请参阅：Paul C. Stern（2000）Psychology and the Science of Human-Environment Interactions，American Psychologist 55(5)：523－30.

12. 关于对人类决策制定局限性研究的深入总结，请参见：Richard H. Thaler and Cass R. Sunstein，Nudge：Improving Decisions about Health，Wealth，and Happiness，Yale University Press，New Haven，CT，2008. 我和这些作者分道扬镳之处在于，他们坚信非约束性的指导方针本质上优先于诸如法律和政策在内的社会规则。从历史上看，人权、环境保护和其他领域的巨大进步从来没有出现过。美国的开国元勋并没有推动英国给予他们独立。公民权利时代也不是在礼貌中被推进的。现在我们的空气更清洁了，这并不是因为企业被要求考虑改变他们的生产流程，或者司机善意地考虑在汽车上使用催化转换器。事实上，学者借以公开反对约束性社会规则重要性的权利本身，就是通过约束性的社会规则，即美国宪法第一修正案（国会不得制定关于下列事项的法律：确立国教或禁止宗教活动自由；剥夺言论或出版自由；剥夺人民和平集会和向政府诉冤请愿的权利）所保障的。

13. Herbert A. Simon（1990）Invariants of Human Behavior，Annual Review of Psychology 41：1－19. Quotes are from page 17.

14. Gottfried 2004，op. cit.，p. 69.

15. Mancur Olson，The Logic of Collective Action：Public Goods and the Theory of Groups，Schocken Books，New York，revised edition，1971. Quotes are from page 2.

16. 这些会员独享的利益有很多种形式。在 20 世纪 60 年代的美国南部，那些忍受来自坐在白人专用午餐台上的人的羞辱和暴力的年轻民权运动家，他们不仅仅为促成更大的事业作出贡献。毕竟，为什么不让那些同样冒生命危险的其他人分享公权进步的共同利益？公民权利抗议者的动机是强烈的心理满足感，这种强烈的心理满足感来自与他们一起训练、游行、唱歌、分享监狱牢房的小团体的团结感和共同义务感。关于社会运动团结研究的概述，请参见：Scott A. Hunt and Robert D. Benford，Collective Identity，Solidarity，and Commitment，pp. 433－57 in David Snow，Sarah A. Soule，and Hanspeter Kriesi（eds.），The Blackwell Companion to Social Movements，John Wiley & Sons，Hoboken，NJ，2008.

17. Michael D. Cohen，James G. March，and Johan P. Olsen（1972）A Garbage Can Model of Organizational Choice，Administrative Science Quarterly 17

（1）：1 – 25.

18. David Osborne and Ted Gaebler, Reinventing Government: How the Entrepreneurial Spirit Is Transforming the Public Sector, Addison-Wesley, Reading, MA, 1992.

19. James G. March and Johan P. Olsen, Elaborating the "New Institutionalism,"pp. 3 – 20 in R. A. W. Rhodes, Sarah A. Binder, and Bert A. Rockman, The Oxford Handbook of Political Institutions, Oxford University Press, New York, 2006. Quote p. 15.

20. 一个关于外交政策的现实主义视角的当代例子,可参见：Charles Krauthammer, Democratic Realism: An American Foreign Policy for a Unipolar World, The Irving Kristol Lecture, American Enterprise Institute Press, Washington, DC, 2004. For an alternative view see Joseph Nye, Jr. , The Future of Power, Public Affairs, New York, 2011.

21. Reinhold Niebuhr, Moral Man and Immoral Society: A Study of Ethics and Politics, Westminster John Knox Press, Louisville, KY, 2002 (orig. 1932). Quotes pp. xxv-xxvi.

22. 同上。尼布尔(Niebuhr)详细讨论了区分不道德和道义上合理使用强制力的必要性。但尼布尔并未充分认识到,这种衡量强制行为伦理的过程正需要他所低估了的作为社会进步手段的道德推理和审议的类型。

23. John Gaventa, Power and Powerlessness: Quiescence and Rebellion in an Appalachian Valley, University of Illinois Press, Urbana, 1980.

24. 关于权力的这些维度之间的区别最初由史蒂芬·卢克斯(Steven Lukes)在1974年于纽约麦克米伦出版的《权力：激进观点》(Power: A Radical View)一书中发展起来。另见：Peter Bachrach and Morton S. Baratz (1962) Two Faces of Power, American Political Science Review 56(4)：947 – 52.

25. Center for Responsive Politics, 2013.

26. 近年来,社会企业家的概念在非营利部门得到了普及,并在商学院课程中找到了立足点。请参见：J. Gregory Dees, The Meaning of "Social Entrepreneurship," unpublished manuscript, Graduate School of Business, Stanford University, May 30, 2001; and David Bornstein, How to Change the World: Social Entrepreneurs and the Power of New Ideas, Oxford University Press, New York, 2004.

27. Roger Fisher and William Ury, Getting to Yes: Negotiating Agreement without Giving In, Houghton Mifflin, Boston, 1981.

28. 1993 年，经济学家乔·沃德弗格（Joel Waldfogel）发表了一篇关于计算节日期间馈赠礼物所造成经济损失的文章。他对学生进行了调查，要求他们计算两个有关他们礼物的数字：每个礼物对他们个人的价值多少（他们愿意在商店中支付多少）以及他们对实际购买价格的最佳猜测。在此基础上，沃德弗格估计节日礼物会导致美国每年损失 40 亿美元的价值。当然，这项研究并没有衡量人们对礼物选择和交换过程的内在价值。（这是重要的思想，对吧？）但沃德弗格研究是如何创造或摧毁社会价值的经典演示。见 Anon., Is Santa a Deadweight Loss?, The Economist, December 20, 2001; and Joel Waldfogel (1993) The Deadweight Loss of Christmas, The American Economic Review 83(5): 1328 – 36.

29. Eugene Bardach, A Practical Guide for Policy Analysis: The Eightfold Path to More Effective Problem Solving, Chatham House, New York, 2000.

4

1. Michael C. Blumm and Lucus Ritchie (2005) The Pioneer Spirit and the Public Trust: The American Rule of Capture and State Ownership of Wildlife, Environmental Law 35(4): 101 – 47.

2. Missouri v. Holland, 252 U. S. 416(1920).

3. William Blackstone, Commentaries on the Laws of England, Vol. 2., University of Chicago Press, Chicago, 1979(1766), p. 2, as quoted in Bruce G. Carruthers and Laura Ariovich (2004) The Sociology of Property Rights, Annual Review of Sociology 30: 23 – 46. Quote on p. 23.

4. Adam Smith, An Inquiry into the Nature and Causes of the Wealth of Nations, Pennsylvania State Electronic Classics Series Publication, 2005 [1776]. Quote p. 580.

5. Smith, op. cit., p. 337.

6. Carol Rose, Property and Persuasion: Essays on the History, Theory and Rhetoric of Ownership, Westview Press, Boulder, CO, 1994.

7. 气候变化科学并不像一些政治专家所能拥有的那样不确定。请参见：William R. L. Anderegg et al. (2010) Expert Credibility in Climate Change, Proceedings of the National Academy of Sciences 107(27): 12107 – 09.

8. Joseph Singer, Entitlement: The Paradoxes of Property, Yale University Press, New Haven, CT, 2000. Quote p. 9.

9. 这里报道的 BBS 数据来自北美鸟类保护倡议组织美国委员会，参见：The State of the Birds: United States of America, 2009, U. S. Department of Interior, Washington, DC, 2009.

10. Birdlife International, State of the World's Birds: Indicators for Our Changing World, Birdlife International, Cambridge, UK, 2008.

11. North American Bird Conservation Initiative, op. cit.; and Birdlife International, op. cit.

12. 关于蓝莺的迁徙路线和潜在着陆点的信息借鉴了：Theodore A. Parker III (1994) Habitat, Behavior, and Spring Migration of Cerulean Warbler in Belize, American Birds 48(1): 70 - 75; various publications of the Cerulean Warbler Technical Group, including Paul B. Hamel, Deanna K. Dawson, and Patrick D. Keyser (2004) How We Can Learn More about the Cerulean Warbler(Dendroica cerulea), The Auk 121(1): 7 - 14; S. Barker et al., Modeling the South American Range of the Cerulean Warbler, ESRI International User Conference Papers, San Diego, August 2006;还有数十份额外的文章记录了这只鸟在特定地点的存在。

本章重点介绍的着陆点是根据两个标准选择的。第一个是关于蓝莺数目的记录或适当的着陆点。如果景观的特点是蓝莺的偏好栖息地，即在低海拔的中等高度的森林山坡上，并且位于有蓝莺踪迹记录的地区，我认为这个地点是一个合理的中途停留地。我的第二个标准是，该地点必须成为关于产权问题的高质量社会科学研究的焦点。通常这意味着绕过一个已知是蓝莺的主要中途停留地而转向另一个更粗浅的生物记录。

13. Russell A. Mittermeier and Timothy B. Werner (1990) Wealth of Plants and Animals Unites "Megadiversity" Countries, Tropicus 4(1): 1, 4 - 5.

14. 卡兰加的文化历史在下书有描述：Glenn H. Shepard, Jr., Klaus Rummenhoeller, Julia Ohl-Schacherer, and Douglas W. Yu (2010) Trouble in Paradise: Indigenous Populations, Anthropological Policies, and Biodiversity Conservation in Manu National Park, Peru, Journal of Sustainable Forestry 29: 252 - 301.

15. 安第斯-亚马逊贸易的垂直群岛最初由约翰·穆拉(John Murra)描述。请参见：John Victor Murra, Andean Societies Before 1532, pp. 59 - 90 in

Leslie Bethell (ed.), The Cambridge History of Latin America, Vol. 1: Colonial Latin America, Cambridge University Press, 1984.

16. Catherine J. Julian (1988) How the Inca Decimal Administration Worked, Ethnohistory 35 (3): 257 – 79. The quipu system and its numeric and linguistic meaning have yet to be fully deciphered and are the subject of ongoing research and debate. See Charles Mann (2005) Unraveling Khipu's Secrets, Science 309(5737): 1008 – 09.

17. Friar Diego de Landa, Yucatan Before and After the Conquest, translated by William Gates, Dover Publications, New York, 1978. Quote pp. 159 – 60.

18. Gates, op. cit., p. vi.

19. Letter from Christopher Columbus to Ferdinand and Isabella, January 20,1494, as quoted on p. 223 of Nicolás Wey Gómez, The Tropics of Empire: Why Columbus Sailed South to the Indies, MIT Press, Cambridge, MA, 2008.

20. Timonthy J. Yeager (1995) Encomienda or Slavery? The Spanish Crown's Choice of Labor Organization in Sixteenth-Century Spanish America, The Journal of Economic History 55(4): 842 – 59.

21. 关于白银和黄金出口的最可靠估计来自历史学家克拉伦斯·哈林 (Clarence Haring),他于 1915 年对塞维利亚图书馆档案馆所收藏的西班牙殖民政府的皇家司库原始分类账进行了系统回顾。在仔细计算的基础上,哈林得出了 1533 年至 1560 年间从秘鲁出口到西班牙的 160 万磅白银和黄金的估计数。Clarence H. Haring (1915) Gold and Silver Production in the First Half of the Sixteenth Century, Quarterly Journal of Economics 29 (3): 433 – 79.

22. James Lockhart (1969) Encomienda and Hacienda: The Evolution of the Great Estate in the Spanish Indies, The Hispanic American Historical Review 49(3): 411 – 29; Kay, op. cit., p. 189.

23. Mary L. Barker (1980) National Parks, Conservation, and Agrarian Reform in Peru, The Geographical Review 70(1): 1 – 18.

24. Cristóbal Kay, The Agrarian Reform in Peru: An Assessment, pp. 185 – 239 in A. K. Ghose (ed.), Agrarian Reform in Contemporary Developing Countries, Croom Helm, London, and St. Martin's Press, New York, 1983.

25. 林业所有权数据来自：Arun Agrawal, Local Institutions and the Governance of Forest Commons, pp. 313 – 40 in Paul F. Steinberg and Stacy D. VanDeveer(eds.), Comparative Environmental Politics: Theory, Practice, and Prospects, MIT Press, Cambridge, MA, 2012; and William D. Sunderlin, Jeffrey Hatcher, and Megan Liddle, From Exclusion to Ownership? Challenges and Opportunities in Advancing Forest Tenure Reform, The Rights and Resources Initiative, Washington, DC, 2008.

26. Jessica Hidalgo and Carlos Chirinos, Manual de Normas Legales sobre Tala Ilegal (Manual of Legal Norms Concerning Illegal Logging), Sociedad Peruana de Derecho Ambiental (Peruvian Society for Environmental Law) and International Resources Group, Lima, 2005, as cited by Robin R. Sears and Miguel Pinedo-Vasquez(2011) Forest Policy Reform and the Organization of Logging in Peruvian Amazonia, Development and Change 42: 609 – 31.

27. Sears and Pinedo-Vasquez, op. cit., p. 613.

28. Paulo J. C. Oliveira et al. (2007) Land-Use Allocation Protects the Peruvian Amazon, Science 317(5842): 1233 – 36.

29. Sears and Pinedo-Vasquez, op. cit. Quote p. 617.

30. Matt Finer et al. (2008) Oil and Gas Projects in the Western Amazon: Threats to Wilderness, Biodiversity, and Indigenous Peoples, PLOS ONE 3 (8): e2932.

31. Fabio Sánchez, María del Pilar López-Uribe and Antonella Fazio (2010) Land Conflicts, Property Rights, and the Rise of the Export Economy in Colombia, 1850 – 1925, The Journal of Economic History 70(2): 378 – 99.

32. Andrés Guhl, Coffee Production Intensification and Landscape Change in Colombia, 1970 – 2002, pp. 93 – 116 in Wendy Jepson and Andrew Millington (eds.), Land Change Science in the Tropics: Changing Agricultural Landscapes, Springer Verlag, 2008.

33. Guhl, op. cit.

34. 关于遮荫咖啡系统下维持的森林覆盖量在下书有所讨论：Patricia Moguel and Victor M. Toledo (1999) Biodiversity Conservation in Traditional Coffee Systems of Mexico, Conservation Biology 13(1): 11 – 21.

35. 关于荒地与人工林生物多样性的益处，请参见：Jos Barlow, Luiz A. M. Mestre, Toby A. Gardner, and Carlos A. Peres (2007) The Value of

Primary, Secondary and Plantation Forests for Amazonian Birds, Biological Conservation 136: 212 - 31.

36. http://www. rainforest-alliance. org/multimedia/migratory-bird-day.

37. Camilo Montes et al. (2010) Clockwise Rotation of the Santa Marta Massif and Simultaneous Paleogene to Neogene Deformation of the Plato-San Jorge and Cesar-Ranchería Basins, Journal of South American Earth Sciences 29 (4): 832 - 48.

38. Ralf Strewe and Cristobal Navarro (2004) New and Noteworthy Records of Birds from the Sierra Nevada de Santa Marta Region, Bulletin of the British Ornithologists' Club 124(1): 38 - 51.

39. Kankuamo 族人,作为第四群体与其他三个群体有着共同的血统,但已经被哥伦比亚主流社会所同化。我对 Kankuamo 族人的背景知之甚少,因为他们对财产和土地管理的看法并不一致。

40. Astrid Ulloa (2009) Indigenous Peoples of the Sierra Nevada de Santa Marta Colombia: Local Ways of Thinking [sic] Climate Change, Institute of Physics (IOP) Conference Series: Earth and Environmental Science 6: 1 - 2; G. Reichel-Dolmatoff (1982) Cultural Change and Environmental Awareness: A Case Study of the Sierra Nevada de Santa Marta, Colombia, Mountain Research and Development 2(3): 289 - 98; and Guillermo E. Rodriéguez-Navarro (2000) Indigenous Knowledge as an Innovative Contribution to the Sustainable Development of the Sierra Nevada of Santa Marta, Colombia, Ambio 29(7): 455 - 58.

41. The Heart of the World: Elder Brothers' Warning (1990), documentary film directed by Alan Ereira, British Broadcasting Corporation.

42. Reichel-Dolmatoff, op. cit. , p. 293.

43. 同上。

44. "原住民"一词是一个广泛的类别:表示在欧洲人到美洲之前已经存在的文化后裔,西班牙人称之为印第安人。大多数拉丁美洲人不是直接来自西班牙人,就是混合了西班牙原住民的血统("混血儿"),或者是原住民。在哥伦比亚、巴西和其他地方,非洲奴隶的后裔也构成了人口中重要的和文化上不同的部分。

45. 关于原住民维权运动在国内立法方面取得的成就的概述,请参见:Roque Roldán Ortiga, Models for Recognizing Indigenous Land Rights in Latin

America, The World Bank, Washington, DC, 2004.

46. Website of the Gonawindua Tayrona Organization, www. tairona. org, accessed April 10,2012.

47. J. V. Remsen, Jr. and Thomas S. Schulenberg (1997) The Pervasive Influence of Ted Parker on Neotropical Field Ornithology, Studies in Neotropical Ornithology 48: 7 – 19.

48. Noel Maurer and Carlos Yu, The Big Ditch: How America Took, Built, Ran, and Ultimately Gave Away the Panama Canal, Princeton University Press, Princeton, NJ, 2011; William H. Chaloner (1959) The Birth of the Panama Canal, 1869 – 1914, History Today 9(7): 482 – 92; and John M. Thompson (2011) "Panic-Struck Senators, Businessmen and Everybody Else": Theodore Roosevelt, Public Opinion, and the Intervention in Panama, Theodore Roosevelt Association Journal 32(1/2): 7 – 28.

49. Zachary Langford et al. , Socio-Environmental Impacts of Land Cover Change in the Panama Canal Watershed, paper prepared for the 62nd International Astronautical Congress, Cape Town, South Africa, 2010.

50. Mike Fotos, Quint Newcomer, and Radha Kuppalli (2007) Policy Alternatives to Improve Demand for Water-Related Ecosystem Services in the Panama Canal Watershed, Journal of Sustainable Forestry 25(1 – 2): 195 – 216.

51. Rodrigo A. Arriagada et al. (2012) Do Payments for Environmental Services Affect Forest Cover? A Farm-Level Evaluation from Costa Rica, Land Economics 88: 382 – 99; and Ina Porras, Fair and Green? Social Impacts of Payments for Environmental Services in Costa Rica, International Institute for Environment and Development, London, December 2010.

52. 作者评估了一个位于哥斯达黎加叫做"Sarapiquí"的面积约 3000 平方公里的地区。他们指出,该地区的生态系统服务支付计划运行良好,可以代表或者不可以代表该计划对该国其他地区的影响。

53. David Barton Bray and Peter Klepeis (2005) Deforestation, Forest Transitions, and Institutions for Sustainability in Southeastern Mexico, 1900 – 2000, Environment and History 11: 195 – 223; and Antonio García de León (2005) From Revolution to Transition: The Chiapas Rebellion and the Path to Democracy in Mexico, The Journal of Peasant Studies 32(3/4):

508－27.

54. Camille Antinori and David Barton Bray （2005） Community Forest Enterprises as Entrepreneurial Firms: Economic and Institutional Perspectives from Mexico, World Development 33(9): 1529－43.

55. 在1992年推出的改革放松了对使用村社财产的法律限制,允许购买和出售大量村社财产,以及在基于社区三分之二投票批准后,将一些土地划拨为私有财产。请参见: Grenville Barnes （2009） The Evolution and Resilience of Community-based Land Tenure in Rural Mexico, Land Use Policy 26(2): 393－400. Figures on the current number of ejidos in Mexico are from the most recent ejido census: Instituto Nacional de Estadística, Geografía e Informática, Resultados Preliminares del IX Censo Ejidal （Preliminary Results of the 9th Ejido Census）, Comunicado Número 069/08, Aguascalientes, Mexico, April 11,2008.

56. 关于社区森林企业的描述可参见下书: Ross E. Mitchell （2006） Environmental Governance in Mexico: Two Case Studies of Oaxaca's Community Forest Sector, Journal of Latin American Studies 38: 519－48; and Salvador Anta Fonseca, Forest Management in the Community Enterprise of Santa Catarina Ixtepeji, Oaxaca, Mexico, The Rights and Resources Initiative, Washington, DC, 2007.

57. Peter T. Leeson （2007） An-arrgh-chy: The Law and Economics of Pirate Organization, Journal of Political Economy 115 （6）: 1049－94. Quote p. 1072.

58. A concise overview of the history of Law of the Sea negotiations is provided in David D. Caron, Negotiating Our Future with the Oceans, pp. 25－34 in Laurence Tubiana, Pierre Jacquet, and Rajendra K. Pachauri （eds.）, A Planet for Life 2011—Oceans: The New Frontier, Institute for Sustainable Development and International Relations, and the French Development Agency, Paris, 2011.

59. Arvid Pardo, Maltese Ambassador to the United Nations, UN General Assembly, 22nd Session, general debate with respect to Agenda Item 92, New York, November 1,1967.

60. 用来计算一个国家的海岸基线比这个要复杂一点,但足够接近实现我们的目的。欲了解更多详情,请参阅: Caron, op. cit.

61. Juliet Eilperin, U. S. Oil Drilling Regulator Ignored Experts' Red Flags on Environmental Risks, Washington Post, May 25, 2010, p. A1; and Ian Urbina, Inspector General's Inquiry Faults Regulators, New York Times, May 24, 2010, p. A16.

62. Ronald M. Atlas and Terry C. Hazen (2011) Oil Biodegradation and Bioremediation: A Tale of the Two Worst Spills in U. S. History, Environmental Science and Technology 45 (16): 6709 – 15; and David B. Irons (2000) Nine Years after the Exxon Valdez Oil Spill: Effects on Marine Bird Populations in Prince William Sound, Alaska, The Condor 241: 723 – 37.

63. Bruce A. Stein, Lynn S. Kutner, and Jonathan S. Adams (eds.), Precious Heritage: The Status of Biodiversity in the United States, Oxford University Press, New York, 2000.

64. The extent of the environmental destruction wrought by mountaintop removal is documented in Brian D. Lutz, Emily S. Bernhardt, and William H. Schlesinger (2013) The Environmental Price Tag on a Ton of Mountaintop Removal Coal, PLOS ONE 8(9): e73203; and US Environmental Protection Agency, The Effects of Mountaintop Mines and Valley Fills on Aquatic Ecosystems of the Central Appalachian Coalfields, Washington, DC, March 2011, EPA/600/R – 09/138F.

65. 关于财产与资源控制之间的区别,请参阅: Jesse C. Ribot and Nancy Lee Peluso (2003) A Theory of Access, Rural Sociology 68(2): 153 – 81. See also Aileen McHarg, Barry Barton, Adrian Bradbrook, and Lee Godden (eds.), Property and the Law in Energy and Natural Resources, Oxford University Press, New York, 2010.

66. Jeff Goodell, Big Coal: The Dirty Secret Behind America's Energy Future, Houghton Mifflin Harcourt, Boston, 2007.

67. Goodell, op. cit., p. 23 and Federal Election Committee data available at www. fec. gov.

68. Land Trust Alliance, 2010 National Land Trust Census Report, Washington, DC, 2011. The National Conservation Easement Database provides a superbly finegrained analysis of the use of this new property rule throughout the country. See http://www. conservationeasement. us.

69. Interview with Dr. Patrick Angel, Senior Forester/Soil Scientist, US Department of the Interior, Office of Surface Mining Reclamation and Enforcement, Appalachian Regional Office, March 22, 2012.

5

1. US Treasury Department, Public Health Service, Proceedings of a Conference to Determine Whether or Not There Is a Public Health Question in the Manufacture, Distribution, or Use of Tetraethyl Leaded Gasoline, Public Health Bulletin 158, Government Printing Office, Washington, DC, 1925. Quotes from p. 98. See also Alice Hamilton, Paul Reznikoff, and Grace M. Burnham (1925) Tetraethyl Lead, Journal of the American Medical Association 84 (20): 1481 – 86; and Alice Hamilton, Exploring the Dangerous Trades: The Autobiography of Alice Hamilton, M. D. , OEM Press, Beverly, MA, 1995 (orig. 1943).

2. 关于几百年来铅用量对健康影响的那段令人痛心的见解, 请参阅: Richard P. Wedeen, Poison in the Pot: The Legacy of Lead, Southern Illinois University Press, Carbondale, 1984. Equally valuable is Christian Warren, Brush with Death: A Social History of Lead Poisoning, Johns Hopkins University Press, Baltimore, MD, 2000.

3. Letter from Benjamin Franklin to Benjamin Vaughan, July 31, 1786. Quoted in Carey P. McCord (1953) Lead and Lead Poisoning in Early America; Benjamin Franklin and Lead Poisoning, Industrial Medicine & Surgery 22 (9): 393 – 99. Quote pp. 398 – 99.

4. Table 2 of James L. Pirkle et al. (1994) The Decline in Blood Lead Levels in the United States: The National Health and Nutrition Examination Surveys, Journal of the American Medical Association 272 (4): 284 – 91. On the relative contributions of leaded gasoline and interior household paints to elevated blood lead levels, see Howard W. Mielke and Patrick L. Reagan (1998) Soil Is an Important Pathway of Human Lead Exposure, Environmental Health Perspectives 106 (Supplement 1): 217 – 29.

5. 在欧洲, 随着国际条约、国家需求和市场监管规则的结合, 正从汽油中除去铅, 对乙烷气体征收更高的税率以促进转换。德国是欧洲治理中落后于美国的例外, 它在 1972 年推出了促进无铅汽油使用的政策。哈马尔

（Hammar）和拉弗格（Löfgren）认为，可交易许可证在欧洲意义并不大，因为炼油厂相对较少（适用于更小、更加同质化的市场），并且由于欧洲统一之前流通的货币数量庞大，该计划将难以管理。请参见：Henrik Hammar and Åsa Löfgren, Leaded Gasoline in Europe: Differences in Timing and Taxes, pp. 192 – 205 in Winston Harrington, Richard D. Morgenstern, and Thomas Sterner （eds.）, Choosing Environmental Policy: Comparing Instruments and Outcomes in the United States and Europe, Resources for the Future, Washington, DC, 2004; and Hans von Storch et al. （2003）Four Decades of Gasoline Lead Emissions and Control Policies in Europe: A Retrospective Assessment, Science of the Total Environment 311: 151 – 76.

6. "升高的"血铅水平是指每分升血液含 10 微克铅，美国疾病控制中心认为这一数字危险到足以启动当地的缓解措施。这些数据是在全国健康和营养检查调查（NHANES）中收集的，这是一项雄心勃勃的全国健康检查计划，将家庭访谈与流动医疗单位抽取的血液样本相结合。一岁到五岁的儿童从第一阶段（1976—1980）的 88.2％下降到第二阶段（1988—1991）的 8.9％。参见：Table 2 of Pirkle et al. , op. cit. The sources of remaining exposures are discussed in Mielke and Reagan 1998, op. cit.

7. 北极的冰：单位是每克雪或冰的皮克数。资料来源：Jean-Pierre Candelone et al. （1995）Post-Industrial Revolution Changes in Large-scale Atmospheric Pollution of the Northern Hemisphere by Heavy Metals as Documented in Central Greenland Snow and Ice, Journal of Geophysical Research: Atmospheres 100(8): 16605 – 16.

加利福尼亚沿海沉积物：单位是十亿分之几的铅，按照背景铝含量标准化。资料来源：Bruce P. Finney and Chih An Huh （1989）History of Metal Pollution in the Southern California Bight: An Update, Environmental Science& Technology 23(3): 294 – 303.

瑞典湖泊沉积物：单位是每克干沉淀物含铅的微克数。资料来源：Ingemar Renberg, Maja-Lena Brännvall, Richard Bindler, and Ove Emteryd （2000）Atmospheric Lead Pollution History during Four Millennia（2000 bc to 2000 ad）in Sweden, Ambio 29(3): 150 – 56.

血铅水平：单位是每分升血液含铅量的微克数。资料来源：Robert L. Jones et al. （2009）Trendsin Blood Lead Levels and Blood Lead Testing among US Children Aged 1 to 5 Years, 1988 – 2004, Pediatrics 123(3):

e376 – 85; and Hans Von Storch et al. （2003）Four Decades of Gasoline Lead Emissions and Control Policies in Europe: A Retrospective Assessment, Science of the Total Environment 311（1）: 151 – 76.

8. Eiliv Steinnes et al. （1994）Atmospheric Deposition of Trace Elements in Norway: Temporal and Spatial Trends Studied by Moss Analysis, Water, Air, and Soil Pollution 74（1 – 2）: 121 – 40; Hans Von Storch et al., op. cit.; Ylva Lind, Anders Bignert, and Tjelvar Odsjö （2006）Decreasing Lead Levels in Swedish Biota Revealed by 36 Years （1969 – 2004） of Environmental Monitoring, Journal of Environmental Monitoring 8（8）: 824 – 34; Roberto Bono et al. （1995）Updating about Reductions of Air and Blood Lead Concentrations in Turin, Italy, Following Reductions in the Lead Content of Gasoline, Environmental Research 70（1）: 30 – 34; and Candelone et al., op. Cit.

9. 我们缺少早期实验许可证价格的详细数据,因此无法获得精确的成本节省数据。根据交易许可证的数量,环境经济学家罗伯特·哈恩（Robert Hahn）和戈登·海丝特（Gordon Hester）估计这个数字大概在几亿。请参见: Robert W. Hahn and Gordon L. Hester （1989）Marketable Permits: Lessons for Theory and Practice, Ecology Law Quarterly 16: 361 – 406.

10. James Q. Wilson, Bureaucracy: What Government Agencies Do and Why They Do It, BasicBooks, New York, 1989. Quote p. 114.

11. Edward D. Andrews, The People Called Shakers: A Search for the Perfect Society, Dover Publications, New York, 1963. Quote p. 257.

12. Michael E. Porter and Mark R. Kramer （2006）Strategy and Society: The Link Between Competitive Advantage and Corporate Social Responsibility, Harvard Business Review 84（12）: 78 – 92.

13. 蒂芙尼公司（Tiffany&Co.）制定的防止钻石贸易冲突的规则在下文讨论: Matthew Schuerman （2004）Behind the Glitter: Tiffany and Co. Moves to Get African"Conflict Diamonds" Out of Its Stores, Stanford Social Innovation Review 2（2）.

14. See Benjamin Cashore, Graem Auld, and Deanna Newsom, Governing through Markets: Forest Certification and the Emergence of Non-State Authority, Yale University Press, New Haven, CT, 2004.

15. 关于旨在促进公众利益的企业改革概述,请参阅: David Vogel, The

Market for Virtue: The Potential and Limits of Corporate Social Responsibility, Brookings Institution, Washington, DC, 2005.

16. Douglass North, Institutions, Institutional Change, and Economic Performance, Cambridge University Press, New York, 1990.

17. See Peter Evans and James E. Rauch (1999) Bureaucracy and Growth: A Cross-National Analysis of the Effects of "Weberian" State Structures on Economic Growth, American Sociological Review 64(5): 748 – 65; Peter Evans, Embedded Autonomy: States and Industrial Transformation, Princeton University Press, Princeton, NJ, 1995; and Stephan Haggard (2004) Institutions and Growth in East Asia, Studies in Comparative International Development 38(4): 53 – 81.

18. Dani Rodrik (2000) Institutions for High-Quality Growth: What They Are and How to Acquire Them, Studies in Comparative International Development 35(3): 3 – 31. Quote p. 4.

19. Daron Acemoglu and James A. Robinson, Why Nations Fail: The Origins of Power, Prosperity and Poverty, Crown Publishers, New York, 2012.

20. Arthur C. Pigou, The Economics of Welfare: Volume 1, Transaction Publishers, 2009 [orig. 1920], New Brunswick, NJ. Quote p. 184.

21. 这一估计考虑了政府开支以及战争对美国经济更广泛的影响。Joseph E. Stiglitz and Linda J. Bilmes, The True Cost of the Iraq War: $3 Trillion and Beyond, Washington Post, September 5, 2010.

22. 根据美国能源情报署的数据,2013 年美国消耗了 1345.1 亿加仑的天然气。

23. Anon., Global Warming Will Have Significant Economic Impacts on Florida Coasts, Reports State, Science Daily, October 1, 2008.

24. Fred Krupp and Miriam Horn, Earth: The Sequel, W. W. Norton & Co., New York. Quote p. 11.

25. Jason Thompson, New Emissions and Fuel Efficiency Standards, Diesel Magazine, February 1, 2011.

26. These data are from Taylor et al. (2005) Regulation as the Mother of Innovation: The Case of SO2 Control, Law & Policy 27(2): 348 – 78.

27. Adam B. Jaffe, Steven R. Peterson, Paul R. Portney, and Robert N. Stavins (1995) Environmental Regulation and the Competitiveness of U. S.

Manufacturing: What Does the Evidence Tell Us?, Journal of Economic Literature 33(1): 132 - 63.

28. White House Office of Management and Budget, Office of Information and Regulatory Affairs, 2011 Report to Congress on the Benefits and Costs of Federal Regulations and Unfunded Mandates on State, Local, and Tribal Entities, Washington, DC, 2011.

29. Michael Porter and Class van der Linde (1995) Green and Competitive: Ending the Stalemate, Harvard Business Review 73(5): 120 - 34.

30. Stefan Ambec, Mark A. Cohen, Stewart Elgie, and Paul Lanoie, The Porter Hypothesis at 20: Can Environmental Regulation Enhance Innovation and Competitiveness?, Discussion Paper 11 - 01, Resources for the Future, Washington, DC, January 2011.

31. See Tom Tietenberg (2010) Cap-and-Trade: The Evolution of An Economic Idea, Agricultural and Resource Economics Review 39(3): 359 - 67.

32. Ronald Coase (1960) The Problem of Social Cost, Journal of Law and Economics 3(1): 1 - 44.

33. 科斯并未明确使用污染许可证的用语，而污染许可证是在晚些年作为实施他提案的一种方法出现的。科斯将其可交易财产权的逻辑应用于各种有害社会的活动，从空气污染到因走失而变为邻居财产的牛。他认识到，只有这些公司能够以相对低成本的方式达成交易，他的提议才有效。在全球经济中与大量公司打交道时，这可能是一个挑战。这里还需要制定社会规则，通过制定共同的技术标准来降低这些"交易成本"，确保可靠的执法，以使企业不超过其分配的污染许可（这将给作弊者一个竞争优势），并建立透明的机制贸易。这种规则制定功能通常由政府发挥。关于这个讨论，可参见 Robert N. Stavins (1995) Transaction Costs and Tradeable Permits, Journal of Environmental Economics and Management 29(2): 133 - 48.

34. W. David Montgomery (1972) Markets in Licenses and Efficient Pollution Control Programs, Journal of Economic Theory 5: 395 - 418; and John H. Dales, Pollution, Property and Prices, University of Toronto Press, Toronto, 1968.

35. Hugh S. Gorman and Barry D. Solomon (2002) The Origins and Practice of Emissions Trading, Journal of Policy History 14(3): 293 - 320.

36. 最终，大多数主要环保组织都接受了可交易污染权的想法。在 2011 年，自然资源保护委员会早年起诉环境保护局停止该计划，并发表了一项声明，声明称："精心设计的限额与交易计划对于确保减少污染并促进创新至关重要。"Kristin Eberhard，Natural Resources Defense Council，Air Board Should Move Ahead with AB 32 Scoping Plan：California's Blueprint for Transitioning to a Clean Energy Economy，Posted August 24,2011. http：// switchboard. nrdc. org/blogs/kgrenfell/air_board_should_move_ahead_wi. html.

37. Gorman and Solomon，2002，op. cit. ，p. 308.

38. The EPA data are reported in The New York Times at http：//www. nytimes. com/ gwire/2011/03/31/31greenwire-has-emissions-cap-and-trade-created-toxic-hotsp-4746. html.

39. Robert N. Stavins（1998）What Can We Learn from the Grand Policy Experiment? Lessons from SO2 Allowance Trading，Journal of Economic Perspectives 12(3)：69–88.

40. 关于环境正义运动的历史，请参阅：Robert D. Bullard(ed.)，The Quest for Environmental Justice：Human Rights and the Politics of Pollution，Sierra Club Books，San Francisco，2005；and Andrew Szasz，Ecopopulism：Toxic Waste and the Movement for Environmental Justice，University of Minnesota Press，Minneapolis，1994.

41. Evan J. Ringquist（2011）Trading Equity for Efficiency in Environmental Protection? Environmental Justice Effects from the SO2 Allowance Trading Program，Social Science Quarterly 92(2)：297–323.

42. The evidence documenting unequal distribution of industrial pollution in America is summarized in Paul Mohai and Robin Saha（2007）Racial Inequity and the Distribution of Hazardous Waste：A National Level Reassessment，Social Problems 54(3)：343–70；and Evan Ringquist（2005）Assessing the Evidence Regarding Environmental Inequities：A Meta-Analysis，Journal of Policy Analysis and Management 24(2)：223–47.

43. Tomoaki Imamura，Hiroo Ide，and Hideo Yasunaga（2007）History of Public Health Crises in Japan，Journal of Public Health Policy 28(2)：221–37.

44. 摄入汞的风险必须与包括鱼类作为健康饮食的一部分的好处相权衡。此外，有些鱼含有的汞比其他的多。更多背景信息，请参阅：E. Oken et al.

（2005）Maternal Fish Consumption，Hair Mercury，and Infant Cognition in a U. S. Cohort，Environmental Health Perspectives 113（10）：1376 – 80. For dietary guidance see http：//water. epa. gov/scitech/swguidance/fishshell fish/outreach/advice_index. cfm.

45. Quoted in Environmental News Service，Appeals Court Rejects EPA Mercury Cap-and-Trade Rule，February 8，2008. http：//www. ens-newswire. com/ens/feb2008/2008-02-08-01. asp.

46. Neela Banerjee，Obama Faces a Battle on Air Rules，Los Angeles Times，December 22，2011.

47. 有关气候政策的概述，请参阅：Anita Engels（2013）Assessing Carbon Policy Experiments，Global Environmental Politics 13（3）：138 – 43；and Barry G. Rabe（2008）States on Steroids：The Intergovernmental Odyssey of American Climate Policy，Review of Policy Research 25（2）：105 – 28.

48. 由于全球 REDD ＋计划仍处于初期阶段，需要在几十个国家设计新的规则制定系统，分析人员才刚开始了解相关的挑战。例如，参见：Jacob Phelps，Edward L. Webb，and Arun Agrawal（2010）Does REDD ＋ Threaten to Recentralize Forest Governance?，Science 328（5976）：312 – 13；and William D. Sunderlin，et al.（2014）How Are REDD ＋ Proponents Addressing Tenure Problems? Evidence from Brazil，Cameroon，Tanzania，Indonesia，and Vietnam，World Development 55：37 – 52.

49. 对于市场监管工具的批评非常之多，从哲学反对到自然"商品化"，再到对社会和环境影响的担忧。例如，参见：Murat Arsel and Bram Büscher（2012）NatureTM Inc.：Changes and Continuities in Neoliberal Conservation and Market-based Environmental Policy，Development and Change 43（1）：53 – 78.

50. Ronald Coase op. cit.，pp. 18 – 19.

51. Kevin P. Gallagher and Lyuba Zarsky，The Enclave Economy：Foreign Investment and Sustainable Development in Mexico's Silicon Valley，MIT Press，Cambridge，MA，2007.

52. 这个阿根廷案例在下文有所讨论：Sebastian Gailiani，Paul Gertler，and Ernesto Schargrodsky（2005）Water for Life：The Impact of the Privatization of Water Services on Child Mortality，Journal of Political Economy 113（1）：83 – 120. The contrasting Colombian case is analyzed in Claudia Granados and

Fabio Sánchez (2014) Water Reforms, Decentralization and Child Mortality in Colombia, 1990 – 2005, World Development 53: 68 – 79. For critical overviews of privatization in the water sector, see Karen J. Bakker, Privatizing Water: Governance Failure and the World's Urban Water Crisis, Cornell University Press, Ithaca, NY, 2010; and Jessica Budds and Gordon McGranahan (2003) Are the Debates on Water Privatization Missing the Point? Experiences from Africa, Asia and Latin America, Environment and Urbanization 15(2): 87 – 114.

6

1. Sheila Jasanoff, Heaven and Earth: The Politics of Environmental Images, pp. 31 – 52 in Sheila Jasanoff and Marybeth Long Martello (eds.), Earthly Politics: Local and Global in Environmental Governance, MIT Press, Cambridge, MA, 2004.
2. Keith Bakx (1987) Planning Agrarian Reform: Amazonian Settlement Projects, 1970 – 86, Development and Change, 18: 533 – 55.
3. Stephen G. Perz et al. (2013) Trans-boundary Infrastructure and Land Cover Change: Highway Paving and Community-level Deforestation in a Tri-national Frontier in the Amazon, Land Use Policy 34: 27 – 41.
4. 关于国家政府在努力推动可持续发展的重要性的描述,请参见: John Barry and Robin Eckersley (eds.), The State and the Global Ecological Crisis, MIT Press, Cambridge, MA, 2005; and Paul F. Steinberg (2005) From Public Concern to Policy Effectiveness: Civic Conservation in Developing Countries, Journal of International Wildlife Law & Policy 8(4): 341 – 65.
5. Hans P. Binswanger (1991) Brazilian Policies That Encourage Deforestation in the Amazon, World Development 19(7): 821 – 29; Cynthia Simmons et al. (2010) Doing It for Themselves: Direct Action Land Reform in the Brazilian Amazon, World Development 38(3): 429 – 44; and Philip M. Fearnside (2001) Soybean Cultivation as a Threat to the Environment in Brazil, Environmental Conservation 28(1): 23 – 38.
6. Lester M. Salamon (2010) Putting the Civil Society Sector on the Economic Map of the World, Annals of Public and Cooperative Economics 81(2): 167 – 210; and Lester M. Salamon, Helmut K. Anheier, Regina List, Stefan

Toepler, and S. Wojciech Sokolowski and Associates, Global Civil Society: Dimensions of the Nonprofit Sector, Kumarian Press, West Hartford, CT, 1999.

7. Russell J. Dalton, Steve Recchia, and Robert Rohrschneider (2003) The Environmental Movement and the Modes of Political Action, Comparative Political Studies 36(7): 743 - 71.

8. John Clark, Democratizing Development: The Role of Voluntary Organizations, Kumarian Press, West Hartford, CT, 1991.

9. 那些争夺南极洲的国家包括澳大利亚、挪威、法国、智利、阿根廷、新西兰和英国。划定争议的地图可在澳大利亚南极局的网站上查询: http://www. antarctica. gov. au/about-antarctica/people-in-antarctica/who-owns-antarctica.

10. 请参阅 Journal of Democracy, 了解全球民主化趋势的高质量和最新分析。

11. The Economist Intelligence Unit, Democracy Index 2012: Democracy at a Standstill, The Economist Intelligence Unit Ltd. , London, 2013.

12. 有关独立国家数量增长的数据来自: Monty G. Marshall and Benjamin R. Cole, Global Report 2009: Conflict, Governance, and State Fragility, Center for Systemic Peace, George Mason University, Fairfax, VA, 2009; and The World Bank, World Development Report 1997: The State in a Changing World, Oxford University Press, New York, 1997, p. 21.

13. Michael L. Ross, The Oil Curse: How Petroleum Wealth Shapes the Development of Nations, Princeton University Press, Princeton, NJ, 2012; and Michael L. Ross (2001) Does Oil Hinder Democracy? World Politics 53 (3): 325 - 61. For a rejoinder, see Stephen Haber and Victor Menaldo (2011) Do Natural Resources Fuel Authoritarianism? A Reappraisal of the Resource Curse, American Political Science Review 105(1): 1 - 26. On the importance of social rules in mediating the relationship among oil, politics, and economic development, see Pauline Jones Luong and Erika Weinthal, Oil Is Not a Curse: Ownership Structure and Institutions in Soviet Successor States, Cambridge University Press, New York, 2010.

14. Shannon McClelland (2002) Indonesia's Integrated Pest Management in Rice: Successful Integration of Policy and Education, Environmental Practice 4(4): 191 - 95.

15. The history of political support for environmental policy in Brazil is described in Kathryn Hochstetler and Margaret E. Keck, Greening Brazil: Environmental Activism in State and Society, Duke University Press, Durham, NC, 2007.

16. Kathryn Hochstetler, Democracy and the Environment in Latin America and Eastern Europe, pp. 199 – 230 in Paul F. Steinberg and Stacy VanDeveer (eds.), Comparative Environmental Politics: Theory, Practice, and Prospects, MIT Press, Cambridge, MA, 2012.

17. Paul F. Steinberg, Environmental Leadership in Developing Countries: Transnational Relations and Biodiversity Policy in Costa Rica and Bolivia, MIT Press, Cambridge, MA, 2001.

18. 这些数字反映了 2010 年人均国民总收入,经过调整以反映每个国家 1 美元的购买力。得出的购买力平价数据来自世界银行编制的 2012 年世界发展指标表 1.1。

19. 2005 年,巴西环境项目的联邦预算为 12 亿美元。参见:Hochstetler and Keck, op. cit., Table 1.2, p. 41. 关于小国家面临的挑战的极好讨论,见 Godfrey Baldacchino (1993) Bursting the Bubble: The Pseudo-Development Strategies of Microstates, Development and Change 24(1): 29 – 51.

20. 有关由圣卢西亚模型启发的"自豪感运动"(Pride Campaigns)的详细信息,请参阅网址:www. rareconservation. org.

21. 进一步探讨了以长期不稳定为特征的系统促进可持续性的挑战,请参见:Paul F. Steinberg, Welcome to the Jungle: Policy Theory and Political Instability, pp. 255 – 84 in Steinberg and VanDeveer, op. cit.

22. 这些数字根据以下数据计算得出:Polity IV: Regime Authority Characteristics and Transitions Datasets 1800 – 2010, Center for International Development and Conflict Management, University of Maryland, College Park. 分析仅包括人口超过 500 000 的国家。

23. 同上。

24. 此计算所使用数据来自:A. S. Banks, Cross-National Time-Series Data Archive, Databanks International, Jerusalem, Israel, 2011; and US Central Intelligence Agency, CIA World Factbook, 2011.

25. The figures on armed conflicts are from Lotta Themnér and Peter Wallensteen (2013) Armed Conflicts, 1946 – 2012, Journal of Peace Research 50(4):

509 - 21. Figures on the lifespan of democracies are from Adam Przeworski (2005) Democracy as an Equilibrium, Public Choice 123 (3 - 4): 253 - 73. Przeworski's national income figures refer to Purchasing Power Parity dollars which, as we saw earlier, takes account of variation among countries in the cost of living.

26. Susan Rose-Ackerman, Corruption and Government: Causes, Consequences, and Reform, Cambridge University Press, New York, 1999.

27. Edward Dommen (1997) Paradigms of Governance and Exclusion, Journal of Modern African Studies 35 (3): 485 - 94.

28. 关于腐败的衡量方法，请参阅：Daniel Kaufmann, Aart Kraay, and Massimo Mastruzzi, The Worldwide Governance Indicators: Methodology and Analytical Issues, World Bank Policy Research Working Paper No. 5430, World Bank Institute, Washington, DC, 2010. Maps and charts comparing corruption levels are available at http://info. worldbank. org/governance/wgi/index. aspx♯home.

29. Paul Robbins (2000) The Rotten Institution: Corruption in Natural Resource Management, Political Geography 19: 423 - 43.

30. Brian Z. Tamanaha (2008) Understanding Legal Pluralism: Past to Present, Local to Global (Julius Stone Address), Sydney Law Review 30: 375 - 411.

31. Clifford Geertz, After the Fact: Two Countries, Four Decades, One Anthropologist, Harvard University Press, Cambridge, MA, 1995. Quote p. 22.

32. Robin R. Sears and Miguel Pinedo-Vasquez (2011) Forest Policy Reform and the Organization of Logging in Peruvian Amazonia, Development and Change 42: 609 - 31.

33. Peter Dauvergne, Shadows in the Forest: Japan and the Politics of Timber in Southeast Asia, MIT Press, Cambridge, MA, 1997.

34. Charles Benjamin illustrates the diversity of relationships that are possible when formal and informal rules collide. See Charles E. Benjamin (2008) Legal Pluralism and Decentralization: Natural Resource Management in Mali, World Development 36 (11): 2255 - 76.

35. 关于社会资本概念的介绍，请参见：Michael Woolcock (1998) Social Capital and Economic Development: Toward a Theoretical Synthesis and Policy

Framework, Theory and Society 27(2): 151 – 208. Relations of reciprocity assume many forms, from mutual self-help associations to more hierarchical relationships involving patrons and their social networks. See James Scott (1972) Patron-client Politics and Political Change in Southeast Asia, American Political Science Review 66(1): 91 – 113; and Peter Dauvergne, op. cit.

36. 有关塞拉·戈尔达(Sierra Gorda)社区森林管理的更多信息,请参阅: www. sierragorda. net and the PBS documentary Mexico: The Business of Saving Trees, 2008.

37. 关于墨西哥在社区林业方面的领导力描述,见本文第4章和下文: Camille Antinori and David Barton Bray (2005) Community Forest Enterprises as Entrepreneurial Firms: Economic and Institutional Perspectives from Mexico, World Development 33(9): 1529 – 43.

38. PROPER(Program for Pollution Control, Evaluation, and Rating)表示污染控制、评估和定级程序。

39. 关于印度尼西亚的 PROPER 历史可参阅: Shakeb Afsah, Allen Blackman, Jorge H. Garcia, and Thomas Sterner, Environmental Regulation and Public Disclosure: The Case of PROPER in Indonesia, Resources for the Future Press/Routledge, New York, 2013. See also Hemamala Hettige, Mainul Huq, Sheoli Pargal, and David Wheeler (1996) Determinants of Pollution Abatement in Developing Countries: Evidence from South and Southeast Asia, World Development 24(12): 1891 – 1904.

40. 关于政治专业知识对改善环境质量的重要性的讨论,可参见: Paul F. Steinberg (2003) Understanding Policy Change in Developing Countries: The Spheres of Influence Framework, Global Environmental Politics 3 (1): 11 – 32.

41. John Bongaarts and Steven Sinding (2011) Population Policy in Transition in the Developing World, Science 333: 574 – 76.

42. Judith Lipp (2007) Lessons for Effective Renewable Electricity Policy from Denmark, Germany and the United Kingdom, Energy Policy 35: 5481 – 95.

43. 数据来自美国能源部下属二氧化碳信息分析中心橡树岭国家实验室,可登录网址: http://cdiac. ornl. gov/trends/emis/den. html. Accessed October 14,2013.

44. 关于菲律宾沿海管理的经验可参见：Angel C. Alcala and Garry R. Russ （2006） No-take Marine Reserves and Reef Fisheries Management in the Philippines: A New People Power Revolution, Ambio 35(5): 245 - 54; Alan T. White, Catherine A. Courtney, and Albert Salamanca (2002) Experience with Marine Protected Area Planning and Management in the Philippines, Coastal Management, 30: 1 - 26; and Miriam C. Balgos (2005) Integrated Coastal Management and Marine Protected Areas in the Philippines: Concurrent Developments, Ocean & Coastal Management 48(11 - 12): 972 - 95.

45. 关于对印度官僚机构病态的热烈讨论,可参见：Gurcharan Das, India Grows at Night: A Liberal Case for a Strong State, Penguin Books, New York, 2012. 。

46. Alasdair Roberts (2010) A Great and Revolutionary Law? The First Four Years of India's Right to Information Act, Public Administration Review 70 (6): 925 - 33. The impact of the law is evaluated in Leonid Peisakhin and Paul Pinto (2010) Is Transparency an Effective Anti-corruption Strategy? Evidence from a Field Experiment in India, Regulation and Governance 4: 261 - 80. 关于公民提交的信息请求数量的数字来自印度政府统计,见 http://rti. gov. in/。

47. Robert H. Bates, Markets and States in Tropical Africa: The Political Basis of Agricultural Policies, University of California Press, Berkeley, 1981. The political drivers of agricultural policy decisions also feature in C. Peter Timmer (ed.), Agriculture and the State: Growth, Employment, and Poverty in Developing Countries, Cornell University Press, Ithaca, NY, 1991.

48. Michael L. Ross, Timber Booms and Institutional Breakdown in Southeast Asia, Cambridge University Press, New York, 2001. Deforestation rates are documented in Navjot S. Sodhi, Lian Pin Koh, Barry W. Brook, and Peter K. L. Ng (2004) Southeast Asian Biodiversity: An Impending Disaster, TRENDS in Ecology and Evolution 19(12): 654 - 60.

49. Clark C. Gibson, Politicians and Poachers: The Political Economy of Wildlife Policy in Africa, Cambridge University Press, New York, 1999. Quote p. 156.

50. Gibson, op. cit. , p. 158.

51. James C. Scott, Seeing Like a State: How Certain Schemes to Improve the Human Condition Have Failed, Yale University Press, New Haven, CT, 1998.

52. 自然资源管理过程中的国家-社会的冲突已被包括农村社会学、人类学、地理学和农业研究等领域的研究人员广泛记录。例如，请参见：Nancy Lee Peluso, Rich Forests, Poor People: Resource Control and Resistance in Java, University of California Press, Berkeley, 1992; and Madhav Gadgil and Ramachandra Guha, Ecology and Equity: The Use and Abuse of Nature in Contemporary India, Routledge, New York, 1995.

53. Ann Hironaka (2002) The Globalization of Environmental Protection: The Case of Environmental Impact Assessment, International Journal of Comparative Sociology 43(1): 65 - 78.

54. David Vogel (2003) The Hare and the Tortoise Revisited: The New Politics of Consumer and Environmental Regulation in Europe, British Journal of Political Science 33: 557 - 80. Quote p. 557.

55. Edward A. Parson, Protecting the Ozone Layer: Science and Strategy, Oxford University Press, New York, 2003.

56. R. Daniel Kelemen and David Vogel (2010) Trading Places: The Role of the United States and the European Union in International Environmental Politics, Comparative Political Studies 3 (4): 427 - 56. Quote p. 5. The shift in environmental leadership from the United States to Europe is documented in several insightful chapters within Andreas Duit (ed.), State and Environment: The Comparative Study of Environmental Governance, MIT Press, Cambridge, MA, 2014.

57. Elizabeth R. DeSombre (1995) Baptists and Bootleggers for the Environment: The Origins of United States Unilateral Sanctions, Journal of Environment & Development 4(1): 53 - 75; and Kenneth A. Oye and James H. Maxwell (1994) Self-Interest and Environmental Management, Journal of Theoretical Politics 6(4): 593 - 624.

58. Theda Skocpol, Naming the Problem: What It Will Take to Counter Extremism and Engage Americans in the Fight against Global Warming, paper prepared for the Symposium on the Politics of America's Fight against Global Warming, Harvard University, February 14, 2013.

59. Riley E. Dunlap, Chenyang Xiao, and Aaron M. McCright (2001) Politics and Environment in America: Partisan and Ideological Cleavages in Public Support for Environmentalism, Environmental Politics 10(4): 23 - 48.

7

1. 约瑟夫·德尔夫·杜阿尔特(José Delfin Duarte)在 2011 年我访问他之后，便在水协辞职。我为了达到说明的目的在此保留了他的日常生活。

2. 多级政府治理是大型研究文献的重点。例子包括:Liliana B. Andonova and Ronald B. Mitchell (2010) The Rescaling of Global Environmental Politics, Annual Review of Environment and Resources 35: 255 - 82; Harriet Bulkeley and Michele Betsill (2005) Rethinking Sustainable Cities: Multilevel Governance and the "Urban" Politics of Climate Change, Environmental Politics 14(1): 42 - 63; and Henrik Selin, Global Governance of Hazardous Chemicals: Challenges of Multilevel Management, MIT Press, Cambridge, MA, 2010.

3. 根据巴赫和纽曼的说法,"迄今为止,FDA 实际上没有控制市场准入的正规权力,并且在化妆品方面的专业知识相对较少,而是依赖于行业主导的成分进行评估。可参见: p. 685 in David Bach and Abraham L. Newman (2010) Governing Lipitor and Lipstick: Capacity, Sequencing, and Power in International Pharmaceutical and Cosmetics Regulation, Review of International Political Economy 17 (4): 665 - 95. The Environmental Working Group maintains a database with research and guidelines on cosmetics products at http://www. ewg. org/skindeep/.

4. 有关环境条约过程的极好概述,请参阅:Daniel Bodansky, The Art and Craft of International Environmental Law, Harvard University Press, Cambridge, MA, 2011.

5. James N. Rosenau and Ernst-Otto Czempiel (eds.), Governance without Government: Order and Change in World Politics, Cambridge University Press, New York, 1992.

6. The relation between warfare and the rise of modern European states is analyzed in Charles Tilly, Coercion, Capital, and European States, AD 990 - 1990, Blackwell, Cambridge, MA, 1990.

7. 关于欧洲战争原因的分析,请参阅:William R. Thompson (2003) A

Streetcar Named Sarajevo: Catalysts, Multiple Causation Chains, and Rivalry Structures, International Studies Quarterly 47(3): 453 - 74.

8. Louis L. Snyder, The War: A Concise History, Simon and Schuster, New York, 1960. Quote p. 502.

9. 第二次世界大战造成破坏的数据来自: Snyder, op. cit.; and Robert Goralski, World War II Almanac, 1931 - 1945: A Political and Military Record, Random House, New York, 1987.

10. 让·莫内的这段历史和欧盟的崛起相关内容来源于: François Duchêne, Jean Monnet: The First Statesman of Interdependence, Norton, New York, 1994; Desmond Dinan, Europe Recast: A History of the European Union, Lynn Rienner, Boulder, CO, 2004; and Paul Magnette, What Is the European Union? Nature and Prospects, Palgrave Macmillan, New York, 2005.

11. Quoted in Duchêne, op. cit., p. 27.

12. Duchêne, op. cit.

13. League of Nations, International Labour Office, The Third International Labour Conference, October-November 1921, with a Foreword by Viscount Burnham, International Labour Office, Geneva, 1922.

14. Chiang Kai-shek's observation is reported in Duchêne, op. cit., p. 62.

15. 关于让·莫内在促使美国人提高战争产量方面的非凡影响力的讨论,参见: pp. 67 - 72 of Frederic J. Fransen, The Supranational Politics of Jean Monnet: Ideas and Origins of the European Community, Greenwood Press, Westport, CT, 2001.

16. Donald Kladstrup and Petie Kladstrup, Wine and War: The French, the Nazis, and the Battle for France's Greatest Treasure, Broadway Publishers, New York, 2002.

17. Reprinted in Pascal Fontaine (ed.), Jean Monnet, A Grand Design for Europe, Office for Official Publications of the European Communities, Luxembourg, 1988, p. 41. Accessible through the University of Pittsburgh Archive of European Integration at http://aei. pitt. edu.
我修改了引用的英文翻译,以删除"蕴含所有含义"一词中的重复单词。

18. 关于美国在战后时期的影响的描述,可参见: Desmond Dinan, Europe Recast: A History of the European Union, Lynne Rienner Publishers,

Boulder，CO，2004.

19. 让·莫内对环境问题缺乏兴趣不能归因于他所处于的历史时期。实际上，战后是一个跨国保护运动积极的时期。1948 年 9 月，艾森豪威尔总统在美国科罗拉多州丹佛举行了美洲可持续可再生资源保护大会的开幕仪式，来自美洲各地的代表出席了会议。接下来的一个月，几十名环保领袖聚集在巴黎郊外的枫丹白露，发起建立了世界上第一个全球环保组织——国际自然保护联盟。让·莫内很可能会了解枫丹白露会议，因为它的亲近性和高度的政治地位。但没有证据表明他对国际合作的环境层面感兴趣。

20. Barry Eichengreen，Institutions and Economic Growth：Europe After World War II，chapter 2 in Nicholas Crafts and Gianni Toniolo（eds.），Economic Growth in Europe Since 1945，Cambridge University Press，New York，1996.

21. 关于西欧绿党的历史，请参阅：Michael O'Neill，Political Parties and the "Meaning of Greening" in European Politics，pp. 171 - 95 in Paul F. Steinberg and Stacy D. VanDeveer（eds.），Comparative Environmental Politics：Theory，Practice，and Prospects，MIT Press，Cambridge，MA，2012.

22. Herbert Kitschelt，The Logics of Party Formation：Ecological Politics in Belgium and West Germany，Cornell University Press，Ithaca，NY，1989.

23. 在美国的授意下，在 20 世纪 80 年代中期，北约宣布计划在欧洲大陆部署战略核武器，作为对苏联侵略的威慑。这一提议引发了西德和整个西欧的公众愤怒和大规模抗议活动，煽动了反核情绪的高涨，并为紧急绿党创造了肥沃的政治环境。请参见：Anon.，Hundreds of Thousands Protest Missiles in Europe：Urge U. S. to Match Soviet Halt，LosAngeles Times，April 8，1985.

24. John Dryzek，David Downs，Hans-Kristian Hernes，and David Schlosberg，Green States and Social Movements：Environmentalism in the United States，United Kingdom，Germany，and Norway，Oxford University Press，New York，2003.

25. 关于新投票规则对欧洲政策创新扩散的影响，可见：Simon Bulmer and Stephen Padgett（2005）Policy Transfer in the European Union：An Institutionalist Perspective，British Journal of Political Science 35（1）：103 - 26.关于欧洲多数决投票规则在这里有详细的描述：http://www.

eurofound. europa. eu/areas/industrialrelations/dictionary/definitions/qualifie dmajorityvoting. htm.

26. Magnette, op. cit. , p. 2.

27. David Benson and Andrew Jordan, Environmental Policy, pp. 358 – 74, in Michelle Cini and Nieves Pérez-Solórzano Borragán (eds.), European Union Politics, 3rd edition, Oxford University Press, New York, 2010. Quote p. 359. Further background on European Union environmental policy is provided in Andrew Jordan and Camilla Adelle (eds.), Environmental Policy in the EU: Actors, Institutions and Processes, Routledge, London, 2012; JoAnn Carmin and Stacy D. VanDeveer (eds.), EU Enlargement and the Environment: Institutional Change and Environmental Policy in Central and Eastern Europe, Routledge, London, 2005; and Christopher Knill and Duncan Liefferink, Environmental Politics in the European Union: Policy Making, Implementation and Patterns of Multi-Level Governance, Manchester University Press, Manchester, 2007.

28. 欧盟成员国必须适用的环境规则在以下网址有描述：http://www. europarl. europa. eu/enlargement/briefings/17a2_en. htm.

29. REACH 是关于化学品注册、评估、授权和限制的法规。为了深入了解改革者如何克服政治反对派，并使欧洲土地的新法律达到 REACH，请参阅：Henrik Selin (2007) Coalition Politics and Chemicals Management in a Regulatory Ambitious Europe, Global Environmental Politics 7(3): 63 – 93.

30. Katja Biedenkopf (2012) Hazardous Substances in Electronics: The Effects of European Union Risk Regulation on China, European Journal of Risk Regulation 3(4): 477 – 87.

31. Tanja A. Börzel (2002) Member State Responses to Europeanization, JCMS: Journal of Common Market Studies 40(2): 193 – 214.

32. Roberto J. Serrallés (2006) Electric Energy Restructuring in the European Union: Integration, Subsidiarity and the Challenge of Harmonization, Energy Policy 34: 2542 – 51.

33. Anon. , ETS, RIP? The Failure to Reform Europe's Carbon Market Will Reverberate Round the World, The Economist, April 20, 2013.

34. G. Pe'er et al. (2014) EU Agricultural Reform Fails on Biodiversity, Science 344(6188): 1090 – 92.

8

1. 为保护提供这次采访的土地所有者的真实身份,我使用了化名。

2. Jeffrey J. Ryan (2004) Decentralization and Democratic Instability: The Case of Costa Rica, Public Administration Review 64(1): 81-91.

3. Andrew Nickson, Where Is Local Government Going in Latin America? A Comparative Perspective, Working Paper No. 6, Swedish International Centre for Local Democracy, Visby, Sweden, 2011.

4. 安东尼·贝宾顿(Anthony Bebbington)和他的同事记录了专制政权如何使用分权来更好地监督和控制当地人民。请参见:Anthony Bebbington, Leni Dharmawan, Erwin Fahmi, and Scott Guggenheim (2006) Local Capacity, Village Governance, and the Political Economy of Rural Development in Indonesia, World Development 34(11): 1958-76.

5. Jonathan Rodden (2004) Comparative Federalism and Decentralization: On Meaning and Measurement, Comparative Politics 36(4): 481-500. Quote p. 481.

6. 关于国家集权的历史趋势,可参见:James Manor, The Political Economy of Democratic Decentralization, World Bank, Washington, DC, 1999 (see especially pp. 13-25); and Merilee S. Grindle and John W. Thomas, Public Choices and Policy Change: The Political Economy of Reform in Developing Countries, Johns Hopkins University Press, Baltimore, 1991.

7. Ronald L. Watts (1998) Federalism, Federal Political Systems, and Federations, Annual Review of Political Science 1: 117-37.

8. 关于印度后殖民时期集权的作用,特别参见:the chapter Foundations of India's Development Strategy: The Nehru-Mahalanobis Approach, pp. 7-18 in Sukhamoy Chakravarty, Development Planning: The Indian Experience, Oxford University Press, New York, 1987.

9. 关于国际贸易和跨国公司对发展中国家人民和环境的影响。可参见:Richard P. Tucker, Insatiable Appetite: The United States and the Ecological Degradation of the Tropical World, University of California Press, Berkeley, 2000.

10. 关于拉丁美洲民粹主义的历史可以追踪:Michael L. Conniff (ed.), Latin American Populism in Comparative Perspective, University of New Mexico

Press，Albuquerque，1982.

11. 这些地区的许多环境政策反映了国家和欧盟的协议。然而,越来越多的地方立法是由地方政府采取独立行动的结果。

12. Teresa Garcia-Milà and Therese J. McGuire, Fiscal Decentralization in Spain：An Asymmetric Transition to Democracy，pp. 208 - 26 in Richard M. Bird and Robert D. Ebel（eds.），Fiscal Fragmentation in Decentralized Countries：Subsidiarity, Solidarity and Asymmetry，Edward Elgar，Cheltenham，2007.

13. J. David Tábara, A New Climate for Spain：Accommodating Environmental Foreign Policy in a Federal State，pp. 161 - 84 in Paul G. Harris（ed.），Europe and Global Climate Change：Politics，Foreign Policy and Regional Cooperation，Edward Elgar，Cheltenham，2007.

14. Jean-Claude Thoenig（2005）Territorial Administration and Political Control：Decentralization in France，Public Administration 83(3)：685 - 708.

15. 期望政府放弃一些他们的责任是否现实？该研究提出了一个有底气的"是"。詹姆斯·威尔逊在对已发表的有关美国机构行为的文献的回顾中发现,寻求保护和扩大"地盘"的政府官僚的形象被过分简化了;有许多机构愿意减少其权力范围来推进其他目标。请参见：James Q. Wilson, Bureaucracy：What Government Agencies Do and Why They Do It, BasicBooks，New York，1989.

16. 第一次石油危机发生时,一些阿拉伯国家切断了对美国、日本和西欧的石油出口,以抗议他们在赎罪日战争中支持以色列。其次是伊朗革命后石油供应中断。这些事件使全球经济陷入混乱,破坏了那些石油储备不足的发展中国家的经济。

17. 在阿根廷,估计有 20 000 名公民在 20 世纪 70 年代和 80 年代初期被政府"消失",这意味着他们因为反对政权而遭到绑架、折磨和杀害。

18. Merilee S. Grindle, Audacious Reforms：Institutional Invention and Democracy in Latin America，Johns Hopkins University Press，Baltimore，1991；and Kathleen O'Neill（2003）Decentralization as an Electoral Strategy，Comparative Political Studies 36(9)：1068 - 91. The political forces driving similar reforms in Europe are explored in Jason Sorens（2009）The Partisan Logic of Decentralization in Europe，Regional and Federal Studies 19(2)：255 - 72. 一些作者认为,发展中国家的权力下放是受国际贷款机构如国际货币基金组织的要求所驱动的,国际贷款机构要求中央政府减少支出

作为新贷款的先决条件。在拉丁美洲，研究表明这些要求并不是权力下放的重要原因。可参见：Alfred P. Montero and David J. Samuels，The Political Determinants of Decentralization in Latin America：Causes and Consequences，pp. 3 - 32 in Montrero and Samuels（eds.），Decentralization and Democracy in Latin America，University of Notre Dame Press，Notre Dame，IN，2004. 从 2000 年代开始，越来越多的发展中国家（包括巴西、印度和南非）实际上拒绝了"华盛顿共识"经济增长模式，其重点是缩减政府规模，而赞成中国这种强大的国家主导市场经济的混合模式。

19. 地方政府的政治雪球效应试验了他们的新权力，然后他们要求更多，在那些一开始就把真正的决策权交给当地人的国家尤其明显，而不是以更谨慎的财政和行政改革开始分权化进程。可参见：Tulia G. Falleti（2005）A Sequential Theory of Decentralization：Latin American Cases in Comparative Perspective，American Political Science Review 99(3)：327 - 46.

20. Jesse Ribot，Democratic Decentralization of Natural Resources：Institutionalizing Popular Participation，World Resources Institute，Washington，DC，2002.

21. Wolfram H. Dressler，Christian A. Kull，and Thomas C. Meredith（2006）The Politics of Decentralizing National Parks Management in the Philippines，Political Geography 25：789 - 816.

22. Maria Carmen Lemos and João Lúcio Farias de Oliveira（2004）Can Water Reform Survive Politics? Institutional Change and River Basin Management in Ceará，Northeast Brazil，World Development 32（12）：2121 - 37；and Margaret Wilder and Patricia Romero Lankao（2006）Paradoxes of Decentralization：Water Reform and Social Implications in Mexico，World Development 34(11)：1977 - 95. 第 7 章介绍了哥斯达黎加水管理的新规定。

23. Anne M. Larson（2003）Decentralisation and Forest Management in Latin America：Towards a Working Model，Public Administration and Development 23：211 - 26.

24. 作为其宣布的扶贫战略的一部分，林登·约翰逊（Lyndon Johnson）总统的政府当局资助了数百个当地法律援助事务所，以帮助公民起诉他们的地方政府。

25. Garrett Hardin（1968）The Tragedy of the Commons，Science 162(3859)：

1243 - 48.

26. Hardin, op. cit. Quotes p. 1244.

27. Aristotle, The Politics, Book II, translated by T. A. Sinclair, Penguin Books, Baltimore, 1962. Quotes pp. 58 and 61.

28. H. Scott Gordon（1954）The Economic Theory of a Common-Property Resource：The Fishery, Journal of Political Economy 62（2）：124 - 42. Quote p. 135.

29. 丛林法则这款电子游戏可以在 The Social Rules Project 网站下载，网址如下：www. rulechangers. org。作为一种被称为"严肃游戏"流派的一部分，它将娱乐价值与关于热带森林退化机构层面的深入教育内容结合起来。

30. 哈丁在他的原创文章中主张"相互胁迫、受到大多数受影响的人们的共同认同"。这听起来很像通过合法手段获得的社会规则。但哈丁不清楚地方社区在这样的安排中可能扮演什么角色（如果有的话）。他认为规则不一定来自"遥远和不负责任的官僚主义者的任意决定"。但是在后来的工作中他表示，选择是在私有产权和国家社会主义之间进行的，完全忽略了当地的共同财产机构。可参见：Garret Hardin, Political Requirements for Preserving Our Common Heritage, pp. 310 - 17 in Howard P. Brokaw （ed.）, Wildlife and America, Council on Environmental Quality, Washington, DC, 1978. Quotes are from Hardin 1968, op. cit. , p. 1247.

31. S. V. Ciriacy-Wantrup and Richard C. Bishop（1975）Common Property as a Concept in Natural Resource Policy, Natural Resources Journal 15：713 - 27. Quotes pp. 713 and 719.

32. Ostrom relates this history in her best-known work, Elinor Ostrom, Governing the Commons：The Evolution of Institutions for Collective Action, Cambridge University Press, New York, 1990.

33. Elinor Ostrom, Public Entrepreneurship：A Case Study in Ground Water Basin Management, Ph. D. dissertation, University of California, Los Angeles, 1965.

34. Thrainn Eggertsson（1992）Analyzing Institutional Successes and Failures：A Millennium of Common Mountain Pastures in Iceland, International Review of Law and Economics 12（4）：423 - 37.

35. Ostrom, op. cit. , quote p. 82.

36. Arun Agrawal, Local Institutions and the Governance of Forest Commons,

pp. 313 – 40 in Paul F. Steinberg and Stacy D. VanDeveer, eds.,
Comparative Environmental Politics: Theory, Practice, and Prospects, MIT
Press, Cambridge, MA, 2012.

37. Fikret Berkes (2003) Alternatives to Conventional Management: Lessons
from Small-Scale Fisheries, Environments 31(1): 5 – 20; and Fisheries and
Aquaculture Department, Food and Agriculture Organization of the United
Nations, The State of World Fisheries and Aquaculture 2010, Rome, 2010.

38. Calculated from Table 1.1 of Jonathan B. Mabry, The Ethnography of Local
Irrigation, in Jonathan B. Mabry (ed.), Canals and Communities: Small-
scale Irrigation Systems, University of Arizona Press, Tucson, 1996.

39. Agrawal, op. cit.

40. United Nations Department of Economic and Social Affairs, Population
Division, Population World Urbanization Prospects: The 2011 Revision,
United Nations, New York, 2012.

41. 城乡研究之间的不平衡在政治科学研究领域中产生了一个奇怪的倾向：
国家环境政策研究通常以工业化国家为特征，而关于地方环境治理（强调
公共性）的研究往往侧重于发展中国家。

42. 治理共有资源的安排可以在城市设定中找到。例如，奥斯特罗姆对共享
水资源的最初研究涉及加州的城镇。但城市规则制定在基本方面与典型
的共同财产安排有所不同。城市由具有州和国家法律规定授权的监管权
力和资源的正式政府管理。

43. Erik Nelson, Michinori Uwasu, and Stephen Polasky (2006) Voting on Open
Space: What Explains the Appearance and Support of Municipal-Level Open
Space Conservation Referenda in the United States?, Ecological Economics
62: 580 – 93.

44. Jeffrey M. Sellers and Anders Lidström (2007) Decentralization, Local
Government, and the Welfare State, Governance: An International Journal of
Policy, Administration, and Institutions 20(4): 609 – 32.

45. Alan DiGaetano and Elizabeth Strom (2003) Comparative Urban Governance:
An Integrated Approach, Urban Affairs Review 38(3): 356 – 95.

46. Matthew Potoski (2001) Clean Air Federalism: Do States Race to the
Bottom?, Public Administration Review 61(3): 335 – 42. Quote p. 339.

47. Potoski, op. cit. Quote p. 339.

48. Kent E. Portney and Jeffrey M. Berry (2010) Participation and the Pursuit of Sustainability in U. S. Cities, Urban Affairs Review 46(1)：119 - 39.

49. 研究颠覆了穷人和穷国对环境关心较少的固见,具体请参阅：Riley Dunlap and Richard York, The Globalization of Environmental Concern, pp. 89 - 112 in Steinberg and VanDeveer, op. cit.；and Paul F. Steinberg, Environmental Privilege Revisited, chapter 2 in Environmental Leadership in Developing Countries：Transnational Relations and Biodiversity Policy in Costa Rica and Bolivia, MIT Press, Cambridge, MA, 2001.

50. Krister P. Andersson, Clark C. Gibson, and Fabrice Lehoucq (2006) Municipal Politics and Forest Governance：Comparative Analysis of Decentralization in Bolivia and Guatemala, World Development 34 (3)：576 - 95.

51. 关于调查为什么一些地方政府比其他地区更加积极地推动可持续发展的研究样本,请参阅：George A. González (2002) Local Growth Coalitions and Air Pollution Controls：The Ecological Modernisation of the US in Historical Perspective, Environmental Politics 11(3)：121 - 44；Aidan While, Andrew E. G. Jonas and David Gibbs (2004) The Environment and the Entrepreneurial City：Searching for the Urban "Sustainability Fix" in Manchester and Leeds, International Journal of Urban and Regional Research 28(3)：549 - 69；Daniel Press, Saving Open Space：The Politics of Local Preservation in California, University of California Press, Berkeley, 2002；Harriet Bulkeley and Michele Betsill (2005) Rethinking Sustainable Cities：Multilevel Governance and the "Urban" Politics of Climate Change, Environmental Politics 14(1)：42 - 63；and Robert F. Young (2010) The Greening of Chicago：Environmental Leaders and Organisational Learning in the Transition Toward a Sustainable Metropolitan Region, Journal of Environmental Planning and Management 53(8)：1051 - 68.

52. James Madison, Federalist No. 10, in Alexander Hamilton, James Madison, and John Jay, The Federalist (with Letters of Brutus), Terence Ball (ed.), Cambridge University Press, New York, 2003. Quote p. 46.

53. 巴里·拉贝等研究了美国地方政府和州政府对环境政策创新的推广。参见：Barry G. Rabe (2008) States on Steroids：The Intergovernmental Odyssey of American Climate Policy, Review of Policy Research 25 (2)：

105 - 28.

54 Piers Blaikie, The Political Economy of Soil Erosion in Developing Countries, Longman Scientific & Technical (with John Wiley & Sons, Inc., New York), Essex, UK, 1985. Quote p. 88.

55. 本图设计的数据及其更新基于: Inter-American Development Bank, Economic and Social Progress in Latin America, 1996 Report: Special Section, IADB, Washington, DC, 1997. Robert Daughters and Leslie Harper, Fiscal and Political Decentralization Reforms, pp. 213 - 61 in Eduardo Lora (ed.), The State of State Reform in Latin America, Inter-American Development Bank, Washington, DC, 2007; and Christopher Sabatini (2003) Decentralization and Political Parties, Journal of Democracy 14(2): 138 - 150.

56. Jesse C. Ribot (1999) Decentralisation, Participation and Accountability in Sahelian Forestry: Legal Instruments of Political-Administrative Control, Africa 69(1): 23 - 65.

57. Anne M. Larson and Jesse C. Ribot (2004) Democratic Decentralisation through a Natural Resource Lens: An Introduction, European Journal of Development Research 16(1): 1 - 25.

58. Jesse Ribot, 2002, op. cit. Quote pp. 1 - 2.

59. Stefano Pagiola (2008) Payments for Environmental Services in Costa Rica, Ecological Economics 65: 712 - 24.

60. Steinberg, 2001, op. cit.

61. 下书分析了森林中储存的碳量。Yude Pan et al. (2011) A Large and Persistent Carbon Sink in the World's Forests, Science 333: 988 - 92. 关于砍伐森林造成的碳排放的数据来自: Mary L. Tyrrell, Mark S. Ashton, Deborah Spalding, and Bradford Gentry (eds.), Forests and Carbon: A Synthesis of Science, Management, and Policy for Carbon Sequestration in Forests, Yale School of Forestry & Environmental Studies, New Haven, CT, 2009.

62. 没有经过同行评审的关于 GRILA 的历史的出版物,但这里描述的事件得到了参与者在此过程中撰写的新闻报道和未发表的报道的证实。拉丁美洲在推动世界气候变化协议框架下的森林保护的作用,在下书有墨西哥和哥伦比亚官员的描述: A Latin American Perspective on Land Use, Land-

Use Change, and Forestry Negotiations under the United Nations Framework Convention on Climate Change, pp. 209 - 22 in Charlotte Streck, Robert O'Sullivan, Toby Janson-Smith, and Richard Tarasofsky (eds.), Climate Change and Forests: Emerging Policy and Market Opportunities, Brookings Institution Press, Washington, DC, and Chatham House, London, 2008.

63. 关于通过保护森林应对全球变暖的国际方案的综述, 可参见: Arild Angelsen (ed.), Realising REDD: National Strategy and Policy Options, Center for International Forestry Research, Bogor, Indonesia, 2009.

9

1. 为了深入了解美国环境运动的历史根源, 包括它与早期社会运动的关系, 请参阅: Robert Gottlieb, Forcing the Spring: The Transformation of the American Environmental Movement, Island Press, Washington, DC, 2005.

2. 来源于 1970 年 4 月 23 日版《纽约时报》。该图更新并使用的设计最初在: Nazli Choucri (ed.), Global Accord: Environmental Challenges and International Responses, MIT Press, Cambridge, MA, 1993. 与首字母缩略词相对应的法律如下: AEA(原子能法), CAA(清洁空气法), CAAA(清洁空气法修正案), CERCLA(综合环境反应, 赔偿和责任法), CPS(消费品安全法), CWA(清洁水法), CZMA(沿海地区管理法), DWPA(深水港法), EPAA(环境计划援助法), ESA(濒危物种法), ESECA(能源供应和环境协调法), FCMA(保护和管理法), FDC(联邦食品、药品和化妆品法), FIFRA(联邦杀虫剂、杀真菌剂和灭鼠剂法), FLPMA(联邦土地政策管理法), FMA(森林管理法), FQPA(食品质量保护法), FWCA(鱼类和野生动植物协调委员会), NFMA(国家森林管理法), NHPA(国家历史保护法), NPA(国家公园系统组织法), NWPA(核废料政策法), ODA(海洋倾倒法), ODBA(海洋倾销禁令法), OPA(油污法), OSHA(职业安全与健康法), PTSA(港口和油轮安全法), PWSA(港口和水道安全法), RA(填海法), RCRA(资源保护和恢复法), RHA(河流和港口法), SARA(超级基金修正和再授权法), SCA(社会保护法), SMCRA(控制和开垦法), SWDA(安全饮用水法), TGA(泰勒放牧法), TSCA(有毒物质控制法), WA(荒野法), WPCA(水污染控制法), WPCAA(水污染防治法修正案), WRA(国家野生动物保护管理法), WRPA(水资源规划法)和 WSRA(野生和景观河流法)。

3. 保护区的数量和覆盖范围来自：the International Union for the Conservation of Nature at http://worldparkscongress. org/about/what_are_protected_ areas. html. 获取更多背景信息，请参阅：Lisa Naughton-Treves，Margaret Buck Holland，and Katrina Brandon（2005）The Role of Protected Areas in Conserving Biodiversity and Sustaining Local Livelihoods，Annual Review of Environment and Resources 30：219 - 52.

4. James Meadowcroft，Greening the State?，pp. 63 - 87 in Paul F. Steinberg and Stacy D. VanDeveer，Comparative Environmental Politics：Theory，Practice，and Prospects，MIT Press，Cambridge，MA，2012.

5. Langdon Winner，Autonomous Technology：Technics-out-of-control as a Theme in Political Thought，MIT Press，Cambridge，MA，1977. See also Langdon Winner，The Whale and the Reactor：A Search for Limits in an Age of High Technology，University of Chicago Press，Chicago，1986.

6. John Tierney，Use Energy，Get Rich and Save the Planet，New York Times，April 20，2009.

7. See David I. Stern（2004）The Rise and Fall of the Environmental Kuznets Curve，World Development 32（8）：1419 - 39. The name is a play on the original Kuznets curve，from a paper published by Simon Kuznets in 1955 in which he documented an apparent rise and then decline in inequality as economies grow.

8. Adam B. Jaffe，Richard G. Newell，and Robert N. Stavins（2005）A Tale of Two Market Failures：Technology and Environmental Policy，Ecological Economics 54（2 - 3）：164 - 74.

9. Robert D. Putnam，Bowling Alone：The Collapse and Revival of American Community，Simon & Schuster，New York，2000.

10. Thomas H. Sander and Robert D. Putnam（2010）Still Bowling Alone? The Post - 9/11 Split，Journal of Democracy 21（1）：9 - 16.

11. 关于互联网使用对政治参与的影响分析，请参阅：Kay Lehman Schlozman，Sidney Verba，and Henry E. Brady（2010）Weapon of the Strong? Participatory Inequality and the Internet，PS：Politics and Society 8（2）：487 - 509.

12. Michael F. Maniates（2001）Individualization：Plant a Tree，Buy a Bike，Save the World?，Global Environmental Politics 1（3）：31 - 52. Quote p. 41.

13. Andrew Szasz, Shopping Our Way to Safety: How We Changed from Protecting the Environment to Protecting Ourselves, University of Minnesota Press, Minneapolis, 2009. Quotes p. 195 and 201.

14. Douglass C. North, Institutions, Institutional Change and Economic Performance, Cambridge University Press, Cambridge, 1990. Quote p. vii.

15. 国防支出来自：the International Institute for Strategic Studies, The Military Balance 2013, London, 2013. The comparison of expenditures as a percentage of the economy is from The World Bank, online data table, available at http://data. worldbank. org/indicator/MS. MIL. XPND. GD. ZS. 税收占国内生产总值的比重数据来自：OECD statistics available at http:// stats. oecd. org/Index. aspx? QueryId = 21699.

16. 根据美国教育部的数据，2012 年，美国有 1300 万全日制大学生。如果我们假设每人每年的平均学费和费用总计为 1 万美元，那么每年的费用为 1300 亿美元。目前国防预算 7 000 亿美元，20％就是 1 400 亿美元，足以支付每年这些学生的学费和学费。值得注意的是，7 000 亿美元的数字低估了美国军事承诺的真实成本，因为它不包括老兵的待遇福利。

17. Rebecca U. Thorpe (2010) The Role of Economic Reliance in Defense Procurement Contracting, American Politics Research 38(4): 636 - 75.

18. Roderick F. Nash, Wilderness and the American Mind, Yale University Press, New Haven, CT, 2001 (orig. 1967). Quote p. 67.

19. Lily Tsai (2007) Solidarity Groups, Informal Accountability, and Local Public Goods Provision in Rural China, American Political Science Review 101 (2): 355 - 72.

20. Ronald Inglehart (1995) Public Support for Environmental Protection: Objective Problems and Subjective Values in 43 Societies, PS: Political Science and Politics 28(1): 57 - 72. See also Paul R. Abramson, Critiques and Counter-Critiques of the Postmaterialism Thesis: Thirty-four Years of Debate, paper prepared for the Global Cultural Changes Conferences, Leuphana University, Lüneburg, Germany and University of California, Irvine, March 11,2011.

21. Carolyn Sachs, Dorothy Blair, and Carolyn Richter (1987) Consumer Pesticide Concerns: A 1965 and 1984 Comparison, Journal of Consumer Affairs 21(1): 96 - 107. The shift in attitudes toward pesticides in the United

States has endured—see Riley E. Dunlap and Curtis E. Beus (1992) Understanding Public Concerns About Pesticides: An Empirical Examination, The Journal of Consumer Affairs 26(2): 418 – 38.

22. Paul F. Steinberg, Environmental Leadership in Developing Countries: Transnational Relations and Biodiversity Policy in Costa Rica and Bolivia, MIT Press, Cambridge, MA, 2001.

23. James C. Scott, Weapons of the Weak: Everyday Forms of Peasant Resistance, Yale University Press, New Haven, CT, 1985.

24. Arthur Grube, David Donaldson, Timothy Kiely, and La Wu, Pesticides Industry Sales and Usage: 2006 and 2007 Market Estimates, US Environmental Protection Agency, Office of Pesticide Programs, Office of Chemical Safety and Pollution Prevention, Washington, DC, 2011.

25. David Wheeler (2001) Racing to the Bottom? Foreign Investment and Air Pollution in Developing Countries, Journal of Environment & Development 10: 225 – 45.

26. Peter Dauvergne, Shadows in the Forest: Japan and the Politics of Timber in Southeast Asia, MIT Press, Cambridge, MA, 1997; Michael J. Watts (2005) Righteous Oil? Human Rights, the Oil Complex, and Corporate Social Responsibility, Annual Review of Environment and Resources 30: 373 – 407; and Emily McAteer and Simone Pulver (2009) The Corporate Boomerang: Shareholder Transnational Advocacy Networks Targeting Oil Companies in the Ecuadorian Amazon, Global Environmental Politics 9(1): 1 – 30.

27. Glen Dowell, Stuart Hart, and Bernard Yeung (2000) Do Corporate Global Environmental Standards Create or Destroy Market Value?, Management Science 46(8): 1059 – 74. Quote p. 1066.

28. The World Bank, Greening Industry: New Roles for Communities, Markets, and Governments, Oxford University Press, New York, 2000.

29. David Vogel, The Market for Virtue: The Potential and Limits of Corporate Social Responsibility, Brookings Institution Press, Washington, DC, 2005.

30. Paul J. DiMaggio and Walter W. Powell (1983) The Iron Cage Revisited: Institutional Isomorphism and Collective Rationality in Organizational Fields, American Sociological Review 48(2): 147 – 60.

31. Ronie Garcia-Johnson, Exporting Environmentalism: U. S. Multinational Chemical Corporations in Brazil and Mexico, MIT Press, Cambridge, MA, 2000. For insights into the environmental behavior of domestic firms in developing countries, see Simone Pulver (2007) Introduction: Developing-Country Firms as Agents of Environmental Sustainability?, Studies in Comparative International Development 42(3 - 4): 191 - 207.

32. Stephen D. Parkes et al. (2013) Understanding the Diffusion of Public Bikesharing Systems: Evidence from Europe and North America, Journal of Transport Geography 31: 94 - 103.

33. James G. Lewis, The Forest Service and the Greatest Good: A Centennial History, Forest History Society, Durham, NC, 2005.

34. Samuel P. Hays, Conservation and the Gospel of Efficiency: The Progressive Conservation Movement, 1890 - 1920, Harvard University Press, Cambridge, MA, 1959.

35. Char Miller, quoted in The Greatest Good: A Forest Service Centennial Film.

36. Lewis, op. cit. , p. xiv.

37. Herbert Kauffman, The Forest Ranger: A Study in Administrative Behavior, Johns Hopkins Press, Baltimore, 1960. Quote pp. 4 - 5.

38. 关于美国森林中不断变化的观念与变化规律之间的关系的探讨, 可参见: Miles Burnett and Charles Davis (2002) Getting out the Cut: Politics and National Forest Timber Harvests, 1960 - 1995, Administration & Society 34 (2): 202 - 28.

39. 引用来自 1907 年的使用手册,这是一本关于指导森林护林员活动的袖珍摘要。参见:Lewis, op. cit. , p. 50.

40. Alexander Hamilton, addressing the New York constitutional ratification convention, June 28, 1788. In Harold C. Syrett and Jacob E. Cooke (eds.), The Papers of Alexander Hamilton, Volume V, Columbia University Press, New York, 1962. Quote p. 118.

41. Thomas Paine, Rights of Man: Being an Answer to Mr. Burke's Attack on the French Revolution, London, 1791. Quote p. 9. Italics in original.

42. Thomas Jefferson, letter to James Madison, September 6, 1789. In Philip B. Kurland and Ralph Lerner, The Founders' Constitution, University of Chicago Press, Chicago, Document 23, Papers 15: 392 - 97. Online edition

available at http://press-pubs. uchicago. edu/founders/.

43. 关于我们为生物多样性保护制定的规则适应性的讨论,请参阅:Paul F. Steinberg（2009）Institutional Resilience amid Political Change:The Case of Biodiversity Conservation,Global Environmental Politics 9(3):61 - 81.

10

1. 儿童为游戏设计相互约束的规则的这种情景需要将年龄较大的儿童纳入其中,这本身就揭示了人类本能创造规则的力量。幼儿不能即兴创作和表达自己的规则,所以他们的自由形式的游戏是一个更混乱的事情。他们明白,应该遵循规则（轮流及不打破）,但他们唯一面对的决定就是是否遵守或反抗。加州大学伯克利分校的发展心理学家唐娜·韦斯顿（Donna Weston）和艾略·特图尔（Elliot Turiel）报告说,大约从 6 岁开始,孩子们意识到一些社会规则需要辩论,可以变化,并且由共识决定,当然这是"相对于社会背景而言的"。换句话说,只要人类能够做到,我们就制定规则、讨论规则,表示支持或反对。可见参:Donna R. Weston and Elliot Turiel （1980）Act-Rule Relations:Children's Concepts of Social Rules, Developmental Psychology 16(5):417 - 24.

2. 埃莉诺·奥斯特罗姆（Elinor Ostrom）和苏·克劳福德（Sue Crawford）区分了三个层次的规则:管理日常管理决策的操作规则,如从灌溉渠道抽取多少水;指定谁参与决策的集体选择规则;以及阐明改变集体选择规则所需要的宪法选择规则,具体请参见:Elinor Ostrom and Sue Crawford, Classifying Rules, pp. 186 - 216 in Elinor Ostrom, Understanding Institutional Diversity, Princeton University Press, Princeton, NJ, 2005。出于简便我将这些分解为两个层次,即规则和超级规则,因为我发现他们在集体选择和宪法选择之间的区别有些武断。实际上,规则嵌入在其他规则中,就像洋葱层一样。考虑一个机构的裁决,确定消费品中有毒甲醛的可接受水平。在美国,这受到较高级别的规则——《有毒物质控制法》的影响,该法令授权环保局做出该决定。反过来,该法的实施也受到《行政程序法》的影响,该法要求环保局作出决定之前应供公众审查。而《行政程序法》本身就要受到美国宪法的影响,美国宪法赋予立法者创造权。因此,规则的"超级"质量取决于其影响的规则制定过程的多少。

3. 关于西欧绿党的崛起的讨论,请参阅:Michael O'Neill, Political Parties and the "Meaning of Greening" in European Politics, pp. 171 - 95 in Paul F.

Steinberg and Stacy D. VanDeveer（eds.）, Comparative Environmental Politics：Theory, Practice, and Prospects, MIT Press, Cambridge, MA, 2012.

4. "赢者通吃"投票制度产生两党制的趋势被称为"Duverger's Law"，在法国社会学家 1951 年首次提出这一解释之后。但该定律存在的例外可以在一个国家的特定地区中小党派享受集中投票选举的支持情况下找到（如加拿大、英国和印度所见），因此能够击败这些地区的主要政党并在立法机构中占据一席之地。有关概述，请参阅：Kenneth Benoit（2006）Duverger's Law and the Study of Electoral Systems, French Politics 4（1）：69 – 83.

5. 关于德国的投票规则的描述可参见：Thomas Gschwend, Ron Johnston, and Charles Pattie（2003）Split-Ticket Patterns in Mixed-Member Proportional Election Systems：Estimates and Analyses of their Spatial Variation at the German Federal Election, 1998, British Journal of Political Science 33：109 – 27.

6. 欲了解各种投票系统的优点和缺点，请参阅：Ian Stewart（2010）Why Voting Is Always Unfair, New Scientist 206（2758）：28 – 31.

7. 关于当代欧洲极右政党的选举成功，请参阅：William Wheeler, Europe's New Fascists, New York Times, November 17, 2012, p. SR4; and Anon. , European Fascism：A Movement Grows in Hungary, Boston Globe, May 18, 2013. 要评估它们对政策的影响，请参阅：Michael Minkenberg（2013）From Pariah to Policy-Maker? The Radical Right in Europe, West and East：Between Margin and Mainstream, Journal of Contemporary European Studies 21（1）：5 – 24.

8. Timothy Doyle and Adam Simpson（2006）Traversing More than Speed Bumps：Green Politics under Authoritarian Regimes in Burma and Iran, Environmental Politics 15（5）：750 – 67. Quotes p. 755.

9. 2011 年 8 月，伊朗西北部大不里士城的示威者因要求政府采取措施挽救乌鲁米耶湖而遭到殴打和逮捕，乌鲁米耶湖因政策鼓励在旱情下不可持续地使用地表水而消失。请参见：Robert Mackey, Protests in Iran Over Disappearing Lake, New York Times, August 30, 2011. See also Amnesty International's coverage of the May 2011 arrest of Farzad Haghshenas, a member of the environmental group Sabzchia（The Green Mountain Society）at

http://ua. amnesty. ch/urgent-actions/2011/06/195-11? ua_language = en.

10. Peter Bachrach and Morton S. Baratz (1962) Two Faces of Power, American Political Science Review 56(4): 947 – 52.

11. Bachrach and Baratz, op. cit. Quote p. 952.

12. Kent E. Portney and Jeffrey M. Berry, Neighborhoods, Neighborhood Associations, and Social Capital, pp. 2 – 43 in Susan A. Ostrander and Kent E. Portney(eds.), Acting Civically: From Urban Neighborhoods to Higher Education, Tufts University Press/University Press of New England, Lebanon, NH, 2007. Quote p. 25.

13. 关于拉丁美洲参与式预算经验的综述, 参见: Yves Cabannes (2004) Participatory Budgeting: A Significant Contribution to Participatory Democracy, Environment and Urbanization 16(1): 27 – 46.

14. Frank R. Baumgartner and Bryan D. Jones (1991) Agenda Dynamics and Policy Subsystems, Journal of Politics 53(4): 1044 – 74. Quote p. 1047.

15. Wayne B. Gray and Jay P. Shimshack (2011) The Effectiveness of Environmental Monitoring and Enforcement: A Review of the Empirical Evidence, Review of Environmental Economics and Policy 5(1): 3 – 24. Quote p. 5.

16. Senator Edmund Muskie, September 21, 1970, quoted in Jeffrey G. Miller, Citizen Suits: Private Enforcement of Federal Pollution Control Laws, Wiley Law Publications, Hoboken, NJ, 1987, pp. 4 – 5.

17. 在美国的法律体系中, 总检察长是该国最高的执法官员, 对违反联邦法律负有最终责任。

18. James R. May (2003), Now More Than Ever: Trends in Environmental Citizen Suits at 30, Widener Law Review 10(1): 1 – 48. Quote pp. 3 – 4.

19. Lesley K. McAllister, Making Law Matter: Environmental Protection and Legal Institutions in Brazil, Stanford Law Books, Stanford, CA, 2008. See also Bernardo Mueller (2010) The Fiscal Imperative and the Role of Public Prosecutors in Brazilian Environmental Policy, Law & Policy 32 (1): 104 –26.

20. Alex Aylett (2010) Conflict, Collaboration and Climate Change: Participatory Democracy and Urban Environmental Struggles in Durban, South Africa, International Journal of Urban and Regional Research 34 (3): 478 – 95.

Quote p. 488.

21. Lynton K. Caldwell (1963) Environment: A New Focus for Public Policy?, Public Administration Review 23(3): 132 – 39. Quotes pp. 136 and 139.

22. Per-Olof Busch, Helge Jörgens, and Kerstin Tews (2005) The Global Diffusion of Regulatory Instruments: The Making of a New International Environmental Regime, the ANNALS of the American Academy of Political and Social Science 598: 146 – 67.

23. See the remarks of Chief Justice Hughes in Panama Refining Co. v. Ryan, 293 U. S. 388(1935). For a history of efforts to increase transparency in the US government, see Walter Gellhorn (1986) The Administrative Procedure Act: The Beginnings, Virginia Law Review 72(2): 219 – 33.

24. Administrative Procedure Act, 5 USC Chapter 5 § 552b.

25. 关于透明度的数据来自：Table 1 of Colin Bennett (1997) Understanding the Ripple Effects: The Cross-National Adoption of Policy Instruments for Bureaucratic Accountability, Governance: An International Journal of Public Policy and Administration 10(3): 213 – 33; and Tero Erkkilä, Transparency and Nordic Openness: State Tradition and New Governance Ideas in Finland, pp. 348 – 72 in Stephan A. Jansen, Eckhard Schröter, and Nico Stehr (eds.), Transparenz: Multidisziplinäre Durchsichten durch Phänomene und Theorien des Undurchsichtigen, VS Verlag/Springer, Heidelberg, Germany, 2010. See also Jeannine E. Relly and Meghna Sabharwal (2009) Perceptions of Transparency of Government Policymaking: A Cross-national Study, Government Information Quarterly 26(1): 148 – 57.

26. 关于透明度倡议的历史和影响的讨论,可参见：Aarti Gupta and Michael Mason (eds.), Transparency in Global Environmental Governance: Critical Perspectives, MIT Press, Cambridge, MA, 2014.

27. 关于前苏东国家实施更大开放度的挑战的分析,可参阅：Tatiana R. Zaharchenko and Gretta Goldman (2004) Accountability in Governance: The Challenge of Implementing the Aarhus Convention in Eastern Europe and Central Asia, International Environmental Agreements: Politics, Law, and Economics 4: 229 – 51

28. 美国最高法院的关于阉割竞选财务改革的两项判决分别是公民联合诉联邦选举委员会(2010)和麦卡琴诉联邦选举委员会(2014)。

29. 为了精辟地分析民主与资本主义之间的紧张关系,以及这种关系在美国的变化情况,请参阅：particularly chapter 4 of Robert B. Reich, Supercapitalism: The Transformation of Business, Democracy, and Everyday Life, Alfred A. Knopf, New York, 2007.

30. Thomas R. Rochon and Daniel A. Mazmanian (1993) Social Movements and the Policy Process, ANNALS of the American Academy of Political and Social Science 528: 75 - 87. Quote p. 83.

11

1. Diane Wedner, The Lawn Arm of the Law, Los Angeles Times, September 6, 2008.

2. Interview with Matthew Lyons, Director of Planning and Conservation, Long Beach Water Department, June 6, 2014. 禁止房主协会干扰水景观的法律是加利福尼亚州议会颁布的编号为 1061 的法案。

3. Athena Mekis, Long Beach Water Department Announces Completion of Its 500th Water-conserving Lawn, Signal Tribune Newspaper, November 11, 2011.

4. Daron Acemoglu and James A. Robinson, Why Nations Fail: The Origins of Power, Prosperity and Poverty, Crown Publishers, New York, 2012.

5. 如果您通过谷歌学术搜索出过多出版物,让您无法确定从哪里开始,请尝试以下技巧。就和你有关的问题做一般性的谷歌搜索,并和"提纲"(syllabus)一词一起搜索。这将有助于确定由经验丰富的老师共同分享产品的精华。这种方法最适合那些吸引合理广泛的公共利益(足够广泛用于大学课程)的问题,并且已经存在了至少几年,有足够的时间进行研究和出版。

6. 关于弥合研究和实践世界的挑战的探讨,可参见：Paul F. Steinberg (ed.), Is Anyone Listening? The Impact of Academic Research on Global Environmental Practice, special issue of International Environmental Agreements: Politics, Law, and Economics, Kluwer Academic Publishers/Springer, vol. 5(4) December, 2005.

7. Leonie Huddy, Lilliana Mason, and Lene Aaroe, Measuring Partisanship as a Social Identity, Predicting Political Activism, paper presented at the annual meeting of the International Society for Political Psychology, San Francisco,

CA，July 7 - 10,2010.

8. 关于确保环境改革持久性的策略讨论，请参见：Paul F. Steinberg（2009）Institutional Resilience amid Political Change: The Case of Biodiversity Conservation, Global Environmental Politics 9(3): 61 - 81.

9. 关于环境与经济增长的社会规则之间的关系，请参见：Leena Lankoski, Linkages between Environmental Policy and Competitiveness, OECD Environment Working Papers, No. 13, Organisation for Economic Cooperation and Development (OECD) Publishing, Paris, 2010; and Stefan Ambec, Mark A. Cohen, Stewart Elgie, and Paul Lanoie, The Porter Hypothesis at 20: Can Environmental Regulation Enhance Innovation and Competitiveness?, Resources for the Future, Washington, DC, 2011.

10. Paul F. Steinberg, Environmental Leadership in Developing Countries: Transnational Relations and Biodiversity Policy in Costa Rica and Bolivia, MIT Press, Cambridge, MA, 2001.

11. Daniel Brockington and James Igoe (2006) Eviction for Conservation: A Global Overview, Conservation and Society 4(3): 424 - 70.

12. Richard Rose (1991) What Is Lesson-Drawing?, Journal of Public Policy 11 (1): 3 - 30.

13. Everett M. Rogers, Diffusion of Innovations, 5th ed. , Free Press, New York, 2003.

14. Process expertise and related categories of site-specific political know-how are described in Steinberg, 2001, op. cit.

15. Margaret E. Keck and Kathryn Sikkink, Activists Beyond Borders: Advocacy Networks in International Politics, Cornell University Press, Ithaca, NY, 1988; and Alison Brysk, From Tribal Village to Global Village: Indian Rights and International Relations in Latin America, Stanford University Press, Stanford, CA, 2000.

16. James Q. Wilson, Bureaucracy: What Government Agencies Do and Why They Do It, BasicBooks, New York, 1989.

译后记

　　本书是上海社会科学院创新办组织的大型创新译丛的一本，亦是对建院六十周年的一份献礼。全书由上海社会科学院首批创新青年人才彭峰研究员，以及法学研究所几位硕士研究生共同翻译，法学研究所董能（意大利佛罗伦萨大学法学博士）承担了本书的总校译工作。

　　本书翻译者与校对者分别为：

　　第1—2章，彭峰翻译、校译；

　　第3章，李航翻译，彭峰校译；

　　第4—6章，朱非翻译，彭峰校译；

　　第7—9章，陈思琦翻译，彭峰校译；

　　第10—11章，李航翻译，彭峰校译。

　　初稿完成后，由彭峰统稿，董能总校译。

　　本项目在时间上较为紧迫，难免有所错漏，疏忽之处均由译者承担。在此，感谢上海社会科学院创新办等职能部门的通力协作，在本书翻译及出版过程中给予了大力支持。此外，也由衷感谢上海社会科学院出版社编辑老师的辛勤付出。

译者

2018 年 10 月 21 日

上海社会科学院创新译丛

图书在版编目(CIP)数据

谁统治地球 / （美）保罗·F.斯坦伯格著；彭峰等译. —上海：上海社会科学院出版社，2018
书名原文：Who Rules the Earth? How Social Rules Shape Our Planet and Our Lives
ISBN 978 - 7 - 5520 - 2705 - 1

Ⅰ.①谁⋯　Ⅱ.①保⋯②彭⋯　Ⅲ.①环境社会学－研究
Ⅳ.①X24

中国版本图书馆 CIP 数据核字(2019)第 037426 号

© Paul F. Steinberg 2015

Who Rules the Earth? How Social Rules Shape Our Planet and Our Lives was originally published in English in 2015. This translation is published by arrangement with Oxford University Press. Shanghai Academy of Social Sciences Press solely responsible for this translation from the original work and Oxford University Press shall have no liability for any errors, omissions or inaccuracies or ambiguities in such translation or for any losses caused by reliance thereon.
Simplified Chinese edition copyright © 2018 by Shanghai Academy of Social Sciences Press.
《谁统治地球？社会规则如何形塑我们的星球和生活》于 2015 年首次以英文出版。本译本与牛津大学出版社合作出版。上海社会科学院出版社负责原著的翻译，牛津大学出版社对翻译的错误、遗漏、不准确、含糊及因信赖而造成的任何损失不承担任何责任。
简体中文版版权由上海社会科学院出版社所有。
著作权合同登记号：图字 09 - 2018 - 204

谁统治地球：社会规则如何形塑我们的星球和生活

著　　者：〔美〕保罗·F.斯坦伯格
译　　者：彭　峰等
校　　译：董　能
策划编辑：应韶荃
责任编辑：袁钰超
封面设计：李　廉
出版发行：上海社会科学院出版社
　　　　　上海顺昌路 622 号　邮编 200025
　　　　　电话总机 021 - 63315900　销售热线 021 - 53063735
　　　　　http://www.sassp.org.cn　E-mail：sassp@sass.org.cn
照　　排：南京前锦排版服务有限公司
印　　刷：上海展强印刷有限公司
开　　本：890×1240 毫米　1/32 开
印　　张：12.125
插　　页：4
字　　数：269 千字
版　　次：2018 年 11 月第 1 版　　2018 年 11 月第 1 次印刷

ISBN 978 - 7 - 5520 - 2705 - 1/X · 017　　定价：68.00 元